U0312097

本书出版得到天津外国语大学“十三五”综合投资规划
“天外法政学术精品培育计划”项目的资助

青年学者文库

多层治理视角下欧盟气候政策决策研究

巩潇泫 著

天津出版传媒集团
天津人民出版社

图书在版编目(CIP)数据

多层治理视角下欧盟气候政策决策研究 / 巩潇泫著. -- 天津：天津人民出版社, 2018.12
（青年学者文库）
ISBN 978-7-201-14265-4

Ⅰ.①多… Ⅱ.①巩… Ⅲ.①欧洲国家联盟－气候－政策－研究 Ⅳ.①P46-015

中国版本图书馆 CIP 数据核字(2018)第 266757 号

多层治理视角下欧盟气候政策决策研究
DUOCENGZHILISHIJIAOXIA OUMENGQIHOUZHENGCEJUECE YANJIU

出　　版　天津人民出版社
出 版 人　刘　庆
地　　址　天津市和平区西康路35号康岳大厦
邮政编码　300051
邮购电话　(022)23332469
网　　址　http://www.tjrmcbs.com
电子信箱　tjrmcbs@126.com

策划编辑　王　康　王佳欢
责任编辑　王　琤
装帧设计　明轩文化·王烨

印　　刷　高教社(天津)印务有限公司
经　　销　新华书店
开　　本　787毫米×1092毫米　1/16
印　　张　20.5
插　　页　2
字　　数　200千字
版次印次　2018年12月第1版　2018年12月第1次印刷
定　　价　88.00元

前　言

本书的主要研究对象是欧盟气候政策决策，需要解决的问题是在多层治理的制度框架下，欧盟气候政策是如何做出的。具体来说，在决策过程中有哪些行为体参与其中，各自发挥了怎样的作用，又是怎样通过互动影响决策进程和政策结果的。为此，本书选择在多层治理视角下，结合决策分析理论对上述问题进行分析。在分析中，本书选择从结构维度和过程维度入手，对参与欧盟气候政策决策的多层次、多样化行为体及其各自权限划分进行解读，同时对这些行为体通过博弈与制衡达成妥协的互动过程进行分析，力求从全面的、综合性的视角对欧盟气候政策决策进行研究。

这一选题是具有理论和现实意义的。从理论意义方面来看，目前对于欧盟多层治理的研究更多地强调参与行为体的多层次性，将其视为欧盟治理模式转变的一种形式或标志。对于多层治理模式下欧盟政策决策（尤其是决策的过程维度）的分析较少，且多集中于对某一单独的行为体在多层治理中作用及影响力的分析。在对于欧盟政策决策的研究中，也缺乏经验研究。在欧盟气候政策的既有研究中，多将其视为给定条件并以此分析欧盟在全球气候治理中的表现，而缺乏对于其决策过程的分析。因此，在本书中，通过将多层治理分析视角与决策分析理论相结合的方式，搭建起研究的分析框架，这样既能够准确反映欧盟目前的现实情况，也能够从静态和动态两方面，为问题分析提供一个更加全面的思路。

从研究的现实意义来说,同样作为全球气候治理中的关键行为体,中国与欧盟在全球气候治理中都承担了重要的角色,并且都已经认识到应对气候变化问题的重要性和迫切性。但无论是在制度建设方面,还是在具体的气候治理行动上,中国都尚处于起步阶段,缺少经验。而欧盟在全球气候治理以及国际气候谈判中收获了普遍公认的影响力和领导力,这也与其内部气候治理中的优秀实践密不可分。因此,对欧盟气候政策决策进行研究,一方面有助于了解欧盟已经取得的优秀经验,为中国气候立法和气候行动提供借鉴;另一方面,有助于更加深入地了解欧盟决策中不同行为体的利益诉求和发挥影响力的方式,为中国与欧盟在全球气候治理中开展双边或多边外交提供指导和帮助。

作为最先认识到气候保护问题重要性的国际行为体之一,欧盟的气候政策经历了形成、发展到目前相对成熟的一个过程。这一发展过程本身是在多重动力机制的推动下进行的,体现了全球层面、成员国层面以及次国家层面在气候变化问题上的利益诉求。在这一过程中反映出两个主要特点:一是参与行为体的逐渐增多,二是涉及议题领域的逐渐扩展。这些特点反映在政策结果中,一方面体现为气候政策在欧盟权能划分中属于成员国与欧盟权能共享的议题领域,在欧盟气候政策中涵盖了包括绿皮书、白皮书、指令、条例等多种立法形式,辅之以技术手段、财政手段、市场手段等政策工具;另一方面则体现在气候问题不仅仅被视为一个简单的环境问题,而是带有愈发浓郁的经济、安全、政治和社会问题的色彩,在政策制定和实施过程中,除了环境部门之外,与之密切相关的能源、交通、农业、建筑等部门也参与其中。因此,欧盟气候政策往往以一揽子政策的形式表现出来,带有明显的综合性色彩。

本书从多层治理视角入手,结合决策分析理论,搭建起了本书的分析框架。在目前欧盟的气候政策领域中,多层治理制度框架特征明显,多层治理视角为分析当下的欧盟决策提供了一种更加全面且具有说服力的分析思路。多层治理本身包括了静态与动态两方面的内涵。在静态方面,涉及的是对于欧盟气候政策决策中的结构维度分析,即分析参与欧盟气候政策决策的主要行为体及其各自权限,以及他们在决策中发挥作用、施加影响力的方式和途径。作为欧盟与成员国权能共享的议题领域,欧盟气候政策决策中涉及的行为体主要包括:来自欧盟层面的欧盟委员会、欧洲议会、部长理事会、欧洲理事会以及欧洲经济和社会委员会、欧盟地区委员会等欧盟机构,以及国家层面上的各成员国政府和与气候议题相关的各部门。同时,来自次国家层面的地区或地方政府以及气候(环境)保护非政府组织、利益集团、企业、智库、个人等社会力量也可以通过直接或间接的途径参与到欧盟气候政策决策中去。

在动态方面,即对欧盟气候政策决策的过程维度进行分析,分析多层次、多样化行为体的互动是如何开展的,其中反映出怎样的博弈与制衡关系。这种博弈与制衡首先反映在欧盟内部不同层次之间,最为突出的表现就是欧盟决策模式上的区别,欧盟气候政策决策主要体现为共同决策模式、强化的政府间主义模式、公开协调模式以及欧盟监管模式。在同一层次的行为体当中也存在这种博弈制衡关系,比较突出地反映在欧盟机构之间权力分配和职能划分中。另外,这种博弈制衡关系还可以通过欧盟机构内部的表决方式体现出来。

欧盟气候政策决策一般遵循“确定议题、提出提案——讨论并通过立法——立法实施及评估”这样一个过程,在保证多层次行为体有效发挥作用并且坚持欧盟基本规范的原则下进行。其中,欧洲理事会主要负责为欧盟确定长期和整体性的发展方向,在它的建议下,欧盟其他机构可以就某一问题开展具体工作。欧盟委员会拥有唯一的提案权,它需要在开展充分咨询的基础上做出立法提案,并在委员会内部进行表决通过。在提案的准备过程中,欧盟委员会可以通过发布绿皮书等多种形式向公众介绍提案涉及的基本内容，并主动寻求利益相关者的意见和建议。同样，利益相关者也可以通过直接或间接途径向欧盟委员会传达自身利益诉求和对于提案的期许。经欧盟委员会通过后的提案将被提交至相关机构，一般是欧洲议会和部长理事会，同时还需要向欧洲经济和社会委员会以及欧盟地区事务委员会进行咨询。多数欧盟气候政策在决策过程中使用的是“普通立法程序”，在少数情况下或处理与之相关的问题时，也会采用“特殊立法程序”。在“普通立法程序”中，会经过一个最多“三读”的程序对提案进行讨论和通过。成员国则需要针对具体情况，直接采纳或将欧盟立法转化为国内法后进行实施，同时需要在规定时间内将政策实施情况向欧盟委员会进行报告，由欧盟委员会进行监督和评估，评估结果也会为之后的提案或对现行政策的修订提供依据。

欧盟先后制定了《2020年气候与能源一揽子政策框架》《2050年低碳经济路线图和能源路线图》《2030年气候与能源政策框架》三项具有代表性的气候政策。这三项气候政策都是在国际形势推动、对欧盟规范的追求以及成员国政策实践的共同影响下做出的。决策过程中都体现了多层次、多样化行为体的参与及其为了目标达成而进行的协商和妥协。政策结果反映了拥有不同利益诉求的行为体在协商谈判后达成的妥协。

目前，欧盟已经建立起比较成熟的综合性气候政策体系，气候政策研究也被视为推动一体化深入发展的一个重要议题领域。欧盟气候政策决策体现为一个多层次、多样性的行为体围绕解决共同问题、实现共同利益的目标，而进行的博弈制衡的互动过程。欧盟气候政策决策反映出了两个主要的发展趋势：第一，虽然在目前欧盟气候政策的决策过程和政策结果中依然体现出浓厚的政府间主义色彩，但是随着参与行为体的增加、表达利益诉求的途径增多，这一色彩会逐渐淡化；第二，在多层治理背景下，由于参与行为体日益增多、利益日趋分化，欧盟会持续进行对决策过程的优化，力求尽可能地缩短决策时间、推动妥协的达成，从而实现在提升政策民主性的同时，能够兼顾政策有效性这一目标。

目录
CONTENTS

图表目录

绪　论

一、研究背景与研究对象

本书试图在多层治理框架下对欧盟气候政策的决策机制进行分析，研究问题即欧盟气候政策是如何制定的？其中包含了这样五个具体的问题：欧盟气候政策制定过程中包含哪些行为体？哪些因素促使这些行为体参与其中？这些来自不同层面的行为体是如何发挥作用的，他们的作用方式和影响力是否一致？欧盟气候政策决策中的互动机制和程序设计是怎样的？多层次、多元化行为体的参与对欧盟气候政策的有效性产生了怎样的影响？

（一）研究背景

气候变化描述的是因温室气体排放对大气造成影响，而引起地球表面温度变化这一自然现象。很长一段时间以来，气候变化都被局限于气候、环境等相关的学科领域中，作为一个科学问题进行讨论，并且获得了丰富的成果。科学家从多种角度对引起气候变化的原因进行了分析,[①]人类活动作为其中原因之一,受到了日益广泛的重视。早在20世纪80年代中期,科学家就已经对“人类活动引起全球变暖”这一问题发出过警告。得益于技术水平的进步,相关研究不断深入发展,科学家也积累了更加广泛的数据来支持这一观点。根据联合国政府间气候变化专门委员会(Intergovernmental Panel on Climate Change,缩写为IPCC)发布的第四次评估报告,人类活动造成的温室气体在大气中的浓度上升,是导致气候变暖的主要原因,相较于1970年的数据,到2004年人为排放的温室气体增幅高达70%。人类活动对于气候变化造成的影响确实占了非常大的比重,而人为气候变暖已经对自然生态系统造成了明显影响。[②]

近年来,受到极端天气频繁发生、南北两极出现冰雪覆盖减少等自然危害的影响,气候变化问题受到公众日益广泛的关注。这些问题不仅对自然环境造成了破坏,也影响到经济和社会的正常发展运行。对于一些小岛国家来说,由气候变化造成的海平面上升甚至已经对其生存造成了严重威胁。气候变化不再只是一个单纯的科学问题或环境问题,其内涵随着危害程度和影响范围的扩大而不断扩展,已经具备了政治、经济、社会和安全问题的特点。[③]为此,除了公众和气候保护非政府组织外,越来越多的行为体开始重视气候变化问题,要求采取行动来减缓或适应气候变化带来的危害。考虑到气候变化问题本身具有的跨国性特点,围绕减缓和适应气候变化而进行的气候行

① 在王伟男所著的《应对气候变化:欧盟的经验》一书中,将气候变化的成因进行了归纳总结,主要介绍了“温室效应说”“太阳活动说”“天文冰期说”这三种,还有“潮汐调温说”“海洋调温说”等。其中“温室效应说”主要涉及的是人类活动的影响,其余则基本属于自然原因。

② IPCC,Summary for Policymakers,http://www.ipcc.ch/pdf/assessment-report/ar4/wg2/ar4-wg2-spm.pdf.

③ 张海滨:《气候变化对中国国家安全的影响——从总体国家安全观的视角》,《国际政治研究》2015年第4期。

动在全球范围内逐渐开展。但是仅仅依靠部分行为体的积极参与是无法有效解决问题的。国际社会也逐渐认识到需要就气候行动达成一个全球性共识,囊括最广泛的行为体参与其中,并为实现应对气候变化这一共同目标采取实质性的措施。

1985 年,在奥地利小镇维拉赫(Villach)召开了关于评估二氧化碳及其他温室气体对气候变化的作用及影响的国际会议，这次会议也被普遍视为气候变化问题政治化的开端。[①]在两年后召开的多伦多会议上,国际社会开始探讨气候变化对全球安全的影响，同时号召各国重视通过合作方式共同来应对气候问题。这次会议也为后续的国际气候大会和气候变化框架公约的制定打下了基础。1988 年,联合国气候变化政府间工作委员会(Intergovernmental Panel on Climate Change,缩写为 IPCC)成立,专门负责处理气候变化相关问题的研究工作。1990 年，气候变化框架公约政府间谈判委员会(International Negotiating Committee,缩写为 INC)成立,将国际气候合作又向前推动了一步。在 1992 年第二届联合国环境与发展大会上,《联合国气候变化框架公约》(United Nations Framework Convention on Climate Change，缩写为 UNFCCC,以下简称《框架公约》)获得通过,这也为国际社会应对气候变化问题确立了基本政策框架。按照要求，国际社会需要每年召开缔约方会议(Conferences of the Parties,缩写为 COP),就气候行动的进展进行评估,并就其发展规划进行讨论。为了更加有效地落实《框架公约》内容,确立全球气候治理机制,1995 年,第 1 次缔约方大会成立了“柏林授权特设小组”(Ad Hoc Group on the Berlin Mandate,缩写为 AGBM,以下简称“特设小组”)。“特设小组”在对发达国家减排目标进行分析论证后，制定了《京都议定书》(Kyoto

① Laurence Boisson de Chazournes,“United Nations Framework Convention on Climate Change”, New York,9 May 1992,http://legal.un.org/avl/ha/ccc/ccc.html.高小升:《欧盟气候政策研究》,社会科学文献出版社,2015 年,第 32 页。

Protocal,以下简称《议定书》)作为《框架公约》的第一个附加协议,并于1997年第3次缔约方大会时获得通过。虽然在后续过程中,以美国为代表的部分发达国家片面追求本国利益。不顾国际责任,做出退出《议定书》的决定,但是《议定书》作为气候领域第一份具有约束力的国际协定,依然为全球气候治理提供了指导和规范。按照规定,《议定书》的第一承诺期应于2012年结束,而关于后京都阶段的气候谈判应不迟于2005年启动。2005年11月,在加拿大蒙特利尔召开了《框架公约》第11次缔约方大会,同时也是《议定书》第1次缔约方会议,正式启动了《议定书》第二阶段有关温室气体减排等内容的谈判,同时也开启了关于后京都气候机制的讨论。

欧盟作为最早认识到气候保护重要性的行为体之一,在《议定书》的制定和实施过程中扮演了领导者和主要推动者的角色。[①]欧盟向其他行为体提供了诸多优秀的实践经验,积极推动谈判进程,并且督促各国尽快通过《议定书》,与美国等发达国家的消极态度形成了鲜明的对比,获得了国际社会的普遍认可。欧盟这些做法与其自身对气候变化议题的重视、内部气候治理的优异表现密不可分。[②]从这一点出发,对欧盟气候政策决策进行分析具有很强的现实意义。

---

① 对于欧盟作为全球气候治理领导者及国际气候机制推动者的讨论比较丰富,See Joyeeta Gupta and Michael J. Grubb, eds. *Climate change and European leadership: A sustainable role for Europe?*. London: Springer Science & Business Media, 2000. Sebastian Oberthür and Claire Roche Kelly, "EU leadership in international climate policy: achievements and challenges", in *The international spectator*, 2008, Vol.43, No.3, pp.35-50. Christer Karlsson, Charles Parker, Mattias Hjerpe and Björn-Ola Linnér, "Looking for leaders: Perceptions of climate change leadership among climate change negotiation participants", in *Global Environmental Politics*, 2011, Vol.11, No.1, pp.89-107.

② Miranda A. Schreurs and Yves Tiberghien, "Multi-level reinforcement: explaining European Union leadership in climate change mitigation", in *Global Environmental Politics*, 2007, Vol.7, No.4, pp.19-46.

（二）研究对象

本书力求解释的问题是欧盟气候政策是如何做出的，即对欧盟气候政策决策进行分析，为了更加明确本书的研究对象，需要首先对以下方面进行说明：

1.对于欧盟行为体角色的认知

从欧共体成立开始，学术界就围绕着如何界定欧共体（欧盟）的行为体角色，或如何理解其在国际社会中的定位，进行了诸多讨论，至今尚未达成统一的观点。“准国家”（quasi-state）或国际组织[①]等观点都具有一定的说服力。按照迈克尔·史密斯（Michael Smith）的观点，欧盟还可以被理解为一个“过程”，[②]由其中各种正式和非正式的制度、规则以及行为体共同构建其具体行为。在丹尼尔·托马斯（Daniel Thomas）对欧盟行为体角色进行的分析中，欧盟首先被理解为一个基于趋同利益而存在的集合行为体，在此基础之上可以将欧盟理解为一个政体，再进一步将其理解为一个进化的实体，随着时间推移在不同议题领域显示不同程度的行为体身份。[③]

在国际社会中，欧盟往往被认为是一个“特殊的行为体”（sui generis），[④]与其他国际行为体相比具有明显的特殊性。但是这里的特殊性主要是为了突出与民族国家或国际组织相比，欧盟在组织结构、制度建设以及治理模式方面的特点，并不意味着欧盟不具备与其他国际行为体进行比较的资格，也

① Jozsef Borocz and Mahua Sarkar, “What is the EU?”, in *Social Science*, 2006, Vol.20, No.2, pp. 153-173. 赵晨：《欧盟的“民主赤字”与民主化之路》，《欧洲研究》2010 年第 3 期。

② Michael Smith, “The European Union and a changing Europe: establishing the boundaries of order”, in *JCMS: Journal of Common Market Studies*, 1996, Vol.34, No.1, pp.5-28.

③ Daniel C. Thomas, “Still Punching below its Weight? Actorness and Effectiveness in EU Foreign Policy”, *UACES 40th Annual Conference*, 2010.

④ Jakob C. hrgaard, “International relations or European integration: is the CFSP sui generis?”, in *Rethinking European Union Foreign Policy*, Vol.47, No.4, 2004, p.26.

不意味着欧盟缺乏与其他国际行为体的可比性。《里斯本条约》对原有的欧洲经济共同体、共同外交与安全政策和司法与内务三大支柱重新进行整合，赋予了欧盟单一的法律人格，使其继承并取代共同体，有权签订国际条约或成为国际组织的成员。

具体到气候政策领域，联合国气候机制不仅为民族国家提供了参与机会，同时它也对欧盟这样的地区性经济一体化组织表示了欢迎。[①]欧盟一直致力于在国际气候谈判中有所作为，在官方文件中多次明确表示要在国际气候领域发挥领导力并维持领先地位。[②]一方面，欧盟作为一个独立行为体，积极参与全球气候治理；另一方面，在《框架公约》缔约方进行的国际气候谈判中，欧盟与其成员国一起分享权力、承担责任。同时，欧盟在开发利用新能源、制定节能减排政策、提高成员国的竞争力、调动成员国参与气候治理的积极性等方面，都凭借优秀的表现，被国际社会视为“榜样的力量”，[③]也因此成为全球气候治理中不可忽视的关键性行为体之一。

2.对于气候政策的说明

政府间气候变化专门委员会在对气候变化进行界定时，将其限定为由自然因素或人类活动对气候造成的影响，主要表现在全球气候变暖、酸雨、臭氧层破坏等方面。《框架公约》对气候变化的界定为“除在类似时期内所观测的气候的自然变异之外，由于直接或间接的人类活动改变了地球大气的组成而造成的气候变化”。[④]由此可以看出，应对气候变化关键在于对人类行

---

① 巩潇泫：《欧盟气候政策的变迁及其对中国的启示》，《江西社会科学》2016 年第 7 期。

② European Commission（2007a）Combating Climate Change：The EU Leads the Way. http://www.ond.vlaanderen.be/energie/pdf/Brochure%202008%20EU%20Klimaatprogramma.pdf.

③ Ian Manners，“Normative Power Europe：A Contradiction in Terms?”，in *JCMS：Journal of Common Market Studies*，2002，Vol.40，No.2，pp.235-258.

④ 《联合国气候变化框架公约》，http://legal.un.org/avl/pdf/ha/ccc/ccc_c.pdf.

为进行规范。尤其是随着气候变化带来的危害日益凸显，国际社会对气候治理投入了更多的关注，气候变化已经不单纯被理解为一个环境问题，而被赋予了经济、社会、政治和安全等多重内涵。比如，联合国人权高专办就气候问题发布的报告显示，气候变化问题已经成为人权问题中的一项关键议题，涉及生存权、发展权、健康权等多项权利。[①]

欧盟条约中虽然没有明确提及气候政策这一内容，但其作为环境政策的一部分在条约中还是有所体现的。作为一个涉及议题领域众多、参与行为体众多的政策领域，欧盟气候政策呈现明显的综合性特点，政策结果多以一揽子政策的形式表现出来。欧盟气候政策的内容框架分为对内政策和对外政策两部分。其中，对内气候政策是对外气候政策的基础，对外气候政策可以视为对内气候政策的延伸。因此，在本书中主要探讨的是欧盟对内气候政策及其决策过程。从气候变化问题的特点出发，欧盟气候政策可以细化为"减缓"和"适应"气候变化两方面内容。减缓气候变化主要指减少温室气体排放，适应气候变化则体现在适应气候变化已经造成的，或可能对人类生存、生活带来的不可避免的影响。[②]从涉及的政策领域来看，欧盟气候政策框架中包含了与气候密切相关的、广泛的议题领域，如能源、交通、农业、工业、废弃物处理等。欧盟对外气候政策主要体现在，在全球气候治理中多边或双边外交的开展。欧盟会根据实践经验和国际气候谈判的需要，对气候政策进行适时调整。目前欧盟已经确立了短期、中期和长期的气候政策规划，形成了比较完善的气候政策体系。

① 联合国人权事务高级专员办事处，《联合国人权事务高级专员关于气候变化与人权的关系问题的报告》，https://daccess-ods.un.org/access.nsf/Get?Open&DS=A/HRC/10/61&Lang=C.

② European Commission, White Paper Adapting to climate change: towards a framework for EU action, 2009 http://eur-lex.europa.eu/legal-content/EN/ALL/?uri=CELEX:52009DC0147.

3.对于欧盟决策分析的说明

对欧盟政策决策进行研究，不仅仅在于研究参与决策过程的机构或非机构行为体的偏好特点，还在于研究这些行为体在决策过程中互动和博弈过程。目前,多层治理模式在欧盟内部得到充分体现,这一模式在欧盟政策决策中则体现为多层次、多样化行为体之间的有序互动。其中,不同行为体的权力划分主要通过决策模式得以体现，而它们参与决策的方式则主要反映在欧盟的决策程序当中。

因此,在欧盟决策分析中,就需要充分考虑来自同一层次或不同层次行为体各自的利益诉求及其作用方式,具体来说就是明确对多层次、多样化行为体的职能划分,明确它们在决策过程中表达利益诉求的途径方式,研究它们是如何在互动中达成妥协一致、实现共同目标的。总体来说,欧盟决策遵循这样一个运作程序:首先是确立议题方向、欧盟委员会准备并提出提案;其次,将提案提交至相应机构,由其对提案进行讨论和通过,通过后的立法需要成员国落实,还需要对实施情况进行评估。考虑到欧盟自身的复杂性和特殊性,在不同议题领域,欧盟所采用的决策模式和决策程序也会存在差异。

二、研究综述

本书研究的是欧盟气候政策决策，这一研究内容的选择是建立在对既有相关议题的研究分析基础之上的，主要涉及欧盟决策理论的研究及欧盟气候政策的研究这两部分内容。

(一)欧盟决策理论的研究综述

学术界对“决策”这一概念的理解是在不断发展的。弗兰克·哈里森(Frank Harrison)在理解决策这一概念时将其定义为一个动态的连续过程,过程中包含了明确的职能定位。[①]戴维·伊斯顿(David Easton)则将决策理解为政治系统的输出,并由此实现价值的权威性分配。[②]另外,还有学者对决策模式进行了归纳分析,比较有代表性的是学者格雷厄姆·阿里森(Graham T. Allison)。在《决策的本质:解释古巴导弹危机》一书中,他将决策分析模式分为理性行为体模式(rational actor model)、组织过程模式(organizational process model)和官僚政治模式(bureaucratic politics model),之后他与莫顿·霍尔帕林(Morton H. Halperin)[③]将决策机制进一步归纳为理性行为体模式(rational actor model)和官僚政治模式(bureaucratic politics model)。在上述研究中,阿里森强调的是将决策理解为一个博弈的政治过程,在这一过程中,持有不同观点的组织和个人通过竞争的方式来影响政策结果并最终达成妥协。查尔斯·琼斯(Charles Jones)[④]则对决策过程进行了具体研究,将其细分为方案确定、方案开发、方案实施、方案评估和方案终止这样五个阶段。

欧盟(欧共体)作为一个特殊的国际行为体,其决策体系和决策特点也引起了学界的广泛关注。对于欧盟决策的理论分析是伴随着欧洲一体化进程的不断深入而逐步发展的。在罗伯特·汤普森(Robert Thomson)和玛德琳·霍斯利(Madeleine O. Hosli)[⑤]看来,欧盟决策研究致力于解决一系列关于政治系统的"输入""过程"和"输出"的描述性和解释性问题,其中"输入"体现的是由不同政治行为体就各自政策需求展开的竞争,"过程"反映的是将这些

---

① 鲍宗豪:《决策文化论》,上海三联书店,1997年,第2页。

② [美]詹姆斯·多尔蒂、小罗伯特·普法尔茨格拉尔:《争论中的国际关系理论》,阎学通、陈寒溪等译,世界知识出版社,2003年,第594~595页。

③ Graham T. Allison and Morton H. Halperin,"Bureaucratic politics:A paradigm and some policy implications",in *World Politics*,1972,Vol.24,No.S1,pp.40–79.

④ Charles O. Jones and Robert Daniel Thomas,*Public Policy Making in a Federal System*,London:Sage Publications,Inc,1976.

⑤ Thomson Robert and Madeleine O. Hosli,"Explaining legislative decision-making in the European Union",in *The European Union Decides*,2006,pp.1–24.

需求转化为输出的机制，“输出”则是由系统决策者最终制定出的权威决策。哈罗德·拉斯韦尔（Harold Lasswell）[①]通过对公共政策的研究，构建了一个政策过程的概念图系，其中包含了情报、提议、规定、合法化、应用、终止、评估七个阶段，在此基础上，将欧盟决策过程归纳为投入和产出两方面，遵循欧盟权责分配的基本原则，同时反映了欧盟的价值取向。在《欧盟的政策制定》（*Policy-making in the European Union*）一书中，马克·波拉克（Mark A. Pollack）[②]分别从欧洲一体化理论、欧盟决策的比较视角以及治理转向这三个部分对欧盟决策进行了理论上的梳理分析。在传统的欧洲一体化理论中，新功能主义和政府间主义都从各自角度对欧盟决策过程进行过解读，但是上述理解更多的是从各自角度孤立地对欧洲一体化进程进行分析，不能够准确反映欧盟决策过程中的多元行为体及其互动。20 世纪 80 年代后期到90 年代初的这段时间里，“政策周期”（policy cycles）和“政策网络”（policy networks）这两个概念开始被用于欧盟政策分析领域。[③]在此基础之上，多层治理概念为欧盟决策分析提供了一种更加综合和全面的视角，不同于以往等级制的理解以及对层级的强调，欧盟内部展现出的多层体系反映出的是一种非等级制的决策形式，强调了行为体进行的跨层次互动。

1.传统的欧洲一体化理论对欧盟决策的理解

新功能主义代表人物——里昂·林德伯格（Leon Lindberg）在《欧洲经济一体化的政治动力》（*The Political Dynamics of European Economic Integra-*

---

① Harold Dwight Lasswell, *Politics: Who gets what, when, how*, New York: P. Smith, 1950.

② Mark A. Pollack, “Theorizing EU policy-making”, in *Policy-making in the European Union*, 2005, Vol.5, pp.13-48.

③ Beate Kohler-Koch and Berthold Rittberger, Review Article: The ‘Governance Turn’ in EU Studies’, in JCMS: Journal of Common Market Studies, 2006, Vol.44, No.s1, pp.27-49.

tion)一书中首先提出了“外溢”(spill over)一词。[①]持新功能主义观点的学者对“外溢效应”进行了具体的划分,将其归纳为“功能性外溢”和“政治性外溢”两种,指出在“功能性外溢”方面体现的是一体化由一个领域扩展到其他领域,“政治性外溢”体现的则是核心机构的指导作用得到了增强。新功能主义者认为在推动欧洲一体化向更深层次发展的过程中,超国家的机构是解决共同问题最有效的手段。从这个角度看,气候变化问题的引发是经济活动直接或间接的结果,与经济、社会的持续发展紧密相连,而对气候变化问题实质性的解决也需要其相关领域的合作协调,超国家机构在其中将扮演重要角色。

直至20世纪60年代,新功能主义理论对欧洲一体化进程的解释都很准确,无论是在合作领域的外溢方面 ,还是在超国家机构的建设方面。但随着法国对英国加入共同体一事表现出的坚决反对以及1965年戴高乐总统制造的“空椅子危机”(Empty Chair Crisis),新功能主义在解释力上的缺陷也逐渐暴露。针对新功能主义难以解释的现实问题,以斯坦利·霍夫曼(Stanly Hoffmann)为代表的古典政府间主义者选择以现实主义的理论方法对欧洲一体化的进程、动力和欧盟决策过程进行了新的解释。他理解的欧洲一体化应当归因于各国政府愿意将一部分主权拿出来共享,同时将欧盟政策区分为“高级政治”和“低级政治”,在实际中如外交和安全防卫政策等“高级政治”上共同利益的判断和升级要比经济、环境等“低级政治”领域艰难得多。因此,即使存在超国家的机构,达成一致也是非常困难的。尽管如此,与其他现实主义者不同,他对主动一体化的怀疑并不妨碍他对被动一体化现实的承认。[②]古典政府间主义反映出的是当时成员国在欧盟决策过程中发挥的主导

① Leon N. Lindberg, *The political dynamics of European economic integration*, Stanford: Stanford University Press, 1963.

② [法]达里奥·巴蒂斯特拉:《国际关系理论》,潘革平译,社会科学文献出版社,第268页。

作用。

20世纪90年代以来,自由政府间主义出现,它把早期政府间主义和自由主义理论整合在一起,主张欧洲一体化不是侵蚀了国家的权力,而是强化了国家的权力。作为代表学者的安德鲁·莫劳夫奇克(Andrew Moravcsik),[①]一方面将欧洲一体化及欧盟政策理解为各国间讨价还价得出的结果,另一方面也并没有因此忽略社会行为体向各国政府施加的压力。在他看来,欧洲一体化应当是社会行为体和政府共同作用的结果,反映的是各国政府之间以及政府与本国的社会行为体之间战略互动的结果。

在一体化理论对于欧盟决策阐释的分歧主要集中于新功能主义从"外溢"角度对一体化发展做出的解释,而政府间主义强调成员国在推动欧洲一体化深入中的作用。在那之后,围绕着理性选择理论与建构主义分析展开了第二次争论。[②]随着欧盟制度规则在欧盟运作中重要性的凸显,部分学者开始质疑政府间主义低估了欧盟机构及正式规则在欧盟决策中的作用。在20世纪80年代到90年代初,理性选择制度主义(Rational choice institutionalism)的代表之一弗里茨·沙普夫(Fritz Scharpf)在分析中指出,欧盟政策中表现出的效率低下和死板,不仅仅源自欧盟的政府间主义的设定,同时也与"全体一致"(unanimous)等欧盟的制度规则密切相关。乔治·泽比利斯(George Tsebelis)和杰弗里·加勒特(Geoffrey Garrett)则试图从理性选择的角度出发对欧盟机构在欧盟政策被采纳、执行和裁定时的作用进行分析。社会制度主义(sociological institutionalism)和国际关系理论中的建构主义在此基础之上,将非正式的规则、规范以及会议都纳入制度的范畴内,认为这些制度塑造了行为体的认同及其偏好。历史制度主义者(Historical institutionalists)的分析

① Andrew Moravcsik,"Preferences and power in the European Community:a liberal intergovernmentalist approach",in *JCMS:Journal of Common Market Studies*,1993,Vol.31,No.4,pp.473-524.

② Mark A. Pollack,"Theorizing EU policy-making",in *Policy-making in the European Union*,2005,Vol.5,p.13.

起点是对行为体偏好的理性假设，继而通过制度的限制（lock-ins）以及路径依赖过程（path dependence），对制度在塑造理性行为体行为的作用进行检验，强调了制度对行为体（包括制度本身的制定者）的行为及偏好的影响和约束作用。总体来说，制度主义者都强调了制度在按照预期对欧盟政策过程和政策结果，甚至是更为长远的欧洲一体化的塑造作用。事实上，尽管上述一体化理论存在大量细节上的分歧，但他们都是寻求对欧洲一体化中最重要的影响因素进行验证。

虽然建构主义并不属于欧洲一体化理论的范畴，但是以托马斯·莱斯（Thomas Risse）①为代表的学者从建构主义视角对欧洲一体化及其过程中的政策决策进行了分析。②建构主义者们强调制度本身不仅是正式的规则，还包括了非正式的规范；在欧洲一体化过程中，制度不仅塑造了行为体的行为，也会对行为体（特别是成员国）的偏好和认同产生重要的影响甚至是重塑。这些观点也引发了建构主义与理性主义之间的争论。然而越来越多的建构主义学者开始以实证主义的方法去解释欧洲一体化中的问题，比如欧盟集体偏好的塑造和规范扩散等。③

2.比较视角下的欧盟决策研究

上述研究多将欧盟（欧共体）或欧洲一体化视为一个过程，研究出发点主要来自于对国际关系中地区一体化进程和国际合作的理解。而以西蒙·希

① Thomas Risse, "Social constructivism and European integration", https://bayanbox.ir/view/5405317841944535052/Social-Constructivism.pdf.

② 波拉克在分析中将莱斯对欧盟的建构主义分析纳入一体化理论对欧盟决策分析的内容中，在他看来，可以从一个更加广泛意义上去理解，将建构主义视为一个"元理论"（meta-theoretical）方向，认为它对于欧洲研究带来了启示和影响。See Mark A. Pollack, "Theorizing EU policy-making", in *Policy-making in the European Union*, 2005, Vol.5, pp.22-25.

③ Joseph Jupille, James A. Caporaso and Jeffrey T. Checkel, "Integrating institutions rationalism, constructivism, and the study of the European Union", in *Comparative Political Studies*, 2003, Vol.36, No. 1-2, pp.7-40. Mark A. Pollack, "Theorizing EU policy-making", in *Policy-making in the European Union*, 2005, Vol.5, p.24.

克斯(Simon Hix)为代表的学者选择从另一个视角将欧盟视作一个政体或政治系统,强调其"超国家性",对欧盟的政治需求(输入)、参与行为体以及公共政策(输出)进行了分析。[①]在希克斯看来,欧盟从理论上可以被视为一个政治系统,通过密集的立法、行政、司法制度来适应有约束力的公共政策,从而对欧洲社会中"价值的权威分配"(authoritative allocation of values)产生影响。此外,希克斯从一个二维视角对欧盟政治进行分析,一方面是一体化过程,另一方面是传统的围绕政府干预经济的性质及程度展开的左右划分。具体到欧盟决策中,在比较政治视角下,波拉克将欧盟视作一个联邦体系或是"准联邦"(quasi-federal)体系,并以此作为分析工具对欧盟的决策过程进行分析,一方面从水平或"联邦"(federal)层面上对欧盟与成员国层面上的权力划分进行研究,强调超国家机构在决策中的作用;另一方面从垂直层面上对其立法、行政和司法的权力分配进行比较分析。

3.多层治理视角下对欧盟决策的理解

上述理解选择从各自角度孤立地对欧洲一体化进程进行分析, 不能够准确地反映欧盟决策过程中参与行为体的多元化特点, 也不能体现出这些行为体在水平层面上及垂直层面上的互动。尤其是随着全球化的发展,全球性问题出现,这类问题往往是多部门、多领域共同作用的结果,影响范围是跨国性的,这就需要汇集跨部门、跨国家甚至是跨地区的力量开展合作。单凭一国之力,不足以解决问题;而传统的由民族国家中央政府进行统治的方式也难以有效解决问题。遵循上述思路分析问题的解释力日益衰弱,在这一背景下,"治理"的概念被提出以寻求更加有效地应对全球性问题。与此同时,对于治理民主的需求日益提升,多样化行为体要求参与政策决策,表达自身利益诉求。按照 1995 年全球治理委员会(Commission on Global Governance)

① Simon Hix, "The study of the European Community: the challenge to comparative politics", in *West European Politics*, 1994, Vol.17, No.1, pp.1-30.

的理解，治理是一种既包括公共部门，也包括私营部门参与的持续的过程，其中存在多元利益甚至是冲突，但这个过程的基础在于协调，反映的是一种持续的互动。[①]在这一理解中，集体和个人层面的行为、政策决策的纵横模式都被囊括在内。[②]詹姆斯·罗西瑙（James N. Rosenau）将治理理解为一系列活动领域中，为了实现共同目标而发挥有效作用的管理机制，形式可以是正式的也可以是非正式的，参与者除了国家政府还包括非政府行为体。[③]具体到欧盟决策研究中，也相应地出现了“治理转向”（Governance Turn）的趋势。[④]

（1）对欧盟决策特征的解读

自 20 世纪 90 年代初开始，以加里·马克斯（Gary Marks）为代表的学者提出了多层治理这一概念，并以此对欧盟的治理模式及决策过程展开研究。在《欧盟研究中的“治理转向”》一文中，贝娅特·科勒-科赫（Beate Kohler-Koch）与贝特霍尔德·里滕伯格（Berthold Rittberger）将欧盟决策模式的特点概括为共同体方式决策、决策具有多层次性并以网络化的方式体现、重视欧盟作为一个决策体系实际运转中的问题。[⑤]从多层体系结构入手对欧盟决策展开分析这一路径也是贴合欧盟决策过程实际的，具有很强的解释力和说服力，因此得到了广泛的接受。在欧盟环境署（European Environmental Agency）的发布报告中，就借用了学者贝娅特·科勒-科赫与贝特霍尔德·里滕伯格的理解，将多层治理定义为“涉及公共部门和私营部门的一种非层次形式决策，这种形式运行于不同地方层面，并使它们能够相互依赖”[⑥]。

加里·马克斯在对欧盟治理模式进行分析时，侧重于强调参与行为体的

---

① 俞可平主编：《全球化：全球治理》，社会科学文献出版社，2003 年，第 7 页。

② 吴志成：《西方治理理论评述》，《教学与研究》，2004 年第 6 期。

③ ［美］詹姆斯·N.罗西瑙：《没有政府的治理》，张胜军、刘小林译，江西人民出版社，2001 年，第 5 页。

④⑤ Beate Kohler-Koch and Berthold Rittberger, Review Article: The 'Governance Turn' in EU Studies', in JCMS: Journal of Common Market Studies, 2006, Vol.44, No.s1, pp.27-49.

⑥ ［丹］欧盟环境署：《欧盟城市适应气候变化的机遇和挑战》，张明顺、冯利利、黎学琴等译，中国环境出版社，2014 年，第 127 页。

多样性，关注不同层面上的行为体在欧盟决策中发挥的作用。他指出欧盟多层治理模式的出现主要源自两方面因素：一是欧洲一体化的深入发展、欧盟层面超国家机构的设立，二是中央政府的权力向地区分散、次国家行为体的作用提升。在《多层治理的行为体中心方法》（*An actor-centred approach to multi-level governance*）[①]一文中，马克斯将行为体中心方法（actor-centred approach）建立在（新）自由制度主义的理解之上，关注国际制度在培育合作收益中的作用，为多层治理中国家内部与国家间维度的融合提供了一个分析框架。从行为体中心的角度来看，利益间的讨价还价反映的是相关政治领导者，包括次国家行为体、超国家行为体和其他利益攸关方拥有的实现其利益的能力。在《1980年代以来的欧洲一体化：国家中心v.多层治理》（*European Integration from the 1980s: State-Centric v. Multi-level Governance*）[②]这篇文章中，他与另外两位学者里斯贝特·胡奇（Liesbet Hooghe）和科密特·布兰科（Kermit Blank）一起，对"民族国家主导的欧盟治理模式，是否随着欧洲一体化的发展以及欧盟机构的建立而发生改变"这一问题进行了分析。为了解决这一问题，作者们在文中对两种治理模式——以民族国家为主导的治理模式（或政府间主义理解的治理模式）和多层治理模式进行了分析，并对二者在欧盟决策过程中的有效性进行了比较。最后得出结论，即欧洲一体化反映的是一个政体的创立过程，虽然国家仍是"欧洲政治拼图中最重要的一块"，但是超国家、国家和次国家层次的行为体都具有各自独立的影响，它们共同参与其中、分享权威并对政策制定施加影响。具体在欧盟决策过程中，单一国家的权力通过投票规则设计等方式受到了很大的限制。不同于联合

① Gary Marks, "An actor-centred approach to multi-level governance", in *Regional & Federal Studies*, 1996, Vol.6, No.2, pp.20-38.

② Gary Marks, Liesbet Hooghe, and Kermit Blank, "European Integration from the 1980s: State-Centric v. Multi-level Governance", in *Journal of Common Market Studies*, 1996, Vol.34, No.3, pp.341-378.

国那种大国可能会拥有更多权力的国际机构，欧盟内部致力于寻求的是国家之间的平衡，虽然国家的作用独一无二，但是在政策启动、政策决策、政策实施和政策裁定这四个过程的掌控中，国家的作用是日渐式微的。[①]

阿瑟·本茨(Arthur Benz)则侧重于从过程维度去理解多层治理框架下欧盟决策是如何展开并得到最终结果的。[②]在他看来，以往的学者多将多层治理这一概念理解为没有一个中央政府拥有能力去解决冲突，而实际上，与以往的新功能主义和政府间主义以国家为分析单位相比，多层治理反映了欧盟作为一个地区整体的观点，这也是欧盟决策过程中日益凸显的特点之一。在这一体系中，不同层次的行为体(尤其是不同层次的政府)为了合作形成了一个政策网络。欧洲一体化的深入发展也需要相应的结构上(structural)和程序上(procedural)的改变，尤其是强调不同层面的协调，这种协调必须以谈判和合作的方式，通过信息和资源的交换来获得。为了更有效地获取资源、开展行动，以实现有利于自身利益偏好的政策，成员国及次国家或跨国家行为体都倾向于加强在欧盟层面的游说活动，并努力争取参与欧盟政策决策的机会。在构建多层治理的过程中，国家制度建设也发挥了重要影响，提供有利于、不利于还是有碍于治理实施的制度条件，都会直接影响政策的实施效果。[③]

伊恩·巴什(Ian Bache)[④]等人则对马克斯和本茨等学者的观点进行了整

① Gary Marks, Liesbet Hooghe and Kermit Blank, "European Integration and the State", http://ir.lib.uwo.ca/cgi/viewcontent.cgi?article=1067&context=economicsperg_ppe.

② Arthur Benz, "Two types of multi-level governance: Intergovernmental relations in German and EU regional policy", in *Regional & Federal Studies*, 2000, Vol.10, No.3, pp.21-44.

③ Arthur Benz and Burkard Eberlein, "The Europeanization of regional policies: patterns of multi-level governance", in *Journal of European Public Policy*, 1999, Vol.6, No.2, pp.329-348.

④ Ian Bache, Ian Bartle, Matthew Flinders and Greg Marsden, "Blame Games and Climate Change: Accountability, Multi-Level Governance and Carbon Management." In *The British Journal of Politics & International Relations*, 2015, Vol.7, No.1, pp.64-88.

合，力图从静态与动态两方面对多层治理进行更加全面的理解。他们将多层治理理论总结为五个基本关注点，即制度、能力、关系、资源和责任。其中制度维度反映的是，虽然民族国家在多层治理中仍扮演了最为中心的角色，但是他们直接控制和干预的能力在日益增长的"代表链"（chains of delegation）中趋于减弱，在一些领域原本为国家独享的主权也开始向上和向下转移。能力维度包括水平和垂直两个层面，体现的是权力、角色和责任。关系维度指的是，正式与非正式政治领域之间的关系并非"嵌入式的"（nested）而是互相关联的，通过一定的跨国性网络，次国家行为体可以经常性地参与到超国家议题中去。资源维度说的是在多层治理中，民族国家或者成员国政府更多地在扮演着"掌舵而不是划桨"的角色，即试图管理复杂网络；同时追求一种更加"灵活的把关"，即控制资源的流向。而责任维度，从基于民族国家的治理转移到多层治理体系，传统的民主问责机制并不继续适用。学者们还强调了非正式方式对于解决问题的重要性，将正式与非正式方式相结合会更有利于政策目标的达成。

（2）对欧盟决策模式的区分

上述学者对于多层治理这一概念进行了解释，在此基础上，部分学者以多层治理为理论框架，对欧盟决策做出了更为细致的研究，并对决策模式进行了区别分类，比较有代表性的包括约翰·皮特森（John Peterson）、弗里茨·沙普夫和海伦·华莱士（Hellen Wallace）三位学者所做的研究。

以皮特森为代表的学者从一个综合性的视角出发，以"政策网络"（policy network）为分析工具，指出了欧盟内部不同层面上存在的不同制度安排。[①]政策网络可以被理解为政府利益与利益集团利益进行协调的场所。在他看来，一切政策都可以被视作"要做什么"（what to do）、"如何去做"（how to do it）以

① John Peterson, "Decision-making in the European Union: towards a framework for analysis", in *Journal of European Public Policy*, 1995, Vol.2, No.1, pp.69–93.

及"如何决定要做什么"(how to decide what to do)这一过程的产物。由于欧盟缺少一种现成的制度设计来满足不同层面上行为体进行讨价还价，而政策制定阶段所做的决定对于最终形成的政策结果又有重要的影响力，在这一背景下,约翰·皮特森和伊丽莎白·邦博格(Elizabeth Bomberg)将欧盟决策体系划分为超体系层次、体系层次和次体系层次,并以这种分析反映不同层面上行为体在欧盟决策过程中采取的不同方式,以及相应的制度安排。不同层面上的决策、主要行为体以及合理性可以通过表1反映出来。

表1 约翰·皮特森和伊丽莎白·邦博格对欧盟决策的层次分析

层次	决策类型	主要行为体	合理性
超体系层次	创造历史	政府间会议中的成员国政府、欧洲法院、欧洲理事会	政治性(political)、法律性(legalistic)
体系层次	政策设定	部长理事会、成员国常驻代表委员会	政治性、技术性(technocratic)、行政性(adminstrative)
次体系层次	政策塑造	欧盟委员会、具体事务委员会、理事会下设小组	技术性、共识性(consensual)、行政性

资料来源:整理自 John Peterson,"Decision-making in the European Union:towards a framework for analysis",in *Journal of European public policy*,1995,Vol.2,No.1,pp.69-93.

弗里茨·沙普夫在对欧盟治理模式进行分析时,侧重于从解决问题的有效性和民主责任的角度去考虑,认为治理模式的划分依据主要在于对行为体参与决策时的影响力和权限所做的制度安排，以及对于解决不同行为体分歧时所采取的决策规则。[①]由于不同的政策领域中一体化与制度化的程度存在差别,因此也采取了不同的治理模式。据此,沙普夫将欧盟治理模式归纳为以下几种形式,即"超国家集中模式"(The supranational centralized mode)、"政府间协议模式"(The intergovernmental agreement mode)、"共同决策模式"(The joint decision-making mode)、"公开协调模式"(Open Coordination)以及"相互调整模式"(Mutual Adjustment),具体特点和使用的议题领域如下图所示。

---

① Mark A. Pollack,"Representing Diffuse Interests in EU Policy Making",in *Journal of European Public Policy*,1997,Vol.4,No.4,pp.572-590.

表2　弗里茨·沙普夫对欧盟决策模式分类示意图①

决策模式	议题领域	特点	主要行为体
超国家集中模式	议题领域有限，主要适用于推动经济一体化和市场自由化以及抑制“消极一体化”的相关领域	一体化程度最高，体现了自上而下推动一体化发展的方式	政策决策由欧盟的超国家机构完全掌控
政府间协议模式	原欧盟的“第二支柱”（共同外交与安全政策领域）和“第三支柱”（警察与司法合作）议题领域	制度化表现最低，为欧盟政策和机构的建立提供了基本的合法性支持	成员国
共同决策模式	原本位列欧盟第一支柱下的多数政策领域（气候政策也位列其中）	欧盟立法主要的制度方式，可以将超国家治理与政府间协商相结合形成一种新的“网络治理”机制	欧盟超国家机构和成员国
公开协调模式	里斯本峰会后，从就业领域扩展到社会保障和经济政策等更多领域	在“公开协调”（open coordination）原则指导下，将成员国之间政策协调模式制度化的尝试	欧盟超国家机构和成员国
相互调整模式	缺乏有效的公开协调模式，而欧盟层面的解决方式又不足以有效发挥作用的议题领域	成员国在别无选择的情况下用于解决问题的一种默认模式（default mode），其政策选择实际上体现为一种“欧洲化”了的结果	在欧盟监管和税收政策影响下，成员国之间的影响和竞争

资料来源：Fritz W. Scharpf, “What have we learned? Problem-solving capacity of the multi-level European polity”, MPIFG working paper, http://www.ssoar.info/ssoar/bitstream/handle/document/36349/ssoar-2001-scharpf-What_have_we_learned_.pdf?sequence=1, 2001. Fritz W. Scharpf, “Problem-solving Effectiveness and Democratic Accountability in the EU”, MPIFG working paper, http://www.ssoar.info/ssoar/bitstream/handle/document/24582/ssoar-2006-scharpf-problem_solving_effectiveness_and_democratic.pdf?sequence=1, 2003.

海伦·华莱士对欧盟的制度设计进行了剖析，在不同政策领域的欧盟决策中，欧盟机构与成员国机构、地方以及地区机构进行了不同程度的互动。②

① 需要指出的是，次国家层面行为体可以通过决策中咨询过程提供建议，也可以向成员国或欧盟机构表达利益诉求，向其施加压力，以此对决策过程和政策结果造成影响，由于沙普夫在文章中主要讨论了成员国和欧盟超国家机构之间的权能划分，因此在此表中不将次国家行为体纳入到主要决策行为体中。

② Helen Wallace, “An institutional anatomy and five policy modes”, in eds. by Helen Wallace, Mark A. Pollack, and Alasdair Young, *Policy-making in the European Union*, Oxford: Oxford University Press, 7th edition, 2005, pp.49-90.

在对欧盟经济货币政策及外交政策等几个具体政策领域进行分析后，华莱士指出，在广泛意义上欧盟的决策框架是逐渐被认可的，然而在具体的制度设计上还是呈现一种非典型状态。据此，他提出“一个共同体方法，多个政策模式”(One Community method，or several policy modes)的观点，在综合考量欧盟日常实践、成员国决策过程以及经济和社会发展情况后，具体划分为五种政策模式，即传统的共同体方法(a traditional Community method)、欧盟监管模式(the EU regulatory mode)、欧盟分配模式(the EU distributional mode)、政策协调(policy coordination)和强化的跨政府主义(intensive trans-governmentalism)。如表3所示，在这五种模式中，委员会、理事会、欧洲议会以及欧洲法院这些主要行为体扮演了不同角色，发挥了不同的作用。这种政策模式的划分方法避免了之前超国家主义与政府间主义非此即彼的二分法争论。华莱士特别强调了欧盟决策并不是在一个“真空”(vacuum)中做出的；相反，他强调的是在多个层次上去解决问题，其中涉及了从地方层面到全球层面，既包括正式途径也包括非正式途径，同时这些层次之间也是互相联系的。

欧洲政策制定者必须去妥善处理这些不同层面之间的关系，为具体的议题选择合适的解决方式。尤其是随着越来越多敏感的公共政策领域被提交到欧盟层面，欧盟制度设计中的软措施起到越来越重要的作用。在华莱士看来，欧盟决策模式更加多元化，一方面反映出政策决策中权力由成员国层面向欧盟层面转移的过程，另一方面也反映出政策领域之间的功能性差异以及治理理念的发展。

表3 海伦·华莱士对欧盟决策模式分类示意图

决策模式	主要参与行为体	发挥的作用或影响
传统的共同体方法	欧盟委员会	政策设计、政策协调、政策执行、对外联系
	部长理事会	在战略谈判、一揽子方案中施加影响
	欧洲议会	代表作用相对有限
	欧洲法院	采取行动强化共同体机制的法律权威
	成员国国家机构	共同机制的从属执行者

续表

决策模式	主要参与行为体	发挥的作用或影响
欧盟分配模式	欧盟委员会	项目设计者,注重财政激励手段的运用
	部长理事会	达成再分配要素的预算
	欧洲议会	需要承受成员国的压力为其发声
	地区或地方政府	寻求直接(建立办事处)或间接方式施加影响
	其他利益相关者	有参与决策的空间和机会
欧盟监管模式	欧盟委员会	监管目标和规则的制定者和捍卫者
	部长理事会	论坛性质,就最低标准和协调方向达成一致
	欧洲法院	确保规则得到合理平等实施
	欧洲议会	在非经济提案确定中发挥作用,监管实施中作用有限
	其他利益相关者	咨询建议
强化的跨政府主义模式	欧洲理事会	确定政策整体方向
	部长理事会	巩固和推动合作
	欧盟委员会	有限且边缘的作用
	欧洲议会、欧洲法院	决策过程中被排斥
政策协调模式	欧盟委员会	政策网络中的开发者
	部长理事会	以头脑风暴或协商的方式化解压力
	欧洲议会	开展与专家委员会的对话,体现议员的意愿
	独立专家	作为观念和技术的推广者参与决策

资料来源:Helen Wallace,"An institutional anatomy and five policy modes",in eds. by Helen Wallace,Mark A. Pollack,and Alasdair Young,*Policy-making in the European Union*,Oxford:Oxford University Press,7th edition,2005,pp.49-90.

(3)对决策行为体的研究

除此之外,还有一些学者从更加具体的研究对象和研究领域入手,在制度程序和代表途径两方面对欧盟决策机制进行了分析, 对主要行为体在欧盟决策机制中的参与方式和影响权限进行了专门的研究。其中,主要欧盟机构在欧盟决策中的权能及其内部决策程序是学者们关注的重点。爱德华·佩奇(Edward Page)[①]和阿尔恩特·旺卡(Arndt Wonka)[②]对欧盟委员会的运作程序和立场进行了分析。按照新功能主义的理解,欧盟委员会被视为一个富有

① Edward C. Page,*People who run Europe*,Oxford:Clarendon Press,1996.

② Arndt Wonka,"Decision-making dynamics in the European Commission:partisan,national or sectoral?",in *Journal of European Public Policy*,2008,Vol.15,No.8,pp.1145-63.

凝聚力的、统一的行为体，作为超国家利益的代表推动欧洲一体化进程，然而旺卡通过对委员会内部决策过程进行分析，发现成员国立场或部门立场会对委员造成明显影响。海耶斯-伦肖（Hayes-Renshaw）[①]及米科·马提拉(Mikko Mattila)[②]对欧洲理事会和部长理事会进行了综合性的研究。在有的学者[③]看来，目前理事会内的常驻代表委员会实际上扮演了一种“社会化机制”(socialization mechanisms)的角色，一定程度上模糊了成员国与欧盟利益之间的分歧。乔纳斯·塔尔伯格(Jonas Tallberg)等学者[④]则分析了欧洲理事会常任主席在欧盟决策议程设定和谈判协调中的作用，并对《里斯本条约》前后的理事会决策及理事会主席发挥的作用进行了对比分析。西蒙·希克斯(Simon Hix)和乔治·泽比利斯(George Tsebelis)等人[⑤]则对欧洲议会在欧盟决策中的作用进行了分析评价。

① Fiona Hayes-Renshaw, “The European Council and the Council of Ministers”, in *Developments in the European Union*, 1999, pp.23-43.

② Mikko Mattila, “Contested decisions: Empirical analysis of voting in the European Union Council of Ministers”, in *European Journal of Political Research*, 2004, Vol.43, No.1, pp.29-50.

③ Jeffrey Lewis, “The Janus face of Brussels: socialization and everyday decision making in the European Union”, in *International Organization*, 2005, Vol.59, No.4, pp.937-971.

④ Jonas Tallberg, “Bargaining power in the European Council”, in *JCMS: journal of common market studies*, 2008, Vol.46, No.3, pp.685-708. Jonas Tallberg, “The power of the presidency: Brokerage, efficiency and distribution in EU negotiations”, in *JCMS: Journal of Common Market Studies*, 2004, Vol.42, No.5, pp.999-1022. Jonas Tallberg, “The agenda-shaping powers of the EU Council Presidency” in *Journal of European public policy*, 2003, Vol.10, No.1, pp.1-19. Andreas Warntjen, “The elusive goal of continuity? Legislative decision-making and the council presidency before and after Lisbon”, in *West European Politics*, 2013, Vol.36, No.6, pp.1239-1255. Andreas Warntjen, “Steering the Union. The Impact of the EU Presidency on Legislative Activity in the Council”, in *JCMS: Journal of Common Market Studies*, 2007, Vol.45, No.5, pp.1135-1157.

⑤ Simon Hix, Abdul Noury, and Gérard Roland, “Power to the parties: cohesion and competition in the European Parliament, 1979-2001”, in *British Journal of Political Science*, 2005, Vol.35, No.2, pp.209-234. George Tsebelis, “The power of the European Parliament as a conditional agenda setter”, in *American Political Science Review*, 1994, Vol.88, No.1, pp.128-142.

还有的学者从成员国层面入手对欧盟决策进行了分析，尤其是探讨了"欧洲化"(Europeanization)对成员国参与欧盟决策的影响。①目前,大部分学者将"欧洲化"理解为一个过程而非结构,体现的是欧盟行政与国家行政的融合。②在欧盟决策过程中,成员国既是欧盟政策的塑造者,合力推动着欧洲层面一体化的不断发展;同时又是政策的实施者,受到欧盟政策的影响。薇薇安·施密特(Vivien A. Schmidt)和克劳迪·拉戴利(Claudio M. Radaelli)指出,欧洲化理论主要解释了两个问题,一是成员国国内政策的变化是否缘自外部压力,二是欧盟政策与成员国政策传统、政策偏好之间能否相互适应。③在拉戴利看来,"欧洲化"指的是构建与传播一系列规则、规范、政策、行为方式,并使它们制度化的过程,既可以是正式的,也可以是非正式的途径。在欧洲化过程中，首先通过欧盟公共政策决策和政治运行过程将上述规则、程序、政策范式、行为方式和规范等进行确立和巩固,之后这些内容会被不断融入国内话语、认同、政治结构和公共政策之中。④

另外,关于欧盟决策中次国家行为体的研究也比较丰富,不仅涵盖了次

---

① Maria G. Cowles, James A. Caporaso, and Thomas Risse-Kappen, *Transforming Europe: Europeanization and Domestic Change.* Ithaca: Cornell University Press, 2001. Simon Bulmer and Christian Lequesne, *The member states of the European Union*, Oxford: Oxford University Press, 2013. Beate Kohler-Koch, "European networks and ideas: changing national policies?", in *European Integration online Papers* (EIoP), 2002, Vol.6, No.6. Tanja Boerzel, "Shaping and Taking EU Policies: Member State Responses to Europeanization", *Queens Papers on Europeanisation*, 2003, http://xueshu.baidu.com/s?wd=paperuri%3A%28f545dc034de0dbc36ad2088861c24d0f%29&filter=sc_long_sign&tn=SE_xueshusource_2kduw22v&sc_vurl=http%3A%2F%2Fciteseerx.ist.psu.edu%2Fviewdoc%2Fdownload%3Fdoi%3D10.1.1.535.1021%26rep%3Drep1%26type%3Dpdf&ie=utf-8&sc_us=7834544474990941337.

② Wolfgang Wessels, Andreas Maurer, and Jürgen Mittag, eds., Fifteen into one? *The European Union and its member states.* Manchester: Manchester University Press, 2003.

③ Vivien A. Schmidt and Claudio M. Radaelli, "Policy change and discourse in Europe: Conceptual and methodological issues", in *West European Politics*, 2004, Vol.27, No.2, pp.183-210.

④ Claudio M. Radaelli, "How does Europeanization produce domestic policy change? Corporate tax policy in Italy and the United Kingdom", in *Comparative Political Studies*, 1997, Vol.30, No.5, pp.553-575.

国家行为体对推动欧洲一体化进程所做的贡献、对成员国中央政府的影响，还包括了对其参与欧盟治理的相关研究，其中涉及的问题包括在欧盟内部私人领域与公共领域之间的互动，以及欧洲一体化深入、发展过程中欧盟决策特点的变化。对于这些次国家行为体的研究，还常常被置于欧盟民主合法性研究的背景之下，强调它们在欧盟决策过程中提供信息、进行监督的作用。[①]例如索尼娅·梅奇(Sonia Mazey)和杰里米·里查德森(Jeremy Richardson)[②]对利益集团在欧盟决策中的作用进行分析时，就指出利益集团和其他次国家行为体在欧盟决策机制中影响力的提升，多元利益诉求也获得了更加广泛的表达途径。这些研究中都涉及了随着欧洲一体化的深入发展，欧盟不同行为体之间在利益和规范中展开的博弈。

4.国内学术界对欧盟决策机制的研究

欧盟作为一个特殊的国际行为体，其形成发展以及运作模式无疑吸引了各国学者的关注。由上文的梳理可以看出，对于欧盟决策的理论研究是随着欧洲一体化不断深入的现实而不断发展的，从早期的功能主义到政府间主义，再到目前多层治理框架下对欧盟政策的制定进行分析，体现的是一个愈加全面的理解进程。在此基础上，国内学者也对欧盟决策行为体、决策模式以及欧盟治理模式进行了研究分析，并取得了部分研究成果，主要体现为以下方面：

一是强调对参与决策行为体的研究，即对欧盟决策机制中结构部分的研究，对关键行为体在欧盟决策中的作用和影响力进行分析，从而理解欧盟

① Charlie Jeffery, “Sub-national mobilization and European integration: Does it make any difference?”, in *JCMS: Journal of Common Market Studies*, 2000, Vol.38, No.1, pp.1-23. Beate Kohler-Koch, “Interactive Governance: Regions in the Network of European Politics”, http://aei.pitt.edu/2650/1/002791_1.PDF.

② Sonia Mazey and Jeremy Richardson, “Chapter11 Interest groups and EU policy-making”, in *European Union: Power and policy-making*, ed. by Jeremy Richardson, London: Routledge, http://citeseerx.ist.psu.edu/viewdoc/download?doi10.1.1.453.9787&rep=rep1&type=pdf.

决策是如何展开的。方国学从欧共体、共同外交和安全政策、司法和内务合作三大支柱出发,指出了它们各自遵循的决策机制,并对其中涉及的主要欧盟机构及其权限进行了分析,强调了欧盟决策机制中反映的多元化特点,同时也提到了非决策机构对欧盟决策机制的影响。[①]作为欧盟决策中的关键行为体,部长理事会在欧盟决策中的作用成为学者们关注的焦点。吴志成和王天韵从整体上对欧盟制度在政策制定谈判中的影响进行了分析,从实体性机构和非实体性机制两方面对欧盟制度进行了理解,并指出目前欧盟治理体系下的政策制定多数仍需通过政府间谈判达成,而在其中部长理事会发挥了最为关键的作用,其他欧盟机构可以经由正式或非正式的规范影响部长理事会的谈判进程。[②]朱仁显与唐哲文对欧盟决策中体现出的多元决策系统进行了介绍分析,并重点对部长理事会在欧盟决策中的作用进行了研究。[③]刘文秀和黄胜伟除了对欧盟决策过程中部长理事会与其他机构的关系进行了分析之外,还对理事会内部的决策过程和方式及存在的问题和发展前景进行了分析。[④]与此同时,随着公民社会的兴起、社会力量在治理中的作用日益凸显,国内学者对利益集团等社会力量在欧盟决策机制中的作用分析也日趋丰富。比如在张海洋的《欧盟利益集团与欧盟决策:历史沿革、机制运作与案例比较》[⑤]、徐静的《欧盟多层级治理与欧盟决策过程》[⑥]等著作中,都对欧盟目前利益集团的情况进行了基本介绍并对其参与欧盟决策的方式和途径进

① 方国学:《欧盟的决策机制:机构、权限与程序》,《中国行政管理》2008年第2期。

② 吴志成、王天韵:《欧盟制度对政策制定谈判的影响》,《南开学报》(哲学社会科学版)2010年第5期。

③ 朱仁显、唐哲文:《欧盟决策机制与欧洲一体化》,《厦门大学学报》(哲学社会科学版)2002年第6期。

④ 刘文秀、黄胜伟:《欧盟理事会政策制定机制探析》,《欧洲研究》2001年第4期。

⑤ 张海洋:《欧盟利益集团与欧盟决策:历史沿革、机制运作与案例比较》,社会科学文献出版社,2014年。

⑥ 徐静:《欧盟多层级治理与欧盟决策过程》,上海交通大学出版社,2015年。

行了分析。

二是探讨欧盟决策与欧洲一体化之间的关系，对欧盟决策中涉及的理论范式和分析方法进行研究。比如,周建仁用权力指数分析和空间模型分析这两种方法，对欧盟决策中政府间主义和制度主义这两种理论范式进行了介绍和比较。他认为两种理论范式各有侧重,分别强调政府间谈判和超国家机构在欧盟决策中的作用，而空间模型分析和权力指数分析则分别从系统层面和单位层面为欧盟决策提供了研究方法。他还分析了共同决策程序对欧盟一体化的影响，他在对加勒特和策伯利斯的空间模型进行总结评价的基础上,运用博弈论对欧盟的决策制度进行分析,得出“共同决策程序的引入不会加快也不会放缓欧盟一体化进程的步伐”的结论。[①]刘艳研究的重点放在欧盟决策方式对合法性和权威性的影响，指出由利益相关者的广泛参与构建的政策网络在其中发挥了重要作用。[②]仲舒甲则从一种“制度理性”的角度出发,在欧盟多层治理的框架下搭建了“制度理性决策模型”,将“制度”作为环境变量,构成“情境”;核心自变量是“偏好”,受到“事项重要性”的影响,并以此对欧盟共同贸易政策决策进行了研究。他认为,需要强调正式程序适用之前的利益互动和讨价还价过程。[③]另外,他还以欧盟“公共采购指令”2004/17 的立法过程为例，从理性选择制度主义与制度现实主义的角度对欧盟决策模型进行了比较分析，强调了政策行为者在欧盟决策中讨价还价的互动。[④]

三是在对欧盟治理模式的研究中,所做的关于欧盟决策机制的解读。目前,国内学术界已经出现了一些对欧盟治理模式研究的著作及译著,比较有

---

① 周建仁:《共同决策程序的引入对欧盟一体化的影响》,《欧洲研究》2003 年第 5 期。

② 刘艳:《制度创新视角下的欧盟气候政策决策机制》,《前沿》2015 年第 7 期。

③ 仲舒甲:《多层治理与制度理性——欧盟共同贸易政策决策研究》,外交学院博士论文,2009 年。

④ 仲舒甲:《两种欧盟决策模型的比较研究——欧盟指令 2004/17 立法过程之案例分析》,《欧洲研究》2007 年第 2 期。

代表性的是周弘主编的《欧洲一体化与欧盟治理》以及《欧盟治理模式》,[①]刘文秀所著的《欧盟的超国家治理》[②]等。这些著作对于欧盟的治理模式进行了描述性的介绍,将多层治理视为欧盟治理转型中的一个重要特点,其中也部分涉及对多元行为体在欧盟决策中的权限职能及作用方式的分析。比如,邢瑞磊从比较视野对欧盟决策的理论和模式进行了分析。在理论部分,他通过国际关系学、比较政治学及治理理论的视角对欧盟决策进行了界定,分别对应为超国家政体、特殊的政治体系和治理体系三种类型;在实践部分,他对网络模式、问题解决模式和欧盟日常政策制定的理想模式进行了比较分析。[③]徐静在《欧盟多层级治理与欧盟决策过程》一书中,分析了利益集团在欧盟决策过程中的作用,但是对于其他行为体涉及较少。[④]

需要指出的是,虽然目前国内学术界已经在欧盟决策研究方面做出了一定努力,但也存在以下不足之处值得继续深入研究。一是,经验研究较为缺乏,有限的欧盟决策过程研究多局限在欧盟对外政策[⑤]和经济贸易政策领域[⑥]中,而缺乏对于更加广泛的议题领域的关注。考虑到欧盟内部对于职能权限的划分,以及每个议题下关联的具体部门众多,处理不同议题时采用的决策模式、决策程序也存在差异。我们只有拓宽关注的议题领域才能收获对欧盟决策的全面认识。二是,目前从多层治理角度对欧盟决策过程进行的研

---

① [德]米歇乐·克诺特、托马斯·康策尔曼、贝亚特·科勒-科赫:《欧洲一体化与欧盟治理》,顾俊礼等译,中国社会科学出版社,2004年。周弘、[德]贝亚特·科勒-科赫主编:《欧盟治理模式》,社会科学文献出版社,2008年。

② 刘文秀:《欧盟的超国家治理》,社会科学文献出版社,2009年。

③ 邢瑞磊:《比较视野下的欧盟政策制定与决策:理论与模式》,《欧洲研究》2014年第1期。

④ 徐静:《欧盟多层级治理与欧盟决策过程》,上海交通大学出版社,2015年。

⑤ 郭关玉:《欧盟对外政策的决策机制与中欧合作》,《武汉大学学报》(哲学社会科学版)2006年第2期。王宏禹:《政策网络与欧盟对外决策分析》,《欧洲研究》2009年第1期。

⑥ 张健:《〈里斯本条约〉对欧盟贸易政策影响探析》,《现代国际关系》2010年第3期。李计广:《扩大后的欧盟贸易政策决策机制》,《国际经济合作》2008年第8期。

究大多缺乏完整、全面的分析,对欧盟决策机制中的结构和过程进行分析,研究往往将关注点局限于某个单一行为体,或是关注于某个单一层面上的行为体在欧盟决策过程中的作用。基于此,本书选择对欧盟的气候政策决策进行研究,在拓展欧盟研究政策领域的同时,力求完整、全面地对决策行为体及其互动过程进行分析,为现有研究提供补充材料。

(二)欧盟气候政策的研究现状

欧盟作为最早认识到气候变化问题重要性的行为体之一,在全球气候治理中一直占有重要地位,其政策立场以及应对气候变化方式、行动也成为气候问题研究中的热门内容。尤其是考虑到气候变化在欧盟议题领域中的影响力不断提升,甚至被认为是推动欧洲一体化发展的关键领域,对欧盟气候政策的研究引起了学者们越来越多的关注。归纳起来,现有的研究主要包括以下方面:

1.对于欧盟气候政策中制度设计的分析

欧盟气候政策中涉及的制度设计方面的内容包括了对欧盟气候政策发展进行的介绍和分析,通过对欧盟条约、相关政策、组织机构设置的改变和调整进行解读,分析欧盟气候治理及其治理效果。学者们选取的切入点各有不同,具体体现为以下方面:

一是对欧洲一体化过程中各项条约所涉及的有关于气候保护(最初多为环境保护)内容与气候政策目标等内容进行解读,梳理欧盟气候政策的发展过程及其影响,这些影响也会体现在欧盟机构设置的调整变化和对于相关规范性原则的强调当中。塞巴斯蒂安·欧贝特(Sebastian Oberthür)与马克·帕勒麦尔斯(Marc Pallemaerts)[①]从历史视角出发,对欧盟的对内与对外气候政策进行了分析,他们将20世纪80年代末以来的欧盟气候政策归纳为以下阶段,分别是1988—1995年的议程设定阶段、1995—2001年的对国际气候政策的回应阶段、2002—2009年的《议定书》实施阶段、从2005年开始的政策评估及后京都时期政策准备阶段。在此基础上,两位学者对欧盟的气候外交和气候领域的一体化进程进行了分析。

二是对欧盟在应对气候变化中采取的具体制度进行分析和评估,阐述这些具体制度的影响力及其实施过程中的局限性和遇到的挑战。其中,排放交易制度是学者研究的重点议题,文献涉及排放交易体系的动力机制、运作及发展进程,还包含了对排放配额分配及其影响因素等内容的分析。[②]还有学者在对欧盟排放交易体系的实施效果进行评估之后得出该体系对欧盟实现减排目标、推动欧盟在低碳技术领域的革新发挥了重要作用。[③]

三是对与气候变化相关的其他政策领域,如能源、农业、交通、科技等领

---

① Sebastian Oberthür and Marc Pallemaerts, "The EU's internal and external climate policies: an historical overview", in *The new climate policies of the European Union: internal legislation and climate diplomacy*, eds. by Sebastian Oberthür, Marc Pallemaerts, Claire Roche Kelly, Brussels: Brussels University Press, 2010, pp.27-63.

② Jon Birger Skjærseth and Jørgen Wettestad, "The Origin, Evolution and Consequences of the EU Emissions Trading System", in *Global Environmental Politics*, 2009, Vol.9, No.2, pp.101-122. Ian Bailey, "Neoliberalism, Climate Governance and the Scalar Politics of EU Emissions Trading", in *Area*, 2007, Vol.39, No.4, pp.431-442. Loren Cass, "Norm entrapment and preference change: the evolution of the European Union position on international emissions trading", in *Global Environmental Politics*, 2005, Vol.5, No.2, pp.38-60. Paule Stephenson and Jonathan Boston, "Climate change, equity and the relevance of European 'effort-sharing' for global mitigation efforts", in *Climate Policy*, 2010, Vol.10, No.1, pp.3-16. Per-Olov Marklund and Eva Samakovlis, "What is driving the EU burden-sharing agreement: Efficiency or equity?", in *Journal of Environmental Management*, 2007, Vol.85, No.2, pp.317-329. Sven Bode, "European burden sharing post-2012", in *Intereconomics*, 2007, Vol.42, No.2, pp.72-77.

③ Christian Egenhofer, Monica Alessi, Anton Georgiev, and Noriko Fujiwara, The EU Emissions Trading System and Climate Policy Towards 2050: Real Incentives to Reduce Emissions and Drive Innovation?, CEPS Special Report, 2011, https://papers.ssrn.com/sol3/papers.cfm?abstract_id=1756736.

域实施的应对气候变化的措施进行分析，关注气候领域政策一体化的发展。尤其是与气候政策密切相关的能源政策受到了学者的广泛关注，现在对欧盟可再生能源发展、能源效率提高等内容的大量分析中。[①]

2.对于欧盟气候政策决策参与行为体的分析

在对欧盟内部气候政策的制定以及制定过程中处于不同层次的主要行为体进行分析时，包括了如欧盟机构、成员国以及利益集团、跨国网络、公众舆论等，具体分析各自在欧盟气候治理中的作用。与欧洲一体化深入和欧盟不断扩大相应的是欧盟内部日益凸显的复杂性和异质性，[②]从不同的行为体出发，分析其各自在欧盟政策制定过程中的影响，为欧盟多层治理研究提供了一个清晰的思路，即研究他们是如何将气候这一问题引入欧盟决策机制并形成政策的，以及它们之间存在的相互关系。

对于欧盟层面的分析主要涉及与气候变化相关的欧盟机构。托马斯·莫尔特比(Tomas Maltby)对欧盟委员会在欧盟能源政策中扮演的角色进行了分析，指出委员会的作用在于将成员国共同面临的问题上升到欧盟层面，并努力将欧盟团结为一个整体，他同时也解释了在类似于能源问题的议题中，欧盟委员会同成员国之间的矛盾和分歧。[③]

有的学者关注于欧盟成员国中某些具体国家的气候政策，比如马修·洛克伍德(Matthew Lockwood)就对英国2008年颁布的气候变化法案在实施过程中产生的问题以及引发的应对气候变化和发展经济之间的矛盾进行了分

① Marinos Kanellakis, Georgios Martinopoulos, and Theodoros Zachariadis, "European energy policy—A review", in *Energy Policy*, 2013, Vol.62, pp.1020–1030.

② ［德］贝娅特·科勒–科赫:《对欧盟治理的批判性评价》，金玲译，《欧洲研究》2008年第2期。

③ Tomas Maltby, "European Union energy policy integration: A case of European Commission policy entrepreneurship and increasing supranationalism", in *Energy Policy*, 2013, Vol.55, pp.435–444.

析，指出了成员国在应对气候变化时普遍会遇到的问题；[①]还有一些学者对成员国如何在欧盟环境政策中发挥作用进行了分析，并以此对成员国在减缓和适应气候变化所持的不同态度进行了分类。[②]根据各自国内发展情况和对欧盟气候政策的态度划分为“领导者”(leader)和“落后者”(laggards)，并指出在顾及成员国不同发展状况的同时，对不同的利益诉求进行整合并以此推动共识的达成对于欧盟气候政策的成功制定格外重要。

伊丽莎白·莫纳汉(Elizabeth Monaghan)则对欧盟气候变化治理中的公民组织进行了分析，指出作为一种社会力量，公民组织不仅仅是作为一种静态的利益集合体的代表而存在，同时也具有一种动态的内涵，反映的是对不同利益进行整合、对规范进行培育、对政治共同体进行构建的过程。[③]一些学者关注的是地方政府在欧盟气候变化治理中的作用，并通过德国和英国的事例来说明作为次国家行为体的地方政府借助于多层治理的框架也在发挥日益重要的作用。[④]在此基础上，部分学者对欧盟范围内的跨国城市网络(Transnational Municipal Network)进行了分析，指出在多层治理这样一种开放性的结构中，城市这一应对气候变化的重要行为体可以打破固有模式，通

① Matthew Lockwood, “The political sustainability of climate policy: The case of the UK Climate Change Act”, in *Global Environmental Change*, 2013, Vol.23, pp.1339-1348.

② Duncan Liefferink and Mikael Skou Andersen, “Strategies of the ‘green’ member states in EU environmental policy-making”, in *Journal of European Public Policy*, 1998, Vol.5, No.2, pp.254-270; Duncan Liefferink, Arts Bas, Kamstra Jelmer, and Jeroen Ooijevaar, “Leaders and laggards in environmental policy: a quantitative analysis of domestic policy outputs”, In *Journal of European Public Policy*, Vol.16, No.5, 2009, pp.677-700.

③ Elizabeth Monaghan, “Making the Environment Present: Political Representation, Democracy and Civil Society Organisations in EU Climate Change Politics”, in *Journal of European Integration*, 2013, Vol.35, No.5, pp.601-618.

④ Harriet Bulkeley and Kristine Kern, Local government and the governing of climate change in Germany and the UK, in *Urban Studies*, 2006, Vol.43, No.12, pp.2237-2259. Michele M. Betsill and Harriet Bulkeley, “Cities and the multilevel governance of global climate change”, in *Global Governance: A Review of Multilateralism and International Organizations*, 2006, Vol.12, No.2, pp.141-159.

过跨层次、跨国家、跨地区的合作发挥更加重要的作用。[①]

3.对于欧盟气候治理模式及其有效性的分析

气候变化问题的自身特点决定了传统的以国家政府统治领导的方式并不能够有效地解决问题，而仅仅依靠一国政府的努力也不可能解决气候变化问题。与之相比，治理尤其是多层治理模式对于解决气候变化问题更具优势，也更有说服力。近几年也有一些学者对欧盟的环境或气候治理模式进行了分析，比如马丁·耶尼克(Martin Jänicke)将欧盟的气候治理放置于全球气候治理的框架之中，他将全球气候治理理解为一个综合的强化机制，在水平与纵向上的多种互动使得治理体系的改革和创新在不同方面得以实现，同时也增进了各部分的交流与合作。[②]在他的文章中，特别强调了"学习吸引"(Lesson-drawing)机制的作用，由每一层面领先者带来的学习吸引效果会激发其他行为体向着更高的目标努力，并推动创立一个共同的、高质量的行为标准；而位于高层次行为体做出的政策结果毫无疑问也会直接影响到低层次行为体的发展。尤根·维特斯泰德（Jørgen Wettestad）和迈克·克鲁布(Michael Grubb)则从成员国层面、欧盟层面以及全球层面上对欧盟气候政策选择进行了解读。[③]

在讨论欧盟气候治理的有效性问题时，政策分析既包含国内层面的公

① Sarah Giest and Michael Howlett, "Comparative Climate Change Governance: Lessons from European Transnational Municipal Network Management Efforts", in *Environmental Policy and Governance*, 2013, Vol.23, No.6, pp.341-353.

② Martin Jänicke, "Horizontal and Vertical Reinforcement in Global Climate Governance", in *Energies*, 2015, Vol.8, No.6, pp.5782-5799.

③ Jørgen Wettestad, "The Ambiguous Prospects for EU Climate Policy-A Summary of Options", in *Energy & Environment*, 2001, Vol.12, No.2, pp.139-165. Michael Grubb, "European climate change policy in a global context", in eds. by Helge Ole Bergesen, Georg Parmann, and Øystein B. Thommessen, *Green Globe Yearbook of International Co-operation on Environment and Development 1995*, Oxford: Oxford University Press, 1995, pp.41-50.

共政策分析，也涵盖国际层面的外交政策研究。除了对欧盟在气候领域中政策目标的实现情况以及政策手段进行评估之外，研究重点仍放在对于欧盟在全球气候治理中行为体角色的分析评估上。有学者对有利于欧盟气候一体化政策有效执行的因素进行过总结，特别强调的是政治上的保证，以及气候保护者在相关政策制定过程中参与度的提升。[①]目前国外学者已经对这部分内容进行了丰富的研究，既包括从宏观角度对欧盟在国际气候制度构建中的贡献进行分析上，也包括具体到对欧盟在国际气候谈判中的表现进行横向（不同谈判方之间）或纵向（欧盟在不同气候谈判中的表现）的比较。乔约塔·古普塔（Joyeeta Gupt）和迈克尔·格拉布（Michael Grubb）编著的《气候变化与欧盟领导：是欧洲的可持续角色吗？》（*Climate change and European Leadership: A Sustainable Role for Europe?*）一书是其中的代表，在书中学者们对于欧盟在全球气候治理中的领导者角色及其驱动因素进行了颇为全面的分析。[②]塞巴斯蒂安·欧贝特[③]通过梳理欧盟在国际气候机制中的表现及其背后的动因，指出在过去二十多年的时间里，欧盟无论是在气候行动中还是在国际气候机制建设的参与度方面都有良好的表现，这主要得益于欧盟内部气候治理的发展。但是哥本哈根气候大会对欧盟气候一体化政策造成了一定阻碍，经过分析作者得出除了内部因素之外，国际气候政治中"情境的"和"结构性"变化也是影响欧盟表现的重要因素。丽萨妮·格罗恩（Lisanne

① Claire Dupont and Radostina Primova, "Combating complexity: the integration of EU climate and energy policies", in *European Integration online Papers*(EIoP), 2011, Special Mini-Issue 1, Vol.15, Article 8. http://eiop.or.at/eiop/pdf/2011-008.pdf.

② Joyeeta Gupta and Michael Grubb, *Climate Change and European Leadership: A Sustainable Role for Europe?*, Netherlands: Springer, 2000.

③ Oberthür Sebastian, "The European Union's Performance in the International Climate Change Regime", in *Journal of European Integration*, 2011, Vol.33, No.6, pp.667-682.

Groen）和阿恩·尼曼（Arne Niemann）[①]则通过对欧盟在哥本哈根气候大会和坎昆气候大会上的表现进行比较，对欧盟的行为体角色进行了分析。在这部分的文献中，所涉及的欧盟气候政策往往被视为一个给定的、统一的内容，更多强调的是欧盟作为一个整体在全球气候治理中的表现，而对于政策的决策过程则很少涉及。

4.国内学者对欧盟气候政策的研究

目前，国内学者普遍认识到欧盟在应对气候变化问题上发挥着不可或缺的作用，欧盟的气候政策也因此备受关注，出现了一批介绍和分析欧盟气候政策的文章，关注重点大多数放在对欧盟在全球气候治理和国际气候谈判中的分析上，即侧重于对欧盟对外气候政策的研究。这些研究一部分是致力于分析欧盟作为一个独特行为体在国际气候变化谈判中的立场，或者是对于欧盟在国际气候谈判中的领导作用和影响力进行分析。比如，笔者曾通过对欧盟在哥本哈根、巴黎这几次气候大会中的目标、立场和表现进行比较分析，说明在国际气候谈判中欧盟经历着向更加统一且坚持实用主义的“政策协调者”角色转变。类似的文献还包括李慧明的《欧盟在国际气候谈判中的政策立场分析》[②]，薄燕的《“京都进程”的领导者：为什么是欧盟不是美国？》[③]及与陈志敏共同写作的《全球气候变化治理中欧盟领导能力的弱化》[④]，冯存万和朱慧的《欧盟气候外交：战略困境及政策转型》[⑤]等。张焕波在《中国、美国和欧盟气候政策分析》[⑥]一书中对欧盟的国际气候政策和气候政策领导力

① Groen Lisanne and Arne Niemann，“The European Union at the Copenhagen climate negotiations：A case of contested EU actorness and effectiveness”，in *International Relations*，2013，Vol.27，No.3，pp.308-324.

② 李慧明：《欧盟在国际气候谈判中的政策立场分析》，《世界经济与政治》2010 年第 2 期。

③ 薄燕：《“京都进程”的领导者：为什么是欧盟不是美国？》，《国际论坛》2008 年第 5 期。

④ 薄燕、陈志敏：《全球气候变化治理中欧盟领导能力的弱化》，《国际问题研究》2011 年第 1 期。

⑤ 冯存万、朱慧：《欧盟气候外交：战略困境及政策转型》，《社会科学文摘》2016 年第 1 期。

⑥ 张焕波：《中国、美国和欧盟气候政策分析》，社会科学文献出版社，2010 年。

也进行了解读。在谢来辉的《为什么欧盟积极领导应对气候变化？》[①]一文中，作者为欧盟气候战略动因搭建了一个综合性分析框架，指出“恐惧”“荣誉”和“利益”是影响欧盟气候战略的主要因素，欧盟对于能源进口依赖的危机感、在气候外交上对荣誉的追求、在经济技术中存在的“先动优势”共同作用，推动了欧盟在气候领域的积极表现，也提升了其领导意愿。

还有一部分研究关注于欧盟同其他具有重要影响力的国家，如中国和美国在气候变化领域的政策协调、竞争与合作。具有代表性的是薄燕进行的一系列研究，包括《全球气候变化治理中的中国与欧盟》《全球气候变化问题上的中美欧三边关系》《欧盟和亚洲在气候变化问题上的关系》等。在这些著作中，作者对欧盟与中国、美国等全球气候治理中的关键行为体之间在全球层面、地区层面和双边层面的互动进行了分析，解读了其中存在的共同利益、合作情况与矛盾分歧。[②]

上述列举的这些文献主要倾向于将欧盟气候政策视为一个给定的结果，或者说将其视为分析欧盟在全球气候治理、国际气候谈判或气候外交中行为体角色的一个自变量因素，虽然对其重要性和功能有所强调，但是忽略了对其产生机制的研究。除了上述分析，目前国内学术界对于欧盟气候政策的研究可以归纳为以下方面：

一是对欧盟气候政策历史演变和发展动态的总结和介绍。其中比较有代表性的是高小升所著的《欧盟气候政策研究》，作者在书中将欧盟气候政策归纳为1986—1995年“酝酿探索”、1996—2005年“正式确立”和2005年

① 谢来辉：《为什么欧盟积极领导应对气候变化？》，《世界经济与政治》2012年第8期。

② 薄燕、陈志敏：《全球气候变化治理中的中国与欧盟》，《现代国际关系》2009年第2期。薄燕：《全球气候变化问题上的中美欧三边关系》，《现代国际关系》2010年第4期。薄燕、陈志敏：《欧盟和亚洲在气候变化问题上的关系》，《国际观察》2012年第5期。

至今“深入发展”三个阶段。[①]再如陈新伟和赵怀普选择从欧盟气候变化政策的起源和形成开始介绍，以《议定书》和后京都时代的气候谈判为例分析了欧盟环境政策制定中内部和外部间的互动。[②]房乐宪、张越所著的《当前欧盟应对气候变化政策新动向》则通过对2013年以来欧盟在应对气候变化领域发布的文件进行解读，介绍了欧盟气候政策新动向。[③]

二是对欧盟内部气候政策实施中某一具体细则或是与之相关的领域部门的介绍。其中，关于碳排放交易体系的研究是比较丰富的，比如，在吴志成和张奕的《欧盟排放交易机制的政治分析》[④]一文中，对欧盟排放交易机制在制定和执行过程中超国家、国家和次国家三个层次的互动和博弈进行了分析。类似的文献还包括李布所著的《欧盟碳排放交易体系的特征、绩效与启示》[⑤]，庄贵阳所著的《欧盟温室气体排放贸易机制及其对中国的启示》[⑥]等。在周剑与何建坤所著的《欧盟气候变化政策及其经济影响》[⑦]一文中，作者则分析了欧盟气候变化政策对其经济结构和能源结构带来的转变，以及欧盟推崇的低碳经济带来的全球影响。王伟男在《应对气候变化：欧盟的经验》一书则选取了欧盟在排放交易机制、能源、交通、农林等领域的政策与措施，对欧盟应对气候变化的具体政策手段进行了介绍和分析。

三是对某一成员国应对气候变化问题的经验及其对欧盟产生的影响进行介绍。比如，李慧明就曾对欧盟15个成员国生态产业和各自的气候政策

① 高小升：《欧盟气候政策研究》，社会科学文献出版社，2014年。

② 陈新伟、赵怀普：《欧盟气候变化政策的演变》，《国际展望》2011年第1期。

③ 房乐宪、张越：《当前欧盟应对气候变化政策新动向》，《国际论坛》2014年第3期。

④ 吴志成、张奕：《欧盟排放交易机制的政治分析》，《南京大学学报》（哲学·人文科学·社会科学）2012年第4期。

⑤ 李布：《欧盟碳排放交易体系的特征、绩效与启示》，《重庆理工大学学报》（社会科学版）2010年第3期。

⑥ 庄贵阳：《欧盟温室气体排放贸易机制及其对中国的启示》，《欧洲研究》2006年第3期。

⑦ 周剑、何建坤：《欧盟气候变化政策及其经济影响》，《现代国际关系》2009年第2期。

进行过比较分析,在他看来"生态产业实力的大小是决定欧盟成员国气候政策及其参与国际气候治理立场的重要因素",这也是成员国气候政策立场的经济基础。[①]在王文军所著的《英国应对气候变化的政策及其借鉴意义》[②]一文中,对英国为了应对气候变化问题而采取的具有全面性、系统性和整体性特点的气候政策进行了介绍分析，同时也对英国在对外气候政策中存在的问题进行了探讨。在李伟所著的《〈气候变化法〉与英国能源气候变化政策演变》[③]一文中,介绍了全球首部为国内二氧化碳排放量设限的法律,并总结了英国能源与气候变化政策的发展。廖建凯则对德国在减缓气候变化中制定的能源政策与法律措施进行了探析，并根据其发展进程分析得出国家战略指引和政府支持、公众拥有较强的环保意识、对成本收益的综合考量、能源安全的需求是推动政策不断完善的关键动因。[④]

总之,虽然目前国内学者对于气候变化问题愈加重视,但是所做的研究并不全面,突出表现为研究多是从宏观的层面对欧盟气候政策进行介绍,关注点更多放在欧盟在国际气候谈判中的立场和作用上,然而对于欧盟内部气候政策究竟是如何做出的,在政策制定过程中各行为角色的不同作用以及发挥影响的方式极少涉及。傅聪在《欧盟气候变化治理模式研究:实践、转型与影响》[⑤]一书中,虽然对于欧盟气候变化治理的背景、实践和影响进行了介绍,对于治理转型背景下的欧盟气候变化决策机制也进行了简要分析,但是作者将重点放在对欧盟气候变化治理的效果评估方面，对政策决策过程的描述依然不甚详细。基于上述原因,本书力图在多层治理框架背景下对欧盟

---

① 李慧明:《气候政策立场的国内经济基础——对欧盟成员国生态产业发展的比较分析》,《欧洲研究》2012 年第 1 期。

② 王文军:《英国应对气候变化的政策及其借鉴意义》,《现代国际关系》2009 年第 9 期。

③ 李伟:《气候变化法与英国能源气候变化政策演变》,《国际展望》2010 年第 2 期。

④ 廖建凯:《德国减缓气候变化的能源政策与法律措施探析》,《德国研究》2010 年第 2 期。

⑤ 傅聪:《欧盟气候变化治理模式研究:实践、转型与影响》,中国人民大学出版社,2003 年。

气候政策决策从结构维度和过程维度两方面进行更加全面和细致的分析。

三、研究方法

(一)理论分析法

本书将多层治理视角与决策分析理论相结合，为研究欧盟气候政策决策搭建了一个更加全面且符合欧盟实际情况的分析框架。多层治理这一概念强调的不仅是静态结构,即参与欧盟决策行为体的多层次性和多样性,同时也强调了一种动态过程，即行为体在决策过程中是如何进行互动并推动政策结果达成的。在本书对欧盟气候政策决策的分析过程中,以多层治理为基本制度框架,从层次分析法对欧盟气候政策决策过程进行了分析,主要探讨了国际层面、欧盟层面、成员国层面、次国家层面因素对欧盟气候政策发展的推动作用，以及来自不同层次行为体在欧盟决策过程中的作用方式及其互动过程。无论是在欧盟气候政策发展的动力机制分析还是在欧盟气候政策决策参与行为体的分析,以及决策过程的分析中,本书都注重从层次分析的角度出发,研究来自不同层次因素的影响。同时,决策分析理论为本书对欧盟气候政策决策过程的研究提供了一个基本思路，即遵循“议题设定——提出提案——提案通过——政策实施——政策评估”这样一个路径展开研究。目前,欧盟气候治理中呈现明显的多层治理模式特点,在这样的制度框架背景下，对欧盟决策进行结构维度和过程维度的分析是可行的且具有说服力的，有助于我们获得一个关于欧盟气候政策决策更加全面的和综合性的理解。

（二）文献研究方法

在本书的写作过程中，对关于多层治理概念、欧盟决策研究、欧盟气候政策的文献进行了系统和全面的梳理，主要包括相关的学术专著、学术文章以及欧盟官网上公布的相关材料和政策法规。通过对既有文献进行梳理，可以了解目前国内外对于欧盟气候政策决策这一问题的研究现状以及需要进一步解决的问题。对欧盟在气候、能源、环境等领域的官方文件进行梳理，有助于我们对欧盟气候政策发展以及在具体问题时的立场有一个更加清晰和明确的认识。

（三）比较分析方法

欧盟气候政策治理和气候政策决策过程中体现出一个比较明显的多层次特点，代表多种利益诉求的行为体参与其中，但是由于每个行为体的作用方式不同、发挥的影响力也存在差别。因此，在研究中，通过比较分析的方法，对欧盟不同层次的行为体以及同一层次中的不同行为体各自的利益诉求和发挥作用的方式进行比较，还能够以此解释说明欧盟决策过程中的不同决策模式及其各自特点。这些差别不仅可以体现在同一层次的不同行为体之间，也可以反映在不同层次的行为体之间，因此可以通过横向和纵向比较的方式更加清晰地说明欧盟行为体在气候政策决策中的作用和影响。

（四）案例研究方法

在本书的案例分析部分，本人选取了欧盟为2012年后设定的2020、2050、2030气候与能源政策框架作为案例，通过对这三项综合性的欧盟气候政策的决策过程进行梳理，说明欧盟决策的运作过程以及不同行为体在这一过程中发挥作用的方式。这三个案例在欧盟气候政策中是非常具有代表性的，分别对应了欧盟短期、长期和中期发展规划。每项政策的达成都经历了完整的欧盟决策程序，也充分体现了欧盟机构之间的分工合作，以及成员国和次国家行为体的参与，能够看到不同行为体在其中的互动，并且通过这些互动可以总结欧盟决策中存在的问题，为其发展走向进行预测。

四、研究意义及创新点

（一）理论与现实意义

这一选题本身具有重要的理论意义。既有的气候政策研究主要是基于国际关系理论，即强调权力、利益、规范等抽象的概念，往往把国际社会行为体的气候政策视为一个给定因素，而相对忽略对于政策决策的过程分析。目前，国内学术界对于欧盟气候政策决策的研究非常有限，在少数的对于欧盟气候治理的研究中，也主要侧重于从纯理论角度进行介绍，或是单纯将欧盟的多层治理理解为一个静态的框架而非一个动态的过程，鲜有将多层治理视角与政策分析的综合框架运用到对欧盟政策研究中。

本书意图将多层治理分析视角与决策分析相结合，来探究欧盟气候政策的决策过程。首先，在多层治理视角下，更多的行为体参与其中，表达自身的利益诉求。与多层治理概念兴起相对应的是对于气候治理民主的需求，即多样化的行为体要求参与其中表达自身的利益诉求。利用多层治理视角对欧盟气候政策进行分析更加贴合欧盟目前的实际。其次，本书通过分析气候政策的制定过程，来理解与解释政策制定过程中的行为体与互动机制，包括多层次的行为体与多维度的互动机制。将多层治理与政策分析相结合，可以更加有针对性地分析不同层次行为体参与决策的方式、权责的差异，或对议题中涉及的具体议题领域进行区别，在此基础上形成一个对于欧盟决策更加全面、综合的理解。因此,本书通过对欧盟气候政策决策的理论与实证解读,将在一定程度上促进多层治理这一概念或理论的完善与发展。

对欧盟气候政策决策进行研究还具有重要的现实意义。尤其是从 20 世纪中后期以来，气候变化问题日益凸显，国际社会对于气候变化带来的政治、经济、安全等问题也愈发关注。对于中国来说,由气候变化引发的极端天气等一系列问题愈加频繁，造成的危害也引起了国内民众对气候变化这一议题关注度的不断提升。与此同时,正如《中国应对气候变化的政策与行动 2016 年度报告》中指出的,《巴黎协定》的达成其意义不仅表现在为后京都时期全球气候治理提供了一份有约束力的指导原则，还体现在它释放了全球经济向"绿色低碳"转型的信号。[①]作为目前世界上最大的发展中国家和最大的碳排放行为体,气候变化对中国来说不仅仅是挑战还是宝贵的机遇。正如党的十九大报告中指出的，中国需要在新形势下把握机会推动经济发展方式的转变,推动绿色发展。除了自身应对气候变化的形势极其严峻之外,来自于国际社会对中国加大力度应对气候变化问题的压力也是日益增长。在这种背景下,一方面,国内民众对气候变化的态度越来越敏感,对气候问题和环境问题的关注度越来越高，对各级政府在应对气候问题方面的作为也是要求越来越严格,这些都推动了中国在气候变化议题领域的政策发展。另一方面,中国作为最大的发展中国家和新兴经济体的代表,不得不承担来自己国际社会的压力,也必须承担起大国应有的责任,在全球气候治理中有所作为。

目前,国际行为体相继在气候变化领域做出应对举措,制定气候政策、开展气候行动。其中,欧盟在气候变化治理中一直扮演着领先者的角色,除了积极在全球气候合作中发挥组织者和领导者的作用,推动《议定书》的制

---

① 国家发展和改革委员会,《中国应对气候变化的政策与行动 2016 年度报告》,2016 年 10 月,http://www.sdpc.gov.cn/gzdt/201611/W020161102610470866966.pdf。

定和实施外，欧盟内部对气候问题的高度关注以及及时做出的适应和减缓气候问题的政策也为其他行为体在应对气候问题时做出了榜样。从这一角度来看，对欧盟气候政策决策进行研究对于中国来说是具有重要现实意义的。当前，中国已经认识到应对气候变化问题的迫切性和重要性，并已经通过制定《国家适应气候变化战略》《国家应对气候变化规划（2014—2020年）》《“十二五”控制温室气体排放工作方案》《“十二五”节能减排综合性工作方案》《节能减排“十二五”规划》等政策文件来为中国的气候行动进行指导。[①]但是在政策发展和决策运作过程中还是存在诸多问题，通过对于欧盟气候政策决策的研究，有助于中国借鉴欧盟的成功经验，或者说可以尽量避免重复欧盟出现过的问题。举例来说，在中国未来气候政策制定过程中不得不面对的一个问题，即如何更大范围地囊括多元行为体的利益诉求，对于这一点，欧盟气候治理中展现出的多层治理模式也会给中国以启发。

虽然当前国际上主要行为体都已经注意到气候问题与经济、权力甚至是规范之间的紧密联系，也因此越来越重视对于气候变化议题领域中话语权与竞争优势的争夺。这一点在围绕后京都时期国际气候机制建设而召开的气候大会中激烈的竞争中得以反映出来。但是气候变化本身作为一个全球性和普遍性的问题，每个国际社会行为体都应具备一个基本的认知，即只有开展全球范围内的广泛合作才有希望推动这一问题的有效解决。中国与欧盟作为全球气候治理中的两大关键行为体，都已经认识到了合作的重要性，并在低碳城市、生态保护、提高能效等领域展开了一系列合作，其中2013年启动的中欧低碳生态合作项目（Europe-China Eco Cities Link，缩写为EC-Link）就是比较有代表性的例子之一，旨在通过中欧城市的交流学习，推动中

① 中华人民共和国国务院新闻办公室，《强化应对气候变化行动——中国国家自主贡献》，2015年11月19日，http://www.scio.gov.cn/xwfbh/xwbfbh/wqfbh/2015/20151119/xgbd33811/Document/1455864/1455864.htm。

国向低碳经济的发展转型。[①]在这种情况下,更加深入和细致地了解欧盟气候政策的决策过程,尤其是参与行为体各自的利益诉求及其在决策中的作用和影响力,也有助于中国采取更加妥善、有效的方式与欧盟展开合作。因此,无论是从现实还是理论角度来看,从多层治理角度对欧盟气候政策制定进行分析都是具有重要意义的。

(二)研究创新点

从上文对于欧盟决策研究以及欧盟气候政策研究的文献成果归纳整理可以发现,既有的研究具有以下不足。一是,对于欧盟决策研究缺乏一个全面性的视角。这主要表现在研究对象上多是从静态角度对欧盟决策进行分析,即分析某一单独的决策行为体在其中的作用,而缺乏对于这些行为体之间互动关系、互动方式的研究。二是,对于欧盟决策研究的议题领域存在局限性。既有的研究主要是选取欧盟共同贸易政策或共同外交政策这样的议题领域作为研究对象,而事实上由于欧盟自身的特殊性,议题联系紧密而权能划分复杂,不同议题领域采取的决策模式和决策程序存在很大的差异。三是,关于欧盟气候政策的研究多将其视为给定条件,并以此对欧盟在全球气候治理中的表现进行分析,而缺少对于其决策过程的研究。针对上述问题,本书对既有研究成果做了以下补充和完善:

一是本书将多层治理视角与决策分析理论相结合,从多层治理的视角入手对欧盟政策决策进行分析。在既有的分析中,多层治理更多地被理解为欧盟治理模式的一个特点,主要体现在参与行为体的多层次性,或侧重于对欧盟内部结构维度的分析,以此来说明欧盟治理模式的转型。如一些学者指出,多层治理作为一种概念而言,界定并不清晰,而这一视角本身也缺少与

---

① 中华人民共和国住房和城乡建设部《生态城市建设成为我部对外合作新亮点》,http://www.mohurd.gov.cn/zxydt/201507/t20150702_222758.html。

其他理论或研究方法的结合。[①]本书则对多层治理这一概念进行了更加全面的解读，从结构和过程维度两方面去诠释这一概念的内涵。在此基础之上，与欧盟决策分析相结合，从决策背景、决策结构、决策过程三方面来论述多层次、多样化行为体是如何通过彼此互动来推动欧盟政策结果实现的。在研究中，既包括了对欧盟决策中的静态结构的分析，即分析了参与行为体的多层次性和多样性，也对欧盟决策中的动态过程进行了解读，即解读不同行为体之间的互动过程，从而为欧盟政策决策提供了一个综合性的分析视角。

二是本书选取气候政策决策为研究对象，丰富了既有的欧盟政策决策研究中的政策领域，尤其是对于欧盟内部不同权限划分维度下的政策领域进行了分析，填补了既有研究中的不足之处。作为欧盟权力共享政策领域中的一项议题，气候政策的决策过程体现出的是更加复杂的特点，不同层次行为体之间的权限划分及互动方式也具有一定的特殊性。不同于既有的对于欧盟共同政策决策过程的分析，欧盟气候政策决策中欧盟层面与成员国层面的互动将以更加多样的形式表现出来。

三是本书旨在解决的问题是欧盟气候政策是被哪些行为体以怎样的方式制定出来的，这也是对于目前国内学术界强调欧盟气候政策作为一个结果而忽略对其决策过程这一情况的补充。在现有的研究中，欧盟气候政策往往被视为一个给定条件，用于分析其在全球气候治理或国际气候合作中的表现。但是对于中国气候政策的发展来说，了解欧盟气候政策的决策过程具有更实际的意义。我们不应当仅满足于知道欧盟在全球气候治理中的角色、在国际气候谈判或双边气候外交中的立场，还应当了解这些立场是通过怎样的方式达成的，体现的是哪些行为体的利益诉求。只有对欧盟气候政策的决策过程进行研究，了解欧盟决策的运作过程，学习其中的优秀经验，才有

① ［德］贝阿特·科勒-科赫、波特霍尔德·利特伯格：《欧盟研究中的“治理转向”》，吴志成、潘超编译，《马克思主义与现实》2007年第4期。

助于中国更加有效地开展同欧盟的气候外交，也能够为中国在气候政策决策的发展提供借鉴。

五、研究结构框架

本书力图将多层治理视角与决策分析理论相结合，在欧盟多层治理的背景框架下对其气候政策决策进行分析。在本书的“绪论”部分，首先对研究背景、研究对象、研究方法、选题意义及创新点进行了说明。作为全球气候治理中公认的优秀代表，欧盟已经建立起比较完善的综合性的气候政策体系。本书的研究对象聚焦于欧盟气候政策决策，在多层治理视角下解读欧盟气候政策是如何做出的，梳理多层次、多样化的行为体各自扮演的角色及其作用方式，同时对不同行为体的互动方式和互动过程进行分析。这样做不仅可以从具体议题领域入手，将多层治理与决策分析相结合，对现有的学术研究进行补充和完善，具有独特的理论意义，还可以为我国气候政策决策的发展提供借鉴和帮助，通过研究欧盟气候政策决策过程中各行为体的参与方式和利益诉求，亦有助于推动我国与欧盟在气候领域的深入合作，具有很强的现实意义。

在研究方法上，本书主要采用了理论分析法、文献研究方法、比较分析方法以及案例研究方法。在研究综述部分，本书对目前国内外学术界在欧盟决策理论以及欧盟气候政策两方面已经取得的学术成果进行了梳理和归纳。西方学术界对于欧盟决策的研究可以归纳为三种主要的角度，即传统的欧洲一体化理论对欧盟决策的理解、比较视角下的欧盟决策研究以及多层治理视角下对欧盟决策的理解。国内学者也对欧盟决策的行为体、理论范式以及欧盟治理模式进了研究分析，并取得了一定研究成果，但是较为忽视对于决策过程本身的研究，也缺乏对于更加广泛的议题领域的关注。在对欧盟气候政策的研究中，国外学者的关注点包括对于欧盟气候政策中制度设计和决策参与行为体的分析，以及对于欧盟气候治理模式及其有效性的分析。国内学者多倾向于将欧盟气候政策视为一个给定因素，以此对欧盟在国际气候谈判中的立场和作用进行研究。虽然目前国内学者对于气候变化问题的研究愈加重视，也积累了一些对欧盟气候政策历史演变和发展动态的研究，以及对欧盟气候政策中某一具体细则、具体部门领域的政策措施，或是某一成员国应对气候变化问题的经验进行介绍的文献，但是在既有研究中，有关欧盟气候政策究竟是如何做出的、决策过程中不同行为体的互动关系等问题仍然较少涉及。

“多层治理视角下的欧盟决策”一章为本书搭建了分析框架，即在多层治理视角下，从结构维度和过程维度两方面对欧盟气候政策决策进行分析，分析多样化、多层次的行为体在欧盟决策过程中议题设定、提案提出、讨论通过、政策实施及评估五个不同阶段里各自的职能权限以及发挥影响的方式。目前，欧盟气候治理中呈现出明显的多层治理特点，实际上为欧盟气候政策决策搭建了一个有利于广泛行为体参与并开展有序互动的制度框架。在此基础之上，此章从决策结构和决策过程两方面对欧盟气候政策决策进行了分析。多层治理视角下对于欧盟决策结构维度的分析，即强调参与行为体的多层次性和多样性，为欧盟决策分析提供一个静态的分析视角。多层治理框架下对欧盟决策过程的分析，即从一个动态视角对多层治理背景下欧盟决策过程进行分析，指出欧盟决策过程本身体现了行为体之间和行为体内部的博弈与制衡的过程。无论是从结构维度分析，还是过程维度分析，都可以发现多层治理这一模式或制度框架对欧盟气候政策决策的影响。多层治理的决策背景也决定了欧盟气候政策决策过程的特点，即以解决问题为目标，以协商谈判的方式推动共识达成。

在“欧盟气候政策的演变及特点”一章中，对欧盟气候政策决策发展的动力机制、发展过程、政策内容及特点进行一个梳理分析，具体涉及以下三部分内容。一是欧盟气候政策决策的动力机制，反映为多层次行为体的共同推动，包括全球气候治理的影响、成员国的利益诉求、次国家行为体的参与。二是欧盟气候政策的形成和发展。在多层次行为体的推动下，目前欧盟已经在实践中形成了比较成熟的、综合性的气候政策框架，其形成和发展过程主要体现为以下两个特点，即参与行为体逐渐增多、涉及的议题领域逐步扩展。三是欧盟气候政策及特点。欧盟气候政策体系可以被视为多层次、多样化行为体经过互动之后得出的结果，因此具有极强的综合性色彩，具体表现为政策内容上涉及的多议题领域，政策形式上硬法、软法相结合，工具手段中多种方式并存。

在"欧盟气候政策决策中的结构维度分析"一章中，本书从欧盟机构、成员国、次国家行为体三个部分对欧盟决策中的结构维度进行了分析，分别对应了欧盟层面、成员国层面和次国家层面三个不同的分析层面。在欧盟机构中，欧洲理事会扮演了政策规划者的角色；欧盟委员会则是政策倡议机构以及主要的监督机构之一，同时在欧盟优化立法战略的支持下也参与到立法行政的工作中去；部长理事会和欧洲议会是主要的立法行政机构；另外，欧洲经济和社会委员会、欧盟地区委员会扮演了主要的咨询机构的角色。在成员国层面上，欧盟内部成员国之间也并非铁板一块，成员国之间对于如何减缓和适应气候变化持有不同态度，根据各自国内发展情况和对欧盟气候政策的态度可以划分为领导者、落后者以及中立者。造成这种划分的原因是多方面的，在顾及成员国不同发展状况的同时，整合不同成员国的利益诉求并寻求达成共识对于欧盟气候政策的成功制定格外重要。在欧盟决策中的次国家行为体中，包含了地区或地方政府以及如个人、智库、与能源和环境等领域相关的非政府组织、利益集团这样的社会力量。一个较为开放的多层治理模式为他们提供了表达自身利益诉求的平台，他们在表达特殊利益偏好、提供专业知识、提升话题关注度、促进不同观点交流、鼓励和推动合作方面发挥了明显的作用。多层治理下欧盟决策结构的特点主要体现为参与行为体的多层次性和多样性。与此同时,气候政策隶属于欧盟与成员国权能共享的议题领域。因此,欧盟机构和成员国直接参与到欧盟决策中,而次国家行为体也可以通过多种途径表达自身利益诉求。除了不同层次行为体在欧盟气候政策决策中的权能划分有别之外,同一层次的行为体之间也存在合作与竞争关系,而这也可以通过对其权能划分体现出来。

在"欧盟气候政策决策中的过程维度分析"一章中,对欧盟政策决策的过程中遵循的基本原则、气候政策中存在的主要决策模式以及决策程序设计进行了分析,其中所体现的是欧盟多层次之间和多样化的行为体内部的互动过程,并且解释了这种互动是如何推动欧盟运转的这一问题。欧盟决策遵循两项基本原则:一是确保多层次行为体的有效参与,二是满足欧盟对于规范的追求。欧盟气候决策模式是多层次行为体的权力划分的突出表现,共同决策模式、强化的政府间主义模式、公开协调模式和欧盟监管模式是欧盟气候政策中存在的几种主要决策模式。欧盟气候决策程序则是多层次行为体的互动方式的反映,其中,提案准备阶段是对多元利益诉求的整合,提案讨论阶段主要是欧盟机构的博弈与制衡,政策实施和评估阶段则体现了跨层次行为体之间的博弈与制衡。在欧盟气候政策决策过程中主要遵循"普通立法程序",同时也会涉及"特殊立法程序"。欧盟气候政策决策过程中呈现出的特点就是多层次、多样化行为体的互动,在协商谈判中进行博弈与制衡,围绕解决问题这一目标推动妥协达成。为了确保整个体系的正常运作以及政策的顺利通过,在具体的决策程序设计中,欧盟一直致力于推动欧盟决策过程的简化和高效。

在"欧盟2020、2030、2050年气候决策的比较分析"一章中,对欧盟在气候变化领域先后提出的2020年气候与能源一揽子政策、2030年气候和能源政策框架的决策过程、2050年低碳经济路线图和能源路线图分别进行了梳理，直观地展现了在这三项欧盟气候政策决策过程中的参与行为体及其各自作用方式以及决策进展过程，在此基础上，对这三项气候政策框架进行了比较分析。这三项气候政策都是在国际形势推动、对欧盟规范的追求以及成员国政策实践的共同影响下做出的。决策过程中都体现了多层次、多样化行为体的参与及其为了目标达成而进行的协商和妥协。政策结果反映了拥有不同利益诉求的行为体在协商谈判后达成的妥协。

最后，在“结论”一章中，本书在对欧盟气候政策决策分析的基础之上，做出了以下结论：欧盟气候政策决策是在欧盟多层治理的制度框架下，多层次、多样化行为体参与其中，以解决问题为目标而展开的博弈与制衡的互动过程，协商谈判是行为体选择的主要方式，旨在推动共识达成。第一，欧盟气候政策的出发点主要是基于解决问题的需求，但也为欧盟内部多元行为体创造了合作机会，一定程度上推动了欧洲一体化进程的深入和发展。第二，在欧盟的气候政策领域中呈现显著的多层治理的特点，这些特点同时也反映在欧盟气候政策决策中。在结构维度上体现为参与决策行为体的多层次性和多样性，在过程维度中则体现为多元行为体的博弈与制衡这样一个互动过程。第三，成员国在欧盟决策中扮演了最为关键的角色，欧盟政策结果很大程度上是对政府间谈判结果的反映。但在未来欧盟决策的发展过程中，出于对决策民主性的追求，将会为多样化行为体提供更加便利的参与途径，从而反映更加广泛的利益诉求。与这一趋势相对应的是，欧盟也会对决策程序进行进一步优化，在保证民主性的同时，保证决策的有效性。欧盟气候政策决策的研究对于我国气候政策的制定和完善也具有重要的借鉴意义，同时有助于我国与欧盟及其成员国在气候治理领域开展多边及双边合作。

第一章
多层治理视角下的欧盟决策

本章将对本书的写作框架进行说明，即如何通过将多层治理视角与决策分析相结合对欧盟决策进行分析。选择从多层治理视角入手，一方面是基于对欧盟目前制度框架的解读，多层治理的制度框架为欧盟决策提供了一个基本的分析背景；另一方面，多层治理这一概念本身包含了结构和过程两个维度，体现为多层次、多样化的行为体结构及其互动过程。因此，从多层治理视角入手能够对欧盟决策进行一个静态与动态相结合、全面且综合性的分析。尤其是考虑到本文关注的是欧盟气候政策，这样一个隶属于欧盟与成员国权能共享，又带有明显的综合性色彩的议题领域，这一分析框架将会为我们提供一个更加贴合实际而又全面的分析思路。

一、欧盟多层治理的制度框架

如里斯贝特·胡奇（Liesbet Hooghe）和加里·马克斯所说，目前欧盟已经发展成为一个不同层次间共同分享决策权的“多层级政体”，[1]而治理理论本身也体现出对于制度和观念的强调，或者说治理本身也可以被视为一种制度。[2]欧盟为多层次行为体参与决策提供了丰富的机会，并以制度的形式对其加以巩固，同时也为这些行为体确定了互动过程中需要遵循的基本规范和互动方式。在这一框架下，欧盟机构之间、欧盟机构与成员国之间确定了不同的权限职能，在欧盟决策中也拥有不同的权力。由于欧盟机构体现出的不仅包括共同体意愿，还包括了成员国、地区或地方的特殊性利益诉求，出于对各自利益的维护，不同行为体也希望能够参与到欧盟决策中，并为了实现自身利益而展开博弈。

目前，欧盟气候治理实践中呈现明显的多层治理特点，实际上为欧盟气候政策决策搭建了一个有利于广泛行为体参与并开展有序互动的制度框架。一方面，随着欧洲一体化的推进，成员国权力实现了部分让渡和转移，将权力部分地让渡给欧盟机构或是转移给地方政府。另一方面，成员国也不再是连接欧盟机构与次国家行为体的唯一中介，一个开放的多层治理模式意味着多元化的行为体可以有多种渠道开展跨层次交流。需要特别指出的是，次国家行为体在欧盟决策中被赋予了日益重要的作用，除了向欧盟机构提供咨询建议、履行监督作用之外，在很多时候还扮演了多层次行为体之间“黏合剂”的角色，调和了欧盟机构与成员国在关于权力分配中的矛盾分歧。

对欧盟成员国来说，因为各自地理条件、自然资源、社会经济发展水平不同，在面对气候变化造成的影响和危害时，体现出的敏感性和脆弱性也存在差异，但是多少都存在解决气候变化问题的需求，不同之处更多地体现为

---

① Liesbet Hooghe and Gary Marks, *Multi-Level Governance and European Integration*, Lanham: Rowman & Littlefield, 2001, pp.2-3.

② 赵晨:《中美欧全球治理观比较研究初探》,《国际政治研究》2012 年第 3 期。吴志成:《西方治理理论评述》,《教学与研究》2004 年第 6 期。

解决问题的迫切性。因此,成员国能够选择以合作的方式来解决共同问题,同时也希望欧盟能够通过制度安排来制定更加有效、合理的解决方案。在这一背景的推动下,欧盟以一系列正式或非正式机制的形式为成员国之间的沟通交流提供了丰富和稳定的平台,也为其他专业性且多样化的行为体提供了参与机会。在欧盟机制搭建起的互动网络中,不同行为体能够获得更多途径去了解彼此的利益诉求,同时,从一个更加宏观的角度对其他行为体的政策做出预判。这一机制有助于行为体之间开展互相学习,共同推动共识的达成,并致力于对更高水平标准的追求。而这种在长期互动中达成的共识也将会进一步巩固欧盟机制的运作。

作为环境政策的一部分,欧盟气候政策中公众参与度的提升可以从环境政策中公众参与的发展过程体现出来。早在 1993 年欧盟第五个环境行动规划中,欧盟就指出环境问题需要由政府、企业和公众共同承担,并表示应当对公众参与原则给予足够的重视和强调。1998 年 6 月通过,并于 2001 年 10 月 30 日正式生效的《奥胡斯公约》(the Aarhus Convention)也是旨在解决有关环境事务中信息获得、公众参与与决策和诉诸法律的相关问题。[①]这一公约确立了公众及其参与的联合会在环境议题领域中的诸多权利,公约缔约方需要采取相应措施保证这些权利的有效实现。《奥胡斯公约》中提到的公民权利主要有三点:第一,任何人都有获取环境信息的权利,这些信息包括环境状况、已经开展的环境政策和措施、环境问题对于身体健康和安全的影响等。政府需要在公约指导下向公众积极宣传相关的环境信息。第二,有权参与欧盟环境政策决策过程。公众有权利影响政府的环境政策决策并对此做出评论,比如,可以就某一具体环境问题或就整体环境规划提出建议,这些建议和评论将在环境政策的决策过程中得到充分考量。第三,有权对没

① European Commission, The Aarhus Convention, http://ec.europa.eu/environment/aarhus/.

有尊重上述两项权利或环境法律而挑战公共决定的过程进行审议。这三项规定也被视作公众参与欧盟环境和气候治理的“三大支柱”。[①]

欧盟的多层治理制度框架也意味着来自不同层次的行为体可以进行频繁的互动。在马丁·耶尼克对欧盟多层治理的分析中(如图1所示),多层治理意味着欧盟决策过程不仅是单一的、自上而下的单向信息传达,或是自下而上的利益表述,这一过程中还包含了跨等级层次的互动,以及同一层次行为体之间的学习交流与竞争。具体到气候政策,该议题隶属于欧盟与成员国权能共享的议题领域,主要采取共同决策程序。其中,欧盟委员会、部长理事会和欧洲议会间的“三方对话”发挥了日益重要的作用;而成员国的利益分歧依然是影响欧盟决策过程的最重要因素;另外,越来越多的次国家行为体越来越积极地参与到欧盟决策过程中,比如,很多与气候议题相关的非政府组织都在布鲁塞尔设立了办事处,以寻求以更加直接的方式向欧盟机构传递信息;而跨国城市网络的兴起则展现了成员国之间在地方层次上的互动。当然,全球因素作为一个重要的条件变量也影响了欧盟气候政策的发展。不难理解,国际气候谈判必然会对欧盟气候政策及其发展造成影响。

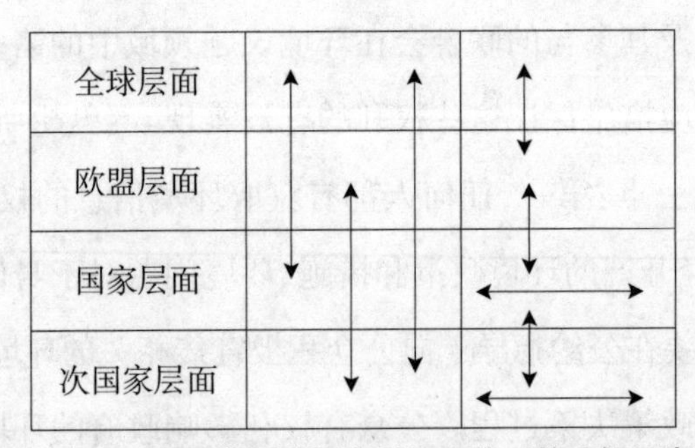

图1 马丁·耶尼克对欧盟多层治理体系的理解示意图

资料来源:Martin Jänicke,“Horizontal and Vertical Reinforcement in Global Climate Governance”,*Energies*,2015,Vol.8,No.6,pp.5782-5799.

---

① [美]古德丹、[英]伊丽莎白·辛克莱编:《欧盟环境非政府组织推动执法手册》,高晓谊、姚玲玲译,中国环境出版社,2015年,第9~11页。

因此,多层治理也为欧盟决策研究提供了一个有效、可行的分析框架,一方面,它清晰地反映了参与欧盟决策过程的多层次、多样化的行为体;另一方面,在多层治理框架背景下,多种决策模式共同作用,推动更具针对性的政策结果达成。多层治理也为欧洲研究提供了一种新的视角,它转变了传统中对于欧洲政治和国家政治进行区别的研究理念。对欧盟气候政策决策进行分析应当充分考虑到多层治理这一背景框架,将多层治理视角与欧盟决策分析理论相结合,才能从一个更加全面和综合的角度展开分析。本书在分析中充分考虑到欧盟目前多层治理的制度框架,从结构维度和过程维度两方面对欧盟气候政策决策进行分析,梳理明晰各层次、多样化行为体的职能划分及作用方式,并对它们如何通过互动展开博弈、通过协商达成妥协并最终推动政策结果达成和顺利实施的这一过程进行动态分析。不同行为体按照一定的规则展开的互动,其间多样化的行为体会争取充分表达自身利益诉求的机会,并努力将这些内容反映到政策结果中去,同时也会为了共同利益而达成妥协。

二、决策结构:多层次、多样化的行为体

在全球化背景下,国家之间、地区之间的互动频繁,联系为一个紧密的整体,而全球性问题也随之而来。这类问题往往是多部门、多领域共同作用的结果,影响范围是跨国性的,传统的由民族国家中央政府进行的统治是不够的,单凭一国之力也往往难以有效解决这些问题,这就需要汇集跨部门、跨国家甚至是跨地区的力量开展合作。在这一背景下,治理这一概念被提出并用于应对全球性问题。与此同时,对于治理民主的需求不断提升,多样化的行为体要求参与其中表达自身的利益诉求。按照 1995 年全球治理委员会(Commission on Global Governance)的理解,治理是一种既包括公共部门也

包括私营部门参与的持续的过程，其中存在多元利益甚至是冲突，但这个过程的基础在于协调，反映的是一种持续的互动。[①]与之相对应的，治理理论关注的主要内容在于国家介入、社会自治及公私行为体之间的互动关系。[②]

在此基础上，自20世纪90年代初，以加里·马克斯为代表的学者提出了多层治理这一概念，并以此对欧盟的治理模式及决策过程进行分析。按照贝娅特·科勒-科赫与贝特霍尔德·里滕伯格的观点，多层治理可以定义为"涉及公共部门和私营部门的一种非层次形式决策，这种形式运行于不同地方层面，并使它们能够相互依赖"，这一解释也被欧盟环境署认可并引用。[③]多层治理为欧盟决策提供了一个有效的分析框架。一方面，从多层治理角度对欧盟决策进行分析，也体现了欧盟决策中对于民主性和合法性的追求；另一方面，这是与欧洲一体化发展相适应的，反映了欧盟决策的现实。如马克斯指出的，多层治理视角的提出建立在随着欧洲一体化的深入发展、欧盟层面超国家机构逐渐设立，以及中央政府的权力向地区分散、次国家行为体作用提升这两方面背景之下的。[④]从多层体系结构入手对欧盟决策展开分析这一路径也是贴合欧盟决策过程实际的，因此得到了广泛的接受，并在实践中得到了发展。

马克斯的研究侧重于从行为体多样性的角度入手对欧盟治理模式进行分析。在《多层治理的行为体中心方法》(*An actor-centred approach to multi-*

① 俞可平主编:《全球化:全球治理》,社会科学文献出版社,2003年,第7页。

② Jon Pierre, "Understanding Governance", in ed. by Jon Pierre, *Debating governance: Authority, steering, and democracy*, Oxford : Oxford University Press, 2000, pp.1-10.

③ [丹]欧盟环境署:《欧盟城市适应气候变化的机遇和挑战》,张明顺、冯利利、黎学琴等译,中国环境出版社,2014年,第127页。

④ Gary Marks, "An actor-centred approach to multi-level governance", in *Regional & Federal Studies*, 1996, Vol.6, No.2, pp.20-38.

level governance)[①]一文中，马克斯利用行为体中心方法(actor-centred approach)为多层治理中国家内部与国家间维度的融合提供了一个分析框架，行为体中心方法是建立在(新)自由制度主义的理解之上的,关注的是国际制度在培育合作收益中的作用。自欧洲共同体成立起几十年的发展里,欧洲一体化总体呈现出广度不断扩宽和深度不断强化的特点，这是与欧洲国家所面临的政治、经济、社会文化等因素分不开的,既包括开始时冷战背景下应对苏联威胁、增强欧洲国家力量的需要,也包括市场国家化背景下增强欧洲经济竞争力的要求,加之二战后民众对和平的渴求、欧洲国家之间交流的增多,需要超国家机构来对国家间交往进行更加有效的安排。同时,成员国政府的作用依然不可轻视，尤其是在20世纪80年代，市场主导的政府在《单一欧洲条约》的谈判中发挥了主导作用，在《马斯特里赫特条约》(the Maastricht Treaty)谈判期间德国统一也发挥了关键性的推动作用。而次国家行为体影响力的提升原因更为多样化,国家的中央权力分散到地区,地区政府也要求获得更多控制地区事务的权力。

对于主权国家来说参与多层治理的路径主要有三种：政府领导人可能希望分散某些权威能力;他们可能出于对其他目标的追求,同意分散部分权力;或者他们可能无法控制某些特定的权威的能力的分配。将国家理解为一系列有关权威的规则可以引导我们更加关注个人或团体的行为，这种方法可以避免将国家具体化为一个拥有统一的利益或偏好的行为体。从行为体中心的角度来看,国家为人类追求目标提供了一个制度环境,这些目标可以是自私的也可以是无私的;可以是为了实现个人成就的,也可以是为了实质性的政策或制度辩护的;制度环境则是国内政治和国际政治中关于权威性

① Gary Marks, "An actor-centred approach to multi-level governance", in *Regional & Federal Studies*, 1996, Vol.6, No.2, pp.20-38.

决策的规则的体现。利益间的讨价还价反映的是相关政治领导者,包括次国家行为体、超国家行为体和其他利益攸关方拥有的实现其利益的能力。

之后，加里·马克斯又与学者里斯贝特·胡奇和科密特·布兰科(Kermit Blank)一起探讨了随着欧洲一体化的发展、欧盟机构的建立,民族国家为主导的欧盟治理模式是否发生改变这一问题。[①]为此,他们选择对以民族国家为主导的治理模式(或政府间主义理解的治理模式)和多层治理模式进行了分析,并对其在欧盟决策过程中的有效性进行了比较。按照莫劳夫奇克等学者的观点,民族国家的自主性并没有因欧洲一体化的发展而被撼动;相反,由于具有了欧盟成员国这样一重身份，民族国家这一意识在一定程度上甚至得到了强化。欧洲一体化的来源在于国家可以通过这一过程获取理想的回报。欧盟政策结果反映的也是不同成员国的相对实力及与之同等对应程度的政策偏好。而按照马克斯、胡奇和布兰科的观点,欧洲一体化反映的是一个政体的创立过程,虽然国家仍是“欧洲政治拼图中最重要的一块”,但是这期间,超国家、国家和次国家层次的行为体都具有各自独立的影响,他们共同参与其中、分享权威并对政策制定施加影响。

对于国家来说，当他们发现将权力转移到超国家层面的所得大于付出的成本时,或者在面对一些不受欢迎的政治议题与国内巨大的舆论压力时,他们都会乐于将问题的决策转移到欧盟层面来进行。在多层治理中,国内政治与国际政治的界限更加不明晰，次国家行为体在每一层次上都可以扮演穿针引线的作用,将不同层次的行为体以更为紧密的形式联系在一起。政府在欧洲、国家、次国家不同层面上多样的组合为协商和合作搭建起政策网络,这一关系的特点体现在对彼此资源的相互依存,而非对稀缺资源展开竞

---

① Gary Marks, Liesbet Hooghe, and Kermit Blank. “European Integration from the 1980s: State-Centric v. Multi-level Governance”, in *Journal of Common Market Studies*, 1996, Vol.34, No.3, pp.341-378.

争。具体到欧盟的决策过程中,单一国家决策通过投票原则等方式受到了很大的限制,不同于联合国那样的大国可能会拥有更多权力的国际机构,欧盟内部致力于寻求的是国家之间的平衡,虽然国家的作用独一无二,但是在政策启动、政策决策、政策实施和政策裁定这四个过程的掌控中,国家的作用却日渐式微。正如几位学者所指出的,国家的作用并不是一下子被替代的,而是缓慢融合到多层治理结构中的。

目前,在欧洲一体化不断发展的背景下,治理这一观念在欧盟实践中已经得到了广泛的体现。参与欧盟决策的行为体显示出多元化的特征,涵盖了超国家层面上的欧盟主要机构、成员国中央政府及次国家行为体这样几个不同层面。不同层面的行为体代表了如共同利益、成员国利益和特殊利益等不同需求,这些行为体之间相互制约和平衡,为了实现共同利益而进行资源和信息的交流与合作,构成具有网络性的欧盟组织制度框架。

三、决策过程:行为体间多样性的互动

与上述学者从静态的角度出发,对参与行为体的多层次结构入手展开分析不同,以阿瑟·本茨(Arthur Benz)[①]为代表的学者将多层治理理解为欧盟决策过程中日益凸显的特点,更加注重从动态的角度对欧盟多层治理模式进行解读。在本茨看来,以往的学者多将多层治理这一概念理解为没有一个中央政府拥有能力去解决冲突。但与以往的新功能主义和政府间主义以国家为分析单位相比,多层治理反映了在欧盟决策过程中欧盟作为一个整体的观点。这是一个新的政治体系,在这一体系中不同层次的行为体(尤其是

① Arthur Benz,"Two types of multi-level governance:Intergovernmental relations in German and EU regional policy",in *Regional & Federal Studies*,2000,Vol.10,No.3,pp.21-44.

不同层次的政府)为了合作形成了一个政策网络。欧洲一体化的深入与发展也需要相应的“结构上”(structural)和“程序上”(procedural)的改变，尤其是强调不同层面的协调，这种协调必须以谈判和合作的方式通过信息和资源的交换来获得。为了更有效地获取资源、开展行动以实现有利于自身利益偏好的政策，成员国以及次国家或跨国家行为体都倾向于加强在欧盟层面的游说，并努力争取参与到欧盟政策的制定过程中。在构建多层治理的过程中，国家制度建设也发挥了重要作用，不管是提供有利于治理实施的制度条件，还是不利于甚至有碍治理开展的条件，都会直接影响政策的实施效果。[①]

欧盟决策过程就其本质上来说是一个不同行为体之间、行为体内部不同力量之间相互制衡的过程。而多层治理为欧盟决策分析搭建了一个具有说服力且符合欧盟自身特点的分析框架，在这一框架下欧盟决策可以被理解为三种不同类型的博弈与制衡的互动关系：一种是来自不同层次之间，尤其是成员国与超国家机构之间的博弈与制衡，以欧盟决策模式的不同体现出来；一种来自于决策的实际操作者欧盟机构之间，主要反映在欧盟条约对于欧洲机构权力的调整中；还有一种来自于行为体内部的博弈与制衡，比如欧盟机构内部的投票方式，或是成员国内部进行的立场协调。在欧盟气候政策制定的程序设计中，气候领域作为成员国和欧盟权力共享的领域，其政策的制定过程势必会涉及欧盟层面和成员国层面的权力分配问题。同时，次国家层面对于气候变化问题的关注也迫使欧盟机构和成员国在处理相关立法提案时考虑到更加广泛的相关利益者的诉求。

(一)不同层次间的博弈与制衡

这种制衡关系首先反映在欧盟内部不同层次之间，尤其是成员国与超

① Arthur Benz and Burkard Eberlein. “The Europeanization of regional policies: patterns of multi-level governance”, in *Journal of European Public Policy*, 1999, Vol.6, No.2, pp.329-348.

国家机构之间,而在实际中最为突出的表现就是欧盟决策模式上的区别。在欧盟决策中,欧盟的多层治理模式除了体现为参与行为体的多层次性和多样性之外,还反映为由行为体权能差异造成的决策模式不同,这些决策模式在一定程度上也可以被视为欧盟机构与成员国之间的权力分配的表现。

有学者对欧盟决策中采用的具体决策模式进行过分类。以约翰·皮特森为代表的学者从一个综合性的视角出发,以"政策网络"为分析工具,将其理解为政府利益与利益集团利益进行协调的场所,指出了欧盟内部不同层面上存在的不同制度安排。[①]弗里茨·沙普夫在对欧盟治理模式进行分析时,侧重于从解决问题的有效性和民主责任的角度去考虑,认为治理模式的划分依据主要在于对行为体参与决策时的影响力和权限所做的制度安排以及对于解决不同行为体分歧时所采取的决策规则。[②]而海伦·华莱士则对不同政策领域中欧盟的制度设计进行了剖析,指出在广泛意义上,欧盟的决策框架是逐渐被认可的,然而在具体的制度设计上还是呈现一种非典型状态,进而提出"一个共同体方法,多个政策模式"的观点。[③]以上这些不同的分类模式也反映出,学者们对于欧盟决策中体现的"解决问题式"(Problem solving)还是"讨价还价式"(Bargaining)的不同特点的争论。

上述几位学者选择了不同的出发点对欧盟决策模式进行分析,在一定程度上也能够体现欧洲一体化的发展历程。其中的共同点在于都能够反映出,在多层次的结构框架下,参与欧盟决策行为体的多层次性以及多样性,

① John Peterson, "Decision-making in the European Union: towards a framework for analysis", in *Journal of European Public Policy*, 1995, Vol.2, No.1, pp.69-93.

② Mark A. Pollack, "Representing Diffuse Interests in EU Policy Making", in *Journal of European Public Policy*, 1997, Vol.4, No.4, pp.572-590.

③ Helen Wallace, "An institutional anatomy and five policy modes", in eds. by Helen Wallace, Mark A. Pollack, and Alasdair Young, *Policy-making in the European Union*, Oxford: Oxford University Press, 7th edition, 2005, pp.49-90.

尤其反映了欧盟与成员国在权责分配中的关系。虽然在《里斯本条约》中对欧盟原有的“三大支柱”进行了整合,但是在欧盟决策程序中,无论是融合了共同决定与合作的“普通立法程序”(ordinary legislative procedure),还是包含了咨询与同意的“特殊立法程序”(special legislative procedure),都反映出一直存在的超国家主义与政府间主义的博弈制衡并未就此消散。

(二)欧盟机构间的博弈与制衡

欧盟决策过程中的制衡关系同样反映在同一层次的行为体当中。在成员国层面上可以表现为成员国围绕某一目标展开的竞争与合作，次国家行为体也可以就争取欧盟对自身利益诉求的注意而结成合作伙伴或展开竞争。最为突出的表现是在欧盟层面上,体现为对于欧盟机构权力的调整。欧洲议会在欧盟决策过程中的权力不断上升,和部长理事会共同分享立法权。欧盟委员会享有唯一的倡议权，同时在决策过程中与欧洲议会和部长理事会组成“三方会谈”机制,有效地调和了欧盟机构之间的矛盾,为欧盟决策顺利达成起到重要的推动作用。欧洲理事会则主要从宏观上对欧洲一体化进程和欧盟政策的发展进行把控和指导。欧盟机构的不同性质也决定了这是代表超国家利益的机构与代表成员国利益的机构之间的相互制衡。

(三)欧盟机构内部的博弈与制衡

除了个人之外，其他行为体都很难描述为利益完全一致的统一的行为体。利益集团或气候保护非政府组织也只能是在一定程度上对内部成员的不同利益偏好进行整合,而成员国也不应被理解为铁板一块。事实上对于这些行为体来说，各自内部的表决方式毫无疑问也可以被视为内部各种不同利益之间博弈制衡的体现。但在本书中对这一部分内容不再做具体陈述,而是重点探讨欧盟机构内部各种不同力量之间的相互制衡，主要通过表决方式体现出来。正如有的学者指出的,作为一种谈判协商体系,多层治理体系本身具有明显的非等级制的特点。然而对于目前欧洲一体化的程度和水平来说,欧盟内部行为体之间尚不具备通过多数表决达成政策结果的条件,为了避免谈判陷入僵局,行为体往往会通过更加灵活的表决机制来推动决策顺利进行。①

在欧盟机构内部达成共识的表决方式方面,欧盟基本的表决方式有三种:简单多数(simple majority)、有效多数(qualified majority)和一致同意。在具体选择方式的选择上,不同机构之间存在差异。比如,欧洲理事会在达成共识时一般采用"反向一致"的全体通过方式,即如果不是出现成员经协商达成一致反对的情况,则视为通过。涉及气候政策方面的立法,欧盟委员会内部采用的是有效多数表决的立法方式;欧洲议会内部则以简单多数的表决方式通过。部长理事会一般采用有效多数的方式,但是对于敏感议题,如环境税收、城镇规划、能源供应等,则采用"反向一致"方式通过。另外,按照《里斯本条约》的规定,部长理事会自 2014 年 11 月起开始实施"双重多数表决",这意味着一项提案需要同时获得至少 55%的成员国及 65%的欧盟人口的支持,实质上则是对成员国中大国与小国在谈判中力量分配上的一种平衡。不过在实际中,部长理事会的决定往往是建立在充分协商的基础之上的,因此很少会出现表决的情况。

四、本章小结

对于欧盟决策的研究需要充分考虑到欧盟本身具有的一般性和特殊

---

① Edgar Grande,"Multi-level governance:Institutionelle Besonderheiten und Funktionsbedingungen des europäischen Mehrebenensystems."*Wie problemlösungsfähig ist die EU*,2000,pp.11-30. 转引自吴志成、李客循:《欧洲联盟的多层级治理:理论及其模式分析》,《欧洲研究》2003 年第 6 期。

性。一般性意味着,欧盟作为国际社会一个独立自主的政治实体,与其他行为体一样,在对其决策的分析中可以遵循一般的决策研究思路和研究方式,即致力于解决一系列关于政治系统输入、过程和输出的描述性以及解释性问题,输入体现的是由不同政治行为体就各自政策需求展开的竞争,过程反映的是将这些需求转化为输出的机制,输出是由系统决策者最终制定出的权威决策。[①]对于欧盟决策程序的研究基本遵循设定议题、提出倡议、讨价还价、做出政策决定、政策实施、评估现有政策并改进这样一个过程。与此同时,欧盟作为一个"特殊的国际行为体"(sui generis),[②]它的特殊性表现为它既不同于传统的国际组织,也不能被视为一个联邦国家。奥利维耶·科斯塔和娜塔莉·布拉克将欧盟的特殊性概括为,独一无二的体制结构、并不明确的权力分配、职能与政策的独特性、运作过程中有限的党派逻辑。[③]而与这种特殊性相对应的,就是多层治理制度框架下欧盟决策中所具有的特点。

基于欧盟自身的一般性和特殊性,本书力图在多层治理的框架下对欧盟决策进行分析。正如伊恩·巴什、伊恩·巴特勒(Ian Bartle)、马修·弗林德斯(Matthew Flinders)及格雷格·马斯登(Greg Marsden)在《逃避责任与气候变化:责任、多层治理和碳管制》(Blame Games and Climate Change:Accountability,Multi-Level Governance and Carbon Management)[④]一文中指出的,一

① Robert Thomson and Madeleine O. Hosli,"Explaining legislative decision-making in the European Union",in eds. by Robert Thomson and Frans N. Stokman,etc.,*The European Union Decides*,Cambridge:Cambridge University Press,2006,pp.1-24.

② Jakob C. hrgaard."International relations or European integration:is the CFSP sui generis?",in eds. by Thomas Christiansen and Emil Kirchner,*Rethinking European Union Foreign Policy*,Manchester:Manchester University Press,2004,pp.26-45.

③ [法]奥利维耶·科斯塔,娜塔莉·布拉克:《欧盟是怎么运作的》(第二版增补修订版),潘革平译,社会科学文献出版社,2016年,第15页。

④ Ian Bache,Ian Bartle,Matthew Flinders and Greg Marsden,"Blame Games and Climate Change:Accountability,Multi-Level Governance and Carbon Management."in *The British Journal of Politics & International Relations*,2015,Vol.7,No.1,pp.64-88.

个完整的多层治理分析应该从多层治理的结构维度和“责任转移过程”(blame-shifting)两个维度展开,强调了对多层治理进行静态与动态相结合的分析方式的重要性。不同于传统的政府间主义与超国家主义对于欧盟决策研究的分析,多层治理理论或视角的提出提供了一种新的且更具综合性的分析路径,它的意义表现在两个方面:一方面,多层治理模式符合目前欧盟运作的实际,在这一过程中,不仅强调了欧盟决策运作中参与行为体的多样性和多层次性,也准确地描绘了不同行为体具体的参与方式和参与过程,并为欧盟内部面临的复杂的法律和政治现实提供了一种合法化和客观化的理解路径;同时,多层治理视角并没有放弃传统的超国家主义和政府间主义的两分法(事实上这样一种两分法依然是富有成效的),而是作为对这样一种复杂的解释方式而进行的改良。尤其是在政府间谈判并不能完全掌控欧盟决策的环境下,多层治理为分析欧盟决策过程提供了一个更加令人信服的描述。另一方面,它以问题为导向,以功能性将决策权力进行划分和重组,从而打破了传统的多元主义和社团主义对决策权力的理解,构建了一种去等级化的、合作型的决策网络理念,①关注于欧盟决策体系运作过程中的实际问题。而在多层治理模式下的欧盟决策过程,体现出的是灵活性、行为体多元化及合作性的优点,同时也为欧盟决策中的合法性问题提供了更加清晰的解决思路。②

① 张海洋:《欧盟利益集团与欧盟决策:历史沿革、机制运作与案例比较》,社会科学文献出版社,2014年,第11页。

② Volker Eichener, “Effective European Problem-solving: Lessons from the Regulation of Occupational Safety and Environmental Protection”, in ed. by Fritz W. Scharpf, Governance in the Internal Market, in *special issue of Journal of European Public Policy*, Vol.4. London: Routledge, 1997, pp.591-608. Paul Pierson and Stephan Leibfried, “The Dynamics of Social Policy Integration”, in eds. by Stephan Leibfried and Paul Pierson, *European Social Policy: Between Fragmentation and Integration*, Washington DC: The Brookings Institution, 1995, pp.432-65.

但不可忽视的是，从多层治理角度出发进行欧盟决策研究也存在一定的问题，最为突出的正如保罗·斯塔布斯（Paul Stubbs）和西蒙娜·帕托尼（Simona Piattoni）所指出的，多层治理这个概念本身为了迎合更为广泛的情形其精确性已经被“稀释”。[①]对于这种观点，学者安德鲁·乔丹（Andrew Jordan）[②]给出了自己的理解和解决方式，他认为多层治理这一概念虽然为现代治理模式提出了一个吸引人的图像，但是它在解释哪一个层次最重要，以及最开始的动机和原因等问题时，仍然需要根据具体的议题领域来进行确定。因此，在使用多层治理这一框架对欧盟决策进行分析时，就有必要联系具体的议题领域，针对具体的议题展开讨论。考虑到不同行为体的参与方式和影响力，多层治理模式在对于“高政治”领域和“低政治”领域进行分析时的解释力是存在区别的，相比于在“高政治”议题领域中，成员国对于自身权力的坚持，在如气候政策这样的“低政治”议题领域中更能够体现出不同层次行为体之间为了达成共同目标而采取的互动和制衡的状态。[③]

本书具体分析的是欧盟在气候变化领域的政策决策，从多层治理框架下对于欧盟气候政策决策进行分析是有着不可比拟的优势的。这主要体现在，一方面，气候变化议题的特殊性决定了欧盟气候政策决策过程将会包含不同形式的互动关系，即具体体现为不同的决策模式。气候议题的特殊性就体现在它作为环境议题的一部分，与能源、交通、运输、农业等议题领域之间

① Paul Stubbs, “Stretching concepts too far: multi-level governance, policy transfer and the politics of scale in South-eastern Europe”, in *South East European Politics*, 2005, Vol.6, No.2, pp.66-87. Simona Piattoni, “Multi-Level Governance: A Historical and Conceptual Analysis”, in *Journal of European Integration*, 2009, Vol.31, No.2, pp.162-180.

② Andrew Jordan, “The European Union: An Evolving System of Multi-Level Governance or Government?”, in *Policy and Politics*, 2001, Vol.29, No.2, p.204.

③ Jenny Fairbrass and Andrew Jordan, “Multi-level governance and environmental policy”, in eds. by Ian Bache and Matthew Flinders, *Multi-level Governance*, Oxford: Oxford University Press, 2004, pp. 147-164. Stephen George, “Multi-level governance and the European Union”, in eds. by Ian Bache and Matthew Flinders, *Multi-level Governance*, Oxford: Oxford University Press, 2004, pp.107-26.

有着很强的关联性，欧盟的气候政策结果往往以气候与能源一揽子政策的形式表现出来。在欧盟的制度设计中也不得不考虑到以上议题领域的特殊性，以往气候政策被纳入欧盟的第一支柱，由欧盟委员会独享管辖权，但实际中考虑到气候政策涉及众多政策领域仅凭欧盟委员会是难以协调一致的。《里斯本条约》之后，作为环境政策一部分的气候政策隶属于欧盟与成员国权力共享的范畴，另外作为欧盟"共同安全与外交"中的一部分，欧盟对外气候政策决策权则主要由代表成员国利益的部长理事会负责。这就导致了欧盟气候决策中呈现不同决策模式的特点。另一方面，与其他政策议题一样，欧盟气候治理中存在的民主性和合法性问题也亟待解决。作为一个具有普遍影响力的议题，气候变化的应对需要尽可能地吸收更加广泛的行为体参与其中，通过直接或间接的方式表达自身利益诉求。同时，欧盟气候治理的有效性也是与欧盟民主程度密切相关的，要实现高效、民主的气候治理，就必须在治理过程中涵盖不同的领域和层次的行为体。"参与"(participation)和"审议"(deliberation)在应对气候变化的挑战中是十分重要的，但这些必须是在一个民主代表的体系中实现的。[①]

对于欧盟决策的解读需要建立在欧盟整个制度体系的框架内，目前欧盟所展现的就是一个以多层治理为特点的框架体系。因此在本书分析中，也将多层治理视为一个基本的框架结构，从中分析各层次行为体的职责权能、作用方式以及不同层次之间的互动关系，具体将从结构和过程两个维度展开。

首先，是对于多层治理框架下欧盟气候政策决策中结构维度的分析，即对参与欧盟气候政策决策的多层次、多样化行为体的分析。其中的多层次表

① Rolf Lidskog and Ingemar Elander, "Addressing climate change democratically. Multi-level governance, transnational networks and governmental structures", in *Sustainable Development*, 2010, Vol.18, No.1, pp.32-41.

现在欧盟气候政策决策涉及的来自不同层次的行为体。欧盟层面行为体，即欧盟机构，包括欧盟委员会、部长理事会、欧洲议会、欧洲理事会，以及欧洲经济与社会发展委员会、欧盟地区事务委员会、欧洲法院等其他相关机构。成员国层面行为体主要是成员国政府以及相关的环境、能源、交通等部门。次国家层面行为体则包括了地区或地方政府、企业、气候(环境)保护非政府组织、智库、个人等。多样化则表现为政府不再是参与欧盟气候政策决策的唯一行为体，企业、社会组织、个人都有机会参与到决策过程中并表达自身的利益诉求。同一类行为体中，往往也会因为代表利益或自身发展情况的不同而存在多样化的观点。对这些来自不同层次、体现多样化利益诉求的行为体进行分析，并梳理各自在欧盟决策过程中的权限职能以及发挥作用的方式，有利于帮助我们从结构上搭建起理解欧盟决策的框架。

其次，是对于多层治理框架下欧盟气候政策决策中过程维度的分析，即梳理分析上述多层次、多样化行为体是如何通过互动推动政策结果达成的，其间遵循哪些基本原则、采取哪些决策方式。多层治理框架下的欧盟决策研究除了在结构上表现为多层次、多元化的行为体参与外，突出解决问题的重要性，尤其是在解决综合性、复杂性问题时，在决策过程中往往会体现出“一个共同体，多种决策模式”[1]的特点。从本质上来说，这是对欧洲一体化发展过程中，共同体方法与政府间方式始终共存这一状态的反映。在实际中，根据不同议题领域，不同性质的行为体会发挥不同程度的作用。普遍认为，在一些日常的、相对不太重要的“低政治”领域，成员国较容易达成共识，因此多采用共同体方法进行决策；而在一些与成员国利益密切相关的、关键性的“高政治”领域则多倾向于通过政府间方式进行决策。具体到气候政策领域，

① Helen Wallace, “An institutional anatomy and five policy modes”, in eds. by Helen Wallace, Mark A. Pollack, and Alasdair Young, *Policy-making in the European Union*, Oxford: Oxford University Press, 7th edition, 2005, pp.49-90.

这一议题隶属于欧盟与成员国权能共享领域,因此除共同体方法外,还需要采取政府间方式进行决策。同时,考虑到其涵盖内容的综合性特点,在欧盟气候政策决策过程中,往往会反映出强化合作模式、共同体模式、公开协调模式、欧盟监管模式这样四种决策方式并存的情况。

第二章
多层治理下欧盟气候政策的发展及特点

早期,欧盟气候政策是隶属于环境政策中的一部分,而环境政策本身也是欧盟诸多政策领域中比较年轻的一个,1987 年生效的《单一欧洲法案》(the Single European Act)中才首次提到环境政策的相关内容。随着气候变化问题日益凸显,公众对该问题的关注度不断提升,国际社会也加快了气候治理的步伐,以《框架公约》为重要推动力,聚焦气候变化问题的具体政策相继出台。欧盟作为最早关注气候变化问题的国际行为体之一,无论是在法律法规制定,还是在具体措施的落实中,都取得了丰富的成果,为其他国际社会行为体树立了榜样。这一部分将对欧盟气候政策决策发展的动力机制、发展过程及政策内容进行梳理分析。

一、欧盟气候决策的动力机制:多层次行为体的推动

分析欧盟气候政策决策的发展, 不可避免地需要对其动力机制进行分析,而多层治理框架也为欧盟决策的动力机制提供了一个有效的分析路径。欧盟气候政策的发展,建立在内部与外部动力机制共同作用的基础之上。其

中需要考虑的是国际气候治理的大背景及欧盟在气候领域追求目标的变化，也体现出国际层面、成员国层面和次国家层面对于气候变化这一问题本身，以及在欧盟应当如何应对这一问题时，认识上发生的变化。

（一）全球气候治理的影响

气候变化问题提出伊始是作为环境问题中的一部分被国际社会所关注的。随着气候变化问题日益凸显，尤其是近年来，由气候变化引起的极端天气和气象灾害频发，已经在很多地区造成了巨额损失。对于一些海岛国家来说甚至引发了生存危机，关乎其健康权和生存权；而对于发展中国家来说，气候变化所涉及的碳排放等问题则与其发展权密切相关。正如巴黎气候大会主席洛朗·法比尤斯（Laurent Fabius）所说，气候变化已经成为关乎人类存亡的 21 世纪的最大挑战，如果放任气候变化问题继续恶化下去，那么 21 世纪末将会面对全球气温上升 4℃~6℃的巨大挑战，无疑会为人类正常生活乃至生存带来严重威胁。[①]加之冷战结束后，随着全球化的不断深入，传统的安全威胁影响力相对下降[②]，气候变化这样的非传统安全议题在国际关系中日益凸显，随之而来的诸如对稀缺资源的竞争和环境难民问题，使得气候变化问题不再作为单一的环境问题，而转变为一项炙手可热的政治、经济、安全议题，具备了高级政治的属性。气候变化成为事关国际和平与安全的议题之一，国际安全正面临着来自气候变化带来巨大的挑战。

目前，国际社会的主要行为体都已经注意到气候问题与经济、权力甚至是规范之间的紧密联系，国际气候谈判本身也包含了对于经济利益的追求、

---

① ［法］洛朗·法比尤斯、董柞壮、吴志成：《巴黎精神永续》，《南开学报》（哲学社会科学版），2016 年第 3 期。

② ［英］巴里·布赞：《人、国家与恐惧：后冷战时代的国际安全研究议程》，闫健、李剑译，中央编译出版社，2009 年。

生存发展空间的需要和国际规则的制定等政治博弈。在现实中最为突出的表现就是国际气候谈判中，主要行为体之间围绕着话语权和影响力的争夺日益激烈。这样一个竞争性日益加剧的外部环境也迫使欧盟在全球气候治理中做出行动。在这一背景下，欧盟作为国际社会中不可忽视的“规范性力量”（normative power），积极发展气候政策，并力争在气候政策领域扮演领导者和协调者的角色。[①]欧盟被认为是国际气候谈判中最重要的参与者之一，除了欧盟内部对气候问题的高度关注、能够及时做出适应和减缓气候问题的政策，为其他行为体做出榜样之外，欧盟也坚持在全球气候合作中积极发挥组织者和协调者的作用。

奥瑞奥·科斯塔（Oriol Costa）在分析欧盟气候政治的过程中借用了“颠倒的第二意象”（second image reversed）这一概念，分析了国际气候格局对欧盟气候政策和气候立场的塑造作用。[②]提升欧盟在国际政治中的形象、维护欧盟的国际地位、占据国际道义的制高点，是欧盟推行积极的国际气候政策的根本目的。随着冷战结束，尤其是在联合国环境与发展会议之后，欧盟日益重视环境问题，并在美国退出《议定书》后，开始扮演全球环境治理的领导者角色，希望以此为突破口，进一步谋求对全球事务的领导。

如何将内部治理获得的优秀经验转化为在全球气候治理中的领导优势是一直困扰着欧盟的问题。从实践来看，欧盟倾向于在国际多边体制内通过法律、制度和规则确立共同规制空间，推广欧盟的价值观、政策和治理模式，对世界政治施加“规范性权力”。[③]欧盟气候政策不仅出于自身实际利益的需要，也反映了其在全球化和国际体系转型中的战略需求，[④]是与欧盟追求的

① 巩潇泫：《欧盟气候政策的变迁及其对中国的启示》，《江西社会科学》2016 年第 7 期。

② Oriol Costa, "Is climate change changing the EU? The second image reversed in climate politics", in *Cambridge Review of International Affairs*, 2008, Vol.21, No.4, pp.527-544.

③ 贺之杲、巩潇泫：《规范性外交与欧盟气候外交政策》，《教学与研究》2015 年第 6 期。

④ 崔宏伟：《欧盟气候新政及其对欧洲一体化的推动》，《欧洲研究》2010 年第 6 期。

“规范性欧洲”(Normative Power Europe)这一角色相一致的,即寻求将“欧洲模式”推广到国际社会,在解决国际问题时强调“有效的多边主义”(effective multilateralism)方法,重视国际合作,强调国际法与国际合作的重要性,通过对话和谈判的方式达成目标。欧盟也是期望通过发展内部气候治理,并向全球推广,为全球气候治理和国际气候机制提供欧盟标准,收获主导优势。①

(二)成员国的利益诉求

有学者指出,气候变化的危害不仅体现在它会降低人们获取对维持生活至关重要的自然资源的能力,还体现在它会削弱国家为民众提供机会和服务的能力。因此,放任这一问题恶化会增加发生冲突危险的可能性,不利于维持社会的和平稳定。②欧盟成员国虽然在减排、提高能效等具体目标的制定中存在争议,在实现减排目标的方式上也存有差异,但还是能够在应对气候变化这一问题的重要性和迫切性上达成基本共识。这种情况出现主要基于以下原因:

1.地理环境制约的需要

欧盟在气候变化问题上的积极应对,是基于自身地理环境所做的选择。在欧盟委员会对欧洲地区气候变化带来影响的评估中,南部和中部地区可能会受到日益频繁的热浪、森林火灾及干旱的影响;地中海地区将会变得日益干旱。相反,北部地区则会变得更加潮湿,同时受到更加频繁的冬季洪水灾害;城市地区(也是80%欧洲人民生活的地区)将更易受到热浪、洪水的影响,同时也缺乏足够的设施装备以适应气候变化带来的问题。③根据欧盟环境署2004年发布的报告,气候变化已经对欧盟造成了明显的影响,而且如

① Samuel Fankhauser, Caterina Gennaioli, and Murray Collins, “Do international factors influence the passage of climate change legislation?”, in *Climate Policy*, 2016, Vol.16, No.3, pp.318-331.

② 范菊华:《全球气候治理的地缘政治博弈》,《欧洲研究》2010年第6期。

③ European Commission, Consequences for Europe, http://ec.europa.eu/clima/change/consequences_en.

果不及时采取措施、放任其恶化，无论是对欧盟的旅游业、农业等部分产业的经济效益，还是对沿海成员国的长远发展和生存，甚至对整个欧洲和全球的生态环境，可能造成的危害和为之付出的代价都是巨大的。[①]在 2007 年发布的欧盟气候变化绿皮书中，更加具体地解释了欧洲最易受到气候变化影响的地区及其可能受到的危害，其中包括欧洲南部和整个的地中海盆地——这一地区已经面临着水资源缺乏的问题，气候变化引起的高温和降水量减少将会加剧这一问题，山区尤其是阿尔卑斯山——温度的升高将会导致积雪和冰川的大量融化，从而改变河流的径流量；沿海地区——海平面的升高将使其遭受暴风雨危害的风险增加；人口稠密的滩区——强降雨和山洪的爆发会给住宅和基础设施带来巨大的危害，同时对斯堪的纳维亚半岛和北极地区也会造成相应的影响。[②]由此可以看出，对成员国来说，考虑到地理环境的限制，气候变化是不得不正视的一个问题，直接影响到其安全、经济、社会发展等诸多方面。

2.经济社会利益的需要

对经济利益的追求依然是成员国支持和发展气候政策的最主要动力，目前多数欧盟成员国已经认识到进行绿色投资、发展清洁能源技术带来的巨大的市场价值，不仅有助于创造新的经济增长点和新的就业机会，[③]也有利于推动欧盟经济转型，实现平稳、可持续发展。反之，对气候变化问题不作为的代价之一就表现在对世界经济发展的挫伤。因此，从经济和社会利益的角度出发，发展气候政策、开展气候行动、应对气候变化问题，对于欧盟成员

---

① European Environmental Agency, “Impacts of Europe's Changing Climate”, EEA Report No.2/2004, http://www.eea.europa.eu/publications/climate_report_2_2004.

② European Commission, Green Paper from the Commission to the Council, the European Parliament, the European Economic and Social Committee and the Committee of the Regions - Adapting to climate change in Europe-options for EU action {SEC(2007)849} /* COM/2007/0354 final*/, 2007. http://eur-lex.europa.eu/legal-content/EN/TXT/?qid=1433318086120&uri=CELEX:52007DC0354.

③ 高小升：《欧盟气候政策研究》，社会科学文献出版社，2014 年，第 74~75 页。

国来说都具有重要意义。

一方面,这意味着经济发展模式的转变。在欧盟气候政策中,推动欧盟经济向低碳经济转型一直是其重要目标之一。这既是成员国出于自身利益和实际情况的需要,期望改变目前对于化石能源的依赖和使用,同时也与欧盟在绿色经济中具有的先发优势密切相关。虽然成员国在发展水平上的差异会影响到他们对经济发展方式转型的接受程度,但是对于发展绿色技术产业,欧盟成员国还是普遍抱有较为支持的态度,差别主要体现在实际操作中的具体投入。通过发展新技术来应对气候变化,从而获得相应领域的先发优势和市场机会,这不仅可以方便欧盟通过技术转让等方式来获取直接经济利益,也有助于欧盟在国际市场中获得竞争优势、争取更多的话语权。另外,与其他发达国家相比,欧盟的减排成本相对更低。在制度和技术上的先发优势,也使得欧盟更乐于发展低碳经济、实施可持续发展。尽管气候变化给每个国家带来的影响不同,但毫无疑问,它是每个国家都必须面对的问题。正如欧盟委员会在白皮书中指出的,虽然应对气候变化的多数方案还是需要在成员国层面执行,但是一个共同的欧盟方案将有助于成员国利益最大限度地实现。[①]

另一方面,这也有助于就业机会的增加。就业率与大众生活直接相关,往往被作为衡量成员国政府政绩的重要指标之一。成员国积极发展绿色经济,除了减缓气候变化这一目标之外,也期望以此来创造新的就业机会。欧盟将环境友好型政策视为就业增长的主要驱动力,积极鼓励企业采用低碳技术。按照欧盟的估计,目前欧洲的生态产业大约能够产生三四百万个工作岗位,并且呈现一个良好的发展势头;可再生能源技术已经拥有相当规模的产值,并为成员国创造了大约三十万个工作岗位;如果 2020 年可再生能源

① European Commission,White Paper Adapting to Climate Change:Towards a Framework for EU Action,2009,http://eur-lex.europa.eu/legal-content/EN/ALL/?uri=CELEX:52009DC0147.

份额能够占到能源总量的20%,则会创造一百万个就业机会。考虑到可再生能源行业往往是劳动密集型产业,依赖众多中小企业的发展,这就可以把工作和发展的机会带到欧洲的各个角落。同样的道理也适用于建筑与产品的能效方面。因此,从增加就业的角度出发,欧盟成员国也会做出积极应对,在一定程度上缓解了气候变化问题带来的危害。

3.能源安全的需要

气候变化对于欧盟来说不仅局限于一个环境问题，而是与其他诸多议题领域密切联系的,其中重要的一点在于气候变化涉及的能源,尤其是能源安全问题。欧盟气候政策设计中,保障能源供应安全一直是其中的关键目标之一。对于成员国来说,应对气候变化问题也与国内能源结构调整息息相关。

由于欧盟内部能源资源潜力不足,而经济发展又需要大量的能源供应,欧盟对于能源的需求不得不依赖进口。早在20世纪70年代爆发的石油危机就已经使欧盟成员国认识到发展多种能源、降低对于化石能源依赖的必要性。目前，俄罗斯作为欧盟最关键的能源供应商的地位短时间内不会动摇,但由乌克兰危机引发的欧俄能源危机也促使欧盟更加深刻地认识到,发展多样化能源供应、挖掘内部能源潜力、实现能源结构转型的迫切性和重要性。虽然欧盟成员国可以选择从阿尔及利亚、卡塔尔或尼日利亚等地获取液化天然气,挪威也具备足够能力增加对欧盟的天然气出口,[①]但是做出这一改变最大的阻力在于能源成本的提升，而这恰是经济还在恢复中的多数欧盟成员国所担心的。从这一角度出发,对于欧盟成员国来说,尽快调整国内能源结构、实现经济方式转型是提高能源安全的重要途径。

目前,欧盟正以2020年计划为目标经历着向低碳能源体系的过渡。在欧盟的能源消费中，原油和石油产品的份额虽然从2009年的36.6%下降到

① Arno Behrens and Julian Wieczorkiewicz, "Is Europe vulnerable to Russian gas cuts?", *CEPS Commentary*, 2014.3.12, https://www.ceps.eu/system/files/Russian gaz cuts AB and JW.pdf.

2010年的35%,但是依然占有主导地位;而天然气的消费在2009年和2010年持续增长,份额从24.5%上升到25.1%。因此,化石燃料仍然是欧盟成员国赖以发展的主要能源。[①]在这样的能源结构与能源消耗情况背景下,欧盟需要依靠提高能源效率、减少能源消耗、发展可再生能源等方式来提高能源安全。这些也作为欧盟气候政策的重要目标体现在决策过程中。对于欧盟来说应对气候变化与提升欧盟的能源安全二者之间是相辅相成的，提高能源效率与发展风能、太阳能等可再生能源都被欧盟纳入减少温室气体排放的措施当中。

(三)次国家行为体的参与

欧盟气候决策的顺利发展也离不开社会力量的推动。气候变化等非传统安全威胁已成为全球的共同关切,国际社会密切合作、协调应对全球性挑战的使命更加迫切。早在1992年里约热内卢联合国环境与发展会议召开之前,欧盟(欧共体)内部就已经出现了要求重视气候变化问题、开展气候保护行动的声音。作为世界上最早认识到气候保护重要性的关键行为体,欧盟在全球气候治理和国际气候机制建设方面一直起到了领导性的推动作用,这与欧盟范围内整个公民社会对于气候保护的积极性密不可分。

2009年8月至9月，欧盟委员会信息总司委托调查机构“欧洲晴雨表”(Eurobarometer)在27个成员国内进行了一项“欧洲人对气候变化的态度”(Europeans’attitudes towards climate change)的问卷调查。结果显示,欧洲民众认为气候变化是当今全球面临的第二大严峻问题。其中斯洛文尼亚和丹麦更是将气候变化视为全球最重要的问题,瑞典、希腊、卢森堡和奥地利也视气候变化为严重的问题。在调查欧洲人对气候变化的严重性的感知时,

① The European Commission,2011-Energy markets in the EU,2012,http://ec.europa.eu/energy/gas_electricity/doc/20121217_energy_market_2011_lr_en.pdf.

63%的欧洲人认为气候变化是最严重的问题,24%的人认为相当严重,只有10%的人认为不严重。[①]基于对气候变化问题的关注,欧盟范围内已经形成了颇有规模的致力于气候保护和气候研究的非政府组织、智库,或与气候政策议题密切相关的利益集团、企业等社会力量。同时,欧盟内部还成立了气候联盟(Climate Alliance)、气候保护城市(Cities for Climate Protection)、能源城市(Energy Cities)等跨国城市网络,寻找新的方式将次国家行为体团结起来,合作实现气候行动的共同目标。与此同时,全球性的环境非政府组织的涌现为欧盟内部社会力量参与全球气候治理提供了机遇。这种积极性也体现在欧盟气候决策过程中,得益于欧盟气候治理中的多层体系结构,环境非政府组织、利益集团、企业等社会力量获得了更多参与决策的机会,也在很大程度上推动了气候政策向一个更加全面、综合的方向发展。

二、欧盟气候政策的形成和发展

在欧盟条约中并没有对气候变化内容进行明确的说明和规定。在政策议题划分中,气候政策隶属于欧盟环境政策的一部分,需要遵循欧盟条约中对于环境政策内容的规定。尽管如此,经过几十年的发展,在全球气候治理背景的影响下,以及成员国自身利益需要的推动下,加之次国家行为体对气候问题的关注度日益提升,欧盟气候政策经历了不断地调整和完善,现在已经形成了比较成熟的政策体系。

(一)欧盟气候政策的发展过程

对欧盟气候政策决策的发展历程进行分析,就要首先明确气候政策是

① Euro barometer,“Europeans’ attitudes towards climate change”,July 2009,http://ec.Europa.eu/public-opinion/rchives/ebs/bs_3 13_en.pdf,p.5.

何时成为欧盟(欧共体)的关注点的,以及何时出现在欧盟政策中的。欧盟气候政策的发展,与气候问题在国际社会逐渐引发关注及全球气候机制的形成发展是息息相关的。从《框架公约》到《议定书》制定通过,欧盟气候政策也经历了形成、发展的过程。随着《议定书》的到期,围绕后续内容安排进行的国际气候谈判引发了国际社会越来越多的关注,欧盟在其中一直扮演着不可或缺的角色,与之相对应的,欧盟气候政策也在不断完善。

同国际社会普遍展现出的一样,最初欧盟也仅将气候问题视为一个科学问题进行研究,而忽视这一问题的政治性。直到 1987 年的《单一欧洲法令》才首次提及欧盟环境政策的内容,并对其目标和基本原则做出了规定。这也被视为欧盟环境政策的法理基础,自此环境政策同其他政策领域一样,享有同样的重视程度和优先权。1992 年的《马斯特里赫特条约》正式确立了欧盟环境政策,并且在《单一欧洲法令》基础上对其做了更加详细的阐述,将其列为欧盟第一支柱之下,规定决策中遵循有效多数表决机制。条约同时对能源、土地整治和土地使用、水资源管理等议题在决策时的投票方式做了特别规定,指出相关内容必须经由全体一致才能通过。①

在里约热内卢举行的地球峰会上,欧盟作为一个整体加入《框架公约》,并在之后《议定书》的制定、签署和推动生效的过程中发挥了关键行为体的作用。在 1997 年签订的《阿姆斯特丹条约》中,规定了欧盟环境政策的目的在于维持、保护和改善环境治理,更为重要的是,通过这一条约明确了欧盟与成员国在环境政策领域需要遵循的权力共享原则。之后的《里斯本条约》对欧盟在不同政策领域的权限做了更加细致的划分,即分为专属权限、共享权限、政策协调权限及支持、协调、补充行动的权限四种类型。这种调整实际上确认了不同行为体在欧盟这个具有“混合特征”的体系中所处的位置,同

① 欧洲联盟官方出版局编:《欧洲联盟条约》,苏明忠译,国际文化出版社,1999 年,第 14、60 页。

时也确认了这些行为体在超国家机构中扮演的角色。[①]与气候政策密切相关的环境、能源、农业和运输等问题均位列共享权限类型下（详见图2）。在2002年至2012年欧盟第六个环境计划期间，气候变化被列为四个优先领域之一，这也极大地推动了欧盟气候政策的进一步发展。

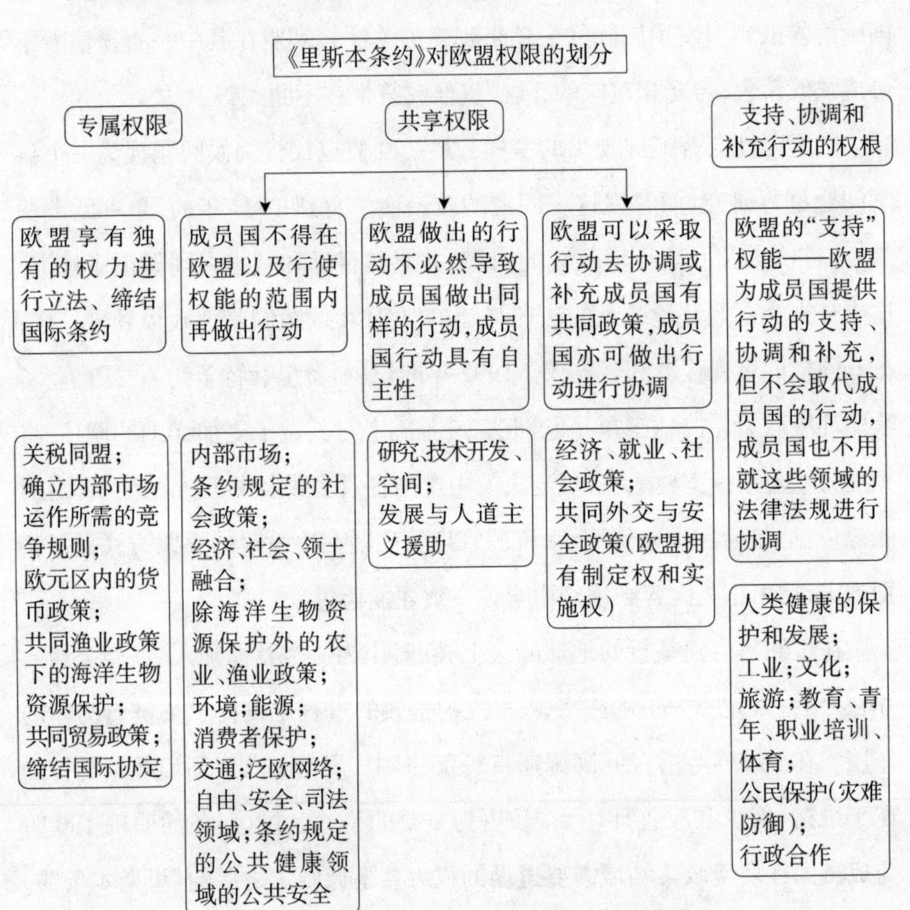

图2 《里斯本条约》对欧盟议题领域的权限划分

资料来源：Consolidated versions of the Treaty on European Union and the Treaty on the functioning of the European Union, http://www.unizar.es/euroconstitucion/library/Lisbon%20Treaty/Tratado%20de%20Lisboa/Treaty%20of%20Lisbon%20consolidated%20version.pdf.

① [法]奥利维耶·科斯塔、娜塔莉·布拉克：《欧盟是怎么运作的》（第二版增补修订版），潘革平译，社会科学文献出版社，2016年，第6页。

由此可以看出，欧盟在确立一个由超国家机构主导的共同气候政策中的努力。事实上，欧盟积极主动地应对气候变化问题，不仅是缓解民众对气候变暖和能源安全的担心，通过建设"绿色的欧洲"来获取合法性，[①]欧盟还在通过推动共同气候政策，为欧洲一体化的进一步发展寻找新的动力。欧盟认为应对气候变化不仅会带来的重大经济利益，而且还会产生重要的政治利益。冷战结束后，欧洲一体化从西欧扩展到东欧，然而由于危机不断出现又难以找到有效对策，民众对欧盟的认同感开始下滑，欧洲的一体化进程屡遭挫折，成员国"脱欧"呼声也在不断高涨。在这种情况下，欧盟在应对气候变化中采取的政策、措施，实际上是被作为欧盟推进一体化的一种重要手段，而气候变化领域也成为推动一体化深入发展的重要动力来源。2007年，时任英国外交大臣米利班德就在一次演说中提到，"20世纪欧洲一体化的动力在当今已不复存在，而气候变化作为欧盟当前面临的共同挑战，将会成为一体化的'新动力'"。[②]

（二）欧盟气候政策发展中的特点

经过几十年的发展，欧盟气候政策形成了比较完善的议程设定、政策提出、政策采纳和选择、政策实施、政策评估以及政策调整这样的"政策周期"（policy cycle），[③]在此基础上建立起了比较成熟的气候政策体系。欧盟气候政

① Andrea Lenschow and Carina Sprungk, "The myth of a green Europe", in *JCMS: journal of common market studies*, 2010, Vol.48, No.1, pp.133–154.

② David W. Miliband, "New Diplomacy: Challenges for Foreign Policy", Presentation at Chatham House, July 19, 2007.

③ Sebastian Oberthür and Marc Pallemaerts, "The EU's internal and external climate policies: an historical overview", in eds. by Sebastian Oberthür, Marc Pallemaerts, Claire Roche Kelly, *The new climate policies of the European Union: internal legislation and climate diplomacy*, Brussels: Brussels University Press, 2010, pp.27–63.

策的内容也呈现由碎片化向一揽子形式发展的趋势，[①]政策内容愈发综合、全面。同时,欧盟在气候治理的实践中也取得了比较突出的成绩,成为国际社会在全球气候治理中应学习的典范。通过对欧盟气候政策的形成发展过程进行分析,可以总结出两个主要特点:

一是参与行为体逐渐增多,行为体自主参与意识逐步增强。在欧盟(欧共体)成员国经济发展的过程中,尤其是伴随着工业革命和城市化进程的发展,环境问题带来的危害日益凸显,引起了德国、英国等国的重视,并为此制定了一系列环境保护和污染治理相关内容的法律法规。但是面对气候变化这样一种具有普遍影响的全球性问题,单凭成员国一己之力很难有效解决。随着欧盟(欧共体)对这一问题重视程度的不断提升,气候政策逐渐形成,并随着欧洲一体化的深入发展而日趋成熟。欧盟委员会是最早开始关注气候变化问题的欧盟机构。在 1985 年发布的政策研究综述中,气候变化议题被正式纳入委员会议程。由于气候变化问题的特殊性，不可避免地将与成员国、地区及地方政府乃至企业和其他社会团体、个人产生密切联系。为了更加有针对性地表达自身利益诉求，这些行为体也试图参与到欧盟气候政策中来,反映在欧盟气候政策决策中,就是参与行为体的多样性。

二是涉及的议题领域逐步扩展,同时气候议题由“低政治”领域逐渐向“高政治”领域渗透,这也造成了目前欧盟气候政策主要以一揽子方案的形式表现出来。一方面,气候领域最初被视为可以推动欧洲一体化发展的重要动力,而随着气候变化带来的问题日益凸显,以及能源安全重要性的提升,对成员国来说气候问题已无法被单纯视为一个“低政治”议题,而是与国家安全和经济发展息息相关,这就导致了成员国从自身利益角度出发,很难放

① Elin Lerum Boasson and Jørgen Wettestad, *EU climate policy: Industry, policy interaction and external environment*. London: Routledge, 2016, pp.33–53.

弃对气候领域中权力的控制。另一方面,作为环境问题的一部分,气候问题却有着和水污染或废弃物处理等问题不一样的特点。虽然欧盟在水污染治理和废弃物处理等方面都有成功经验,但是由于气候问题涉及的议题领域更为复杂,包括了能源、交通、基础设施建设、农业等多个方面。因此,欧盟在推行共同气候政策中遇到的阻力远大于前者,反映在政策结果中,也主要以一揽子政策这样的表现形式来保证政策的顺利通过和实施。

与其他领域出现的问题一致,在欧盟的气候政策中也带有浓厚的"问题解决"色彩。欧盟在气候变化领域中做出的努力往往是针对某些亟待解决的问题,或仅仅就某一具体问题达成一致,距离建立起一个共同气候政策的目标还存在较大差距。

三、欧盟气候政策及特点

如上文所述,目前欧盟已经形成了比较完整的气候政策体系,其中最为突出的特点表现为政策的综合性。这一特点不仅体现在欧盟气候政策内容上涉及议题领域的广泛性,还体现在政策表现形式上的多样性以及工具方法上多种方式并存。

(一)政策内容:多议题领域的综合性政策

欧盟气候政策综合性的特点表现之一在于其内容上的包容性,这也是与欧盟在气候治理中表现出的多层结构框架相辅相成的。一方面,当我们对气候变化问题进行政策分析时,温室气体排放往往被认为是导致全球气候变化的最重要因素,而化石燃料的燃烧、森林砍伐、畜牧增长等都是造成温室气体排放的重要来源,从这一角度出发,对气候变化做出行动就需要采取综合性的应对措施。比如,由能源生产、供应和消耗带来的气候变化问题通常被捆绑在“能源政策”的议题下，与这些燃料使用密切相关的交通问题往往被纳入“交通政策”议题下，另外与之相关的还有农业政策、税收政策和贸易政策等，而更加广泛意义上的对全球气候影响的问题则被普遍视作“环境政策”。这样的结果就是需要由相关的不同部门共同合作去解决气候变化问题。同时，由于不同领域部门的特点及与之对应的欧盟与成员国在权能分配上的差异，欧盟气候政策往往会通过不同形式展现出来。另一方面，也正是由于气候变化是一个包容性强且具有普遍性的议题，单凭一国之力难以对气候变化问题进行有效遏制或采取有效应对。另外，不同层次的行为体、同一层次来自不同部门行为体在面对气候变化问题时，既存在共同利益来推动合作形成，也会由于各自的利益偏好而在具体立场和实践中出现分歧。

基于上述两点原因，在目前的实践中，欧盟已经形成了一个综合性的气候政策框架，包括对内气候政策和对外气候政策两部分，并围绕具体问题制定了相应的政策措施，不同部门之间围绕着减缓气候变化和适应气候变化这两大内容进行了有效合作。

1.欧盟内部气候政策

欧盟内部气候政策是指欧盟制定的用于规范欧盟内部行为体在气候变化领域中的行动，以满足可持续发展的需要，以及更加具体的控温、能效等目标的政策内容。欧盟气候政策中有关开展减缓气候变化行动的部分，旨在采取措施避免气候环境的恶化，并尽可能地减少气候变化带来的危害。减少温室气体排放是减缓气候变化最为重要的途径。2015 年的数据显示，欧盟温室气体排放量占到全球排放总量的 10%。但是从 1990 年到 2015 年，欧盟通过努力取得了在经济增长 50%的基础上减排 22%的效果。在巴黎气候大会上，欧盟做出了到 2030 年减排至少 40%的承诺，并通过法律形式保证这一目标的实现。[①]为了实现减少温室气体排放的目标，欧盟规定了在 2020 年后进一步收紧排放交易体系，为成员国在排放交易体系外的部门设立有约束力的 2021—2030 年减排目标，同时还在土地使用、土地使用变化以及林业等政策决策过程中明确将减排因素考虑在内。[②]

除了通过上述措施开展减排行动以减缓气候变化之外，欧盟还采取了一系列综合性的政策来适应气候变化已经带来的问题。气候变化带来的影响是表现在不同领域中的，比如影响到能源供应和能源需求，为农业和渔业带来影响，极端天气还会带来严重的经济和社会影响。欧盟条约与具体政策部门之间是存在紧密关系的，这种关系并不是单方面的，并不仅仅体现在条约对具体政策领域通过正式规则做出的限制，还体现在决策过程中正式的以及非正式的对于条约执行的反馈。从这一角度考虑，欧盟的适应气候政策应建立在一个综合性的政策框架之下，需要多个部门的积极合作。

另外，气候变化带来的负面影响是具有普遍性的，需要多层次、多种行为体的共同参与。2013 年，15 个欧盟成员国率先通过了“国家适应战略”，[③]虽然不存在适用于各国国情的统一的政策框架，但是欧盟还是致力于通过搭建适应框架来提高各层次行为体对气候变化问题的重视程度、降低欧盟应对气候变化问题时的脆弱性。[④]来自地方、地区以及成员国层面上的利益相关行为体也被欢迎加入到欧盟“适应气候战略”的制定和发展过程当中。

---

① European Commission, Progress made in cutting emissions, http://ec.europa.eu/clima/policies/strategies/progress_en.

② European Commission, Implementing the Paris Agreement Progress of the EU towards the at least -40% target, November 2016, https://ec.europa.eu/clima/sites/clima/files/eu_progress_report_2016_en.pdf.

③ 这 15 个成员国分别是奥地利、比利时、丹麦、芬兰、法国、德国、匈牙利、爱尔兰、立陶宛、马耳他、荷兰、葡萄牙、西班牙、瑞典和英国。详见：http://ec.europa.eu/clima/policies/adaptation/what/docs/swd_2013_134_en.pdf.

④ European Commission, White paper-Adapting to climate change: towards a European framework for action, COM/2009/0147final, http://eur-lex.europa.eu/legal-content/EN/TXT/?uri=CELEX:52009DC0147.

2.欧盟对外气候政策

除了在内部积极推动减缓和适应气候变化的政策的制定和实施之外，欧盟也在积极参与国际气候谈判及其他全球气候治理活动。欧盟对外气候政策的合法性基础是《里斯本条约》中的规定，根据条约要求，原有的“欧洲经济共同体”“共同外交与安全政策”“司法与内务”这三大支柱被重新整合，使得欧盟能够取代欧共体，在国际社会中拥有单一的法律人格，这也意味着欧盟能够成为国际组织的一员，签署国际条约。从政策分层的角度来看，欧盟气候政策在欧盟内部层面和国际层面同时展开，两个层面相辅相成、相互推动、相互影响。一方面，欧盟内部气候政策的制定和调整往往与国际气候谈判的进行相适应，这是为了满足国际气候谈判的需要；另一方面，欧盟内部气候治理的成果也为其参与全球气候治理、开展国际气候谈判奠定了基础。具体来看，欧盟的对外气候政策和对外气候行动主要包括以下四个部分：

一是在《框架公约》下进行国际气候谈判，推动有约束力的全球气候机制的建立。《议定书》可以说是国际社会围绕气候变化问题展开合作的第一次成果显著的尝试，欧盟在《议定书》的决策和推动过程中扮演了不可替代的角色，尤其是与美国、日本等对气候变化持有消极态度的国家相比，欧盟普遍被视为《议定书》时期全球气候治理的“领导者”。[①]随着《议定书》期限将至，国际社会一直在努力寻找一个新的、具有法律约束力的国际性协议，来对气候变化问题进行更加有效的治理。在后京都时代的国际气候谈判中，欧盟依然以“领导者”身份自居，[②]并期望通过对外输出内部气候治理中已经取

① Miranda A. Schreurs and Yves Tiberghien. “Multi-level reinforcement: explaining European Union leadership in climate change mitigation”, in *Global Environmental Politics*, 2007, Vol.7, No.4, pp.19-46.

② 欧盟在2020、2030年气候和能源一揽子计划方案中以及对外气候政策诸如支持全球气候变化联盟(Global Climate Change Alliance)等政策文件中、国际气候谈判发言中均表达了类似观点。See http://eur-lex.europa.eu/LexUriServ/LexUriServ.do?uri=COM:2010:2020:FIN:EN:PDF, http://ec.europa.eu/clima/publications/docs/gcca_brochure_en.pdf, http://ec.europa.eu/news/2015/12/20151212_en.htm.

得的成果来赢得在国际气候谈判中目标设定及议程设置方面的主导权。但在实际的谈判过程中,结果并不是始终能够达到欧盟的预期。在欧盟占据主场优势的哥本哈根气候大会上,欧盟被"边缘化"的变现甚至普遍被认为是欧盟气候外交的失败。[①]在这种情况下,欧盟也在对国际气候谈判政策进行调整,向一个更加统一的、实用主义的"政策协调者"的角色转变。[②]在坎昆气候大会上,欧盟的表现发生明显转变,它尝试去扮演一个不同谈判方之间桥梁建造者(bridge-builder)的角色,为基础国家、美国、日本、加拿大和其他发展中国家创造交流机会,并努力平衡各方利益,推动共识向着欧盟期待的目标方向发展。之后,欧盟又通过与小岛国家联盟及最不发达国家集团合作,一起推动了德班平台(Durban Platform)的建立。而在巴黎会议的准备期间,欧盟促成了一个包括美国及非洲、加勒比海和太平洋国家共同组成的"雄心壮志联盟"(ambition coalition),[③]推动了一个更富野心目标的最终达成。《巴黎协定》的通过为后京都时代的全球气候治理提供了一个基本保障。但随着美国特朗普政府的上台,其在气候变化问题上坚持的怀疑态度使得美国在2017年6月1日正式宣布退出《巴黎协定》,这无疑为全球气候治理今后的发展蒙上了一层阴影。在这一背景下,欧盟果断做出回应,表示愿与中国一道承担全球气候治理的领导责任,明确对协定的政治承诺,保证后续内容的实施和治理的有序进行。

二是与非欧盟国家开展气候变化领域的双边合作。欧盟一直致力于与其成员国一道加强同非欧盟国家在气候变化领域的对话和合作。在2012年

① BBC,"Key Powers Reach Compromise at Climate Summit",BBC News website,19 December 2009,http://news.bbc.co.uk/2/hi/europe/8421935.stm. José Manuel Barroso,"Statement of President Barroso on the Copenhagen Climate Accord",Speech/09/588,Copenhagen,19 December 2009,http://europa.eu/rapid/pressReleasesAction.do?reference=SPEECH/09/588.

② 巩潇泫:《欧盟气候政策的变迁及其对中国的启示》,《江西社会科学》2016年第7期。

③ Matt McGrath,"COP21:US joins 'high ambition coalition' for climate deal",10 December 2015,http://www.bbc.com/news/science-environment-35057282.

之后的欧盟在气候领域的战略规划中，加强与第三方合作是被反复强调的工作重点，这一点在欧盟委员会发布的通信文件，以及欧洲峰会上成员国政府和环境部长理事会的言论中均有体现。按照这一思路，欧盟与全球气候治理中的关键行为体展开了一系列多样化的合作。其中，OECD 国家是欧盟开展气候合作的重点。随着国际气候谈判形势的改变，欧盟逐渐认识到新兴经济体在全球气候治理中扮演了越来越重要的角色，因此也与中国、巴西、印度等国建立了对话合作机制。比如，欧盟与中国在气候变化问题上保持了长期稳定的合作关系。自 2005 年欧中气候变化伙伴关系确立以来，欧盟与中国已经将气候领域的对话与合作提升至一个很高的级别。2010 年和 2015 年，双方再次发表联合声明，表明双方在低碳经济发展和《框架公约》下推动一个雄心勃勃的全球气候协定，以及在内部减排、碳市场、低碳城市等领域进行深入双边合作的意愿。[①]另外，诸如非洲、加勒比和太平洋国家联盟（the African，Caribbean and Pacific，缩写为 ACP）、东南亚国家联盟（简称“东盟”，the Association of South East Asian Nations，缩写为 ASEAN）、海湾合作委员会（the Gulf Cooperation Council，缩写为 GCC）、拉丁美洲和加勒比地区国家联盟（Latin American and Caribbean，缩写为 LAC）、石油输出国组织（the Organisation of the Petroleum Exporting Countries，缩写为 OPEC）等国际组织也成为欧盟在发展双边气候外交中的对象。

三是在国际层面上提出政策和倡议。欧盟在全球气候治理中一直被认为是“领先者”之一，这一方面是由于其内部治理取得的优秀成绩，另一方面也在于欧盟乐于向国际社会传达新的倡议来推动气候行动的发展。2007 年，欧盟提出全球气候变化联盟（Global Climate Change Alliance，缩写为 GCCA）

① European Commission，EU and China Partnership on Climate Change，MEMO/05/298，http://ec.europa.eu/clima/policies/international/cooperation/china/docs/joint_declaration_ch_eu_en.pdf.

倡议。[1]根据这一倡议,欧盟将主动向发展中国家(尤其是最不发达国家和小岛国家)提供资金和技术支持,推动其将气候变化纳入国家发展政策和预算中,并能够采取具体项目确保气候政策的顺利实施。同时,这个倡议也为全球不同层次的行为体提供了一个分享经验的对话平台。在此基础上,2014 年欧盟提出了升级版的全球气候变化联盟旗舰倡议(GCCA+flagship initiative),旨在加强脆弱国家或团体对于气候变化问题的适应能力,提高政策实施的有效性。在其中的技术支持方面,欧盟将致力于减少因气候变化问题带来的贫困,提高应对气候问题时的抗压能力和适应能力,为各国在 UNFCCC 框架下提交自主贡献率(Intended Nationally Determined Contributions,缩写为 INDCs)提供数据信息。除此之外,欧盟还提出过非洲可再生能源发展倡议、气候风险保险倡议等。

四是向发展中国家提供资金援助,以帮助他们应对气候变化问题。欧盟是目前世界上最大的气候资金贡献者和援助方,欧盟总体承担了超过一半的全球官方开发援助(Official Development Assistance,缩写为 ODA)。欧盟对不同国家采取不同的气候外交政策,对于发展中国家来说,最需要的就是资金支持和技术援助。欧盟认为,任何一个国家都无法独立解决气候变化问题,因此在低碳发展战略的指导下,向发展中国家提供必要的资金和技术支持有助于实现双赢的结果。与增加内部气候行动投资相一致的是,欧盟对外用于援助最脆弱国家减缓和适应气候变化的资金也在增加,到 2020 年将至少有 20%的欧盟预算用于气候行动。2014 至 2020 年间,有至少 140 亿欧元的公共拨款用于支持发展中国家开展气候行动。欧盟及其成员国之前曾做出承诺:于 2010 至 2012 年间向发展中国家提供 72 亿欧元的“快速启动资金”(fast start finance),而在实际中,尽管面临欧债危机的巨大压力,欧盟及

---

① Global Climate Change Alliance+,What is the GCCA/GCCA+?,http://www.gcca.eu/.

其成员国依然提供了超过承诺的73.4亿欧元用于直接支持发展中国家的气候行动。同时,欧盟成员国还承担了“绿色气候基金”(Green Climate Fund)中接近一半的资源。[①]除了官方援助之外,欧盟及其成员国还努力培养公众参与气候行动的积极性,动员私人气候资金直接参与到支持减缓和适应气候变化的行动中来。目前,欧盟及其成员国已经建立起一系列覆盖不同地区的混合投资机制,并积累了成功经验。[②]

如凡登·布兰德(Vanden Brande)指出的,欧盟气候外交可以被视为欧盟构建“软实力”的一种表现,一方面以此加强欧盟的内部认同,推动欧洲一体化深入发展,另一方面也能够提升欧盟在国际社会的外部认同和合法性。[③]在欧盟的对外气候政策中,主要反映了以下诉求:一是,欧盟希望依靠内部气候治理的优秀经验,向全球推广“欧洲模式”,发挥“榜样的力量”,在与其他行为体的交往中,培养一个普遍的可持续发展的观念,推动他们各自气候行动的开展,从而带动全球气候治理的发展和向低碳经济的转型。二是,欧盟希望借助自身积累的实践经验和政策成果,推动国际社会尽快达成一个符合实际需要的、有约束力的国际气候协定,并为其确定一个高水平的目标标准,推动全球气候机制建设和完善。同时,还力求在其中起到领导、带动作用,将欧盟的利益诉求尽可能地反映到国际气候制度设计中。

(二)政策形式:硬法、软法相结合

欧盟气候政策综合性特点的表现之二,就是在政策形式上采用“软法”

---

① European Commission, Scaling up climate finance, http://ec.europa.eu/clima/policies/international/finance/index_en.htm.

② European Union, European Union Climate Funding for Developing Countries 2015, http://ec.europa.eu/clima/publications/docs/funding_developing_countries_2015_en.pdf.

③ Vanden Brande, “EU Normative Power on Climate Change: A Legitimacy Building Strategy?”, 2008, http://www.uaces. org/pdfi'papers/0801/2008_VandenBrande.pdf.

和“硬法”相结合的方式。欧盟气候政策法规涉及的主要是对参与行为体的权责划分、对欧盟气候决策遵循的基本规范及欧盟气候政策的宏观目标等内容。虽然在欧盟(共同体)条约中并不存在具体的与“气候变化”这个词本身相关的内容,但是考虑到欧盟内部存在的多种立法形式,不仅包括欧盟条约,还包括条例(regulation)、指令(directive)、决定(decision)、建议(recommendation)、意见(opinion)等,从这个角度看,欧盟目前已经建立起一个比较完善且全面的气候政策法规体系。与此同时,欧盟气候政策还具有很强的综合性色彩,能源、工业、交通、农业等多部门都与气候变化问题息息相关。因此,在欧盟气候政策中也不可避免地会涉及上述部门领域的政策。

在有关气候政策领域行为体权能划分的内容部分，考虑到欧盟自身的特点,在欧盟决策中,政治优先权的问题是首先要解决的问题。根据《里斯本条约》,气候变化所在的环境议题领域属于欧盟与成员国职能共享领域。这就决定了欧盟机构在欧盟气候政策决策中扮演的角色不同、权能有别,在不同部门领域,欧盟与成员国之间的权限划分也有差异。为了更好地应对气候变化问题,欧盟在相关领域制定了大量的法律和法规,这样就使欧盟应对气候变化的行动有法可依,也能够与现代欧洲法治主义的传统相一致。加之从实际出发,目前欧盟正在进行治理方式的转型,诸如框架指令、公开协调等新的治理方式也被运用到气候政策领域。因此,反映在政策结果中就会存在不同形式的气候政策。

一类以指令(directive)、条例(regulation)、决定(decision)的形式表现出来,是具有法律约束力的欧盟文件。其中,“指令”一般被用来设定必须实现的目标,达成目标的具体路径则交由成员国自主选择,与“条例”和“决定”不同,成员国需要在欧盟“指令”通过后的2~3年的时间内将其转化为国内法。“指令”也是欧盟在气候政策领域最常使用的一种立法形式,比如欧盟会通过指令的方式鼓励可再生能源发电、以指令的方式鼓励生物能源或其他可再生能源在交通中的使用。[①]在欧盟2020年气候与能源政策框架中,也是通过5个指令来作为对欧盟政策目标的补充以及具体实施的保障。[②]"条例"作为有约束力的法规,在欧盟官方发布后的规定时间内自动生效,适用于成员国。"决定"则一般是针对具体的成员国、企业或个人,约束力也仅对针对对象有效。

另一类则通过如绿皮书(green paper)、白皮书(white paper)、意见(opinion)、通信(communication)、建议(recommendation)、政策文件(policy paper)、行动计划(action plan)等形式来体现,这些文件主要起到指示或导向作用,为欧盟政策开展提供指导方针、共同目标、行为规范等,或为欧盟政策提供决策程序和监管程序上的指导,并不具有法律约束力。在实践中,欧盟委员会在立法提案的准备过程中,会就具体议题内容向利益相关方进行广泛的咨询,通常由具体的欧盟委员会总司负责,采取的咨询方式也比较灵活,其中比较常用的方式就是发布绿皮书、白皮书、通信或咨询文件(consultation documents),帮助公众了解提案的基本内容,并邀请他们对内容及其影响提出意见。绿皮书的内容为后续的立法内容打下基础,因此也可能成为法律条约的一部分。与之类似的是,欧洲理事会可以用结论(conclusions)、决议(resolutions)和声明(statements)形式来表达不具有法律约束力的政策文件的内容,并通过这些政策文件来传达其对欧盟活动的政策领域的政治立场和态度。欧洲理事会发表的决议往往会具体到某一议题领域的未来发展方向,虽然不具有法律效力,但是可以以此邀请欧盟委员会开展更加深入的工作或提出更加具体的倡议。而欧洲议会则能通过决议草案(draft resolutions)和建

① Andrew Jordan, Harro van Asselt, Frans Berkhout and Dave Huitema, "Understanding the paradoxes of multilevel governing: climate change policy in the European Union", in *Global Environmental Politics*, 2012, Vol.12, No.2, pp.43-66.

② EU, Official Journal of the European Union, L 140, 05 June 2009, http://eur-lex.europa.eu/legal-content/EN/TXT/?uri=OJ:L:2009:140:TOC.

议(recommendations)的方式就欧盟权限内的某一具体议题发表立场和观点。

作为一个涉及多层次、多部门的综合性议题领域,欧盟采取的减缓和适应气候变化的行动已经整合到一个整体性的欧盟政策框架中，其中涉及了欧盟凝聚政策(cohesion policy)、地区发展政策、能源政策、交通政策、科研与创新政策以及共同农业政策,涵盖了能源、交通、农业、建筑业等多个部门。在 2015 年欧盟公布的气候政策领域具有约束力的 116 项立法中,主要涉及环境主题的有 33 项、交通主题的有 10 项、能源主题相关的有 6 项,其余还有财政、内部市场、商业政策等领域的内容。①

能源是与气候变化联系最为紧密的一个部门，也被认为是最有必要和最有潜力承担减排责任的部门，在欧盟气候政策中常常表现为气候与能源政策一揽子框架的形式。2012 年,在欧盟 2030 年气候与能源政策框架中,能源效率指令(Energy Efficiency Directive)是欧盟为了实现 2020 年能源效率、提高 20%这一目标而制定的有约束力的指令。2016 年 11 月 30 日,欧盟委员会提交了新的能源效率指令提案,对 2030 年欧盟能源效率的目标进行了更新，提高至 30%。②在欧盟 2050 年能源路线图中指出电力部门需要在 2050 年实现去碳化发展,在交通、供热等领域以电能取代传统的化石燃料,并在发电过程中提升可再生能源的比重。

交通领域的温室气体排放量大约占到排放总量的 1/4,也是引发城市空气污染的主要来源，尤其是考虑到人员和物资流动一直是欧洲一体化过程中的重要内容,因此在交通领域制定相关政策、采取措施对于欧盟实现其包括减排在内的气候政策目标至关重要。然而与其他相关政策领域相比,交通

---

① http://eur-lex.europa.eu/search.html?qid=1481706605078&text=climate&scope=EURLEX&type=quick&lang=en&DTS_DOM=PUBLISHED_IN_OJ&DTS_SUBDOM=LEGISLATION&DD_YEAR=2015.

② European Commission, Commission proposes new rules for consumer centred clean energy transition, https://ec.europa.eu/energy/en/news/commission-proposes-new-rules-consumer-centred-clean-energy-transition.

领域的减排成效并不明显。[①]在这种背景下,欧盟委员会于2011年以白皮书的形式发布了《单一欧洲交通领域路线图——向竞争力的、资源有效的交通体系发展》,为未来十年欧盟交通体系的发展提出了40项具体倡议。[②]之后,欧盟委员会提出了低碳迁移战略(low-emission mobility strategy),并于2016年7月获得通过,这不仅是在全球经济向低碳经济、循环经济发展的背景下所做出的适时选择,也是满足欧盟内部人员与物资加速流动的必要。在这一战略中,欧盟整合了一系列措施来支持欧盟的低碳经济发展以及相应的就业、发展、投资和创新,并划定了三个行动的优先领域:一是,通过数字技术、智能定价以及进一步鼓励交通模式向低排放模式转向来提高交通系统的效率;二是,加速交通领域低排放、可替代能源的使用,比如成熟的生物燃料、电能等,并为交通领域电能利用的推广减少障碍;三是,发展零排放汽车,其中,城市和地方政府将在该战略实施中扮演最关键角色。通过这一战略,欧盟希望在交通领域实现向低排放迁移的不可逆的转变,到21世纪中期达到相较于1990年至少减排60%的目标,消费者也可以从更少能源消耗的交通工具、优化的可替代能源的基础设施等方面获益。

(三)工具方法:多种方式并存

欧盟在气候政策中综合性特点的表现之三在于工具方法中多种方式并存。欧盟在实现气候政策目标中所采用的工具方法主要体现为技术手段、市场手段和财政手段三大类。

(1)技术手段

技术内容涉及了欧盟在应对气候变化时采用的政策工具,欧盟依靠什

① European Commission, Reducing emissions from transport, http://ec.europa.eu/clima/policies/transport_en.

② European Commission, Roadmap to a Single European Transport Area-Towards a competitive and resource efficient transport system, http://ec.europa.eu/transport/themes/strategies/2011_white_paper_en.

么样的技术来实现气候政策的目标,尤其是如何实现有效减排的问题。目前,欧盟气候政策的目标主要集中在温室气体减排、提高能源利用效率和发展可再生能源三部分,并围绕这三部分内容采取了一系列措施。其中,能源效率指的是用更少的能源投入来保持同等水平的经济活动或服务。[①]在"欧盟2020战略"提出后,提高能源效率被认为是实现智能、可持续和包容增长的关键,也是提升能源供应安全、减少温室气体排放、实现欧盟长期气候与能源政策目标的最有效的手段之一。

具体来说,欧盟的努力主要体现为以下两点。一是提高可再生能源的利用率,发展可替代能源。在欧盟的气候与能源政策框架中,发展可再生能源、提高可再生能源在欧盟能源消耗中的份额一直是关键目标之一。然而以水能、风能、太阳能为代表的可再生能源虽然清洁环保,但不利于储存,传输过程中也存在诸多难题。为此,欧盟不仅加快可再生能源储存、传输和配置过程中的技术研发,还重视发展配套的基础设施建设,建设欧洲新能源网络和大型清洁能源基地,加大对智能电网(smart grids)的投入,利用网络的规模优势,进一步降低可再生能源的成本,推动可再生能源的使用。尤其增加可再生能源在发电部分的比重,并以电能代替传统的化石燃料,提高电能在欧盟终端能源消费中的份额,实现清洁发展。目前,在南欧国家已经建立了颇具规模的太阳能发电基地。[②]二是提高传统化石能源的利用率。虽然欧盟正在逐步降低传统的煤炭、石油、天然气这些化石能源的使用,但是受制于欧盟内部成员国不同的发展情况,并非短时间内就能达到淘汰化石能源使用这一目标。从这一角度出发,欧盟在大力发展可再生能源的同时,还着力对碳捕获与储存技术进行研发,在依靠化石燃料的发电站配备先进的碳捕捉与

① European Commission, COM(2011)109: Energy Efficiency Plan 2011, http://ec.europa.eu/clima/policies/strategies/2050/docs/efficiency_plan_en.pdf.

② 刘振亚:《全球能源互联网》,中国电力出版社,2015年,第148页。

储存技术。

(2)市场手段

欧盟在应对气候变化问题时表现出的另一个显著特点在于重视发挥市场手段的作用，这也逐渐成为欧盟在全球气候治理中获得领导优势的重要保障。市场手段是欧盟气候政策的支柱，是欧盟内部各方最为信赖的工具，也是最能体现欧盟多层治理制度特点的一种方式手段。在多层治理制度框架下，拥有不同利益偏好的行为体参与其中，而市场手段则为各方提供了一个很好的交流平台和激励机制，各方遵守统一的市场机制，同时在市场竞争的驱动下通过制定高标准的目标来提升自身的竞争力。

2007年，欧盟委员会就提出了一个综合性的引导市场和创新战略，即创建一个需求不断增长的良性循环，通过规模经济、产品的快速生产和改进来降低成本，而这样一个新的创新循环也会为进一步的需求提供充足的动力，并反馈在全球市场中。[①] 2008年，欧盟出台的气候一揽子计划的部分动机就源自通过政策驱动带动低碳技术市场发展的想法。2011年，世界银行赞赏欧盟是一个特别的“环境可持续增长的典范”(environmentally sustainable growth model)。[②]正如耶尼克指出的，欧盟已经从传统的“自由市场”转变成为一个搭建在强有力的环境框架基础上的市场。[③]

在气候行动中，欧盟市场手段的运用主要表现在以下两方面。一方面，欧洲“生态工业”(Eco-Industries)已经初具规模，2008年产值高达3190亿欧

① EU Commission. A Lead Market Initiative for Europe-Explanatory Paper on the European Lead Market Approach: Methodology and Rationale. In Commission Staff Working Document; (COM(2007)) 860 Final, SEC(2007). Commission of the European Communities: Brussels, Belgium, 2007.

② World Bank, *Golden Growth—Restoring the Lustre of the European Economic Model*, The World Bank: Washington, DC, USA, 2011.

③ Martin Jänicke, “Horizontal and Vertical Reinforcement in Global Climate Governance”, in *Energies*, 2015, Vol.8, No.6, pp.5782-5799.

元，并以年均接近8%的速度快速增长；生态创新也成为欧盟行动计划的重要目标之一，按照欧盟委员会的定义，生态创新是指以缓解环境压力、合理利用自然资源的方式降低对环境的影响，实现经济社会可持续发展的创新形式。[①]在具体实践中，欧盟格外重视生态经济的发展，重视绿色产品和绿色服务的使用，希望通过发展绿色经济和绿色就业的方式，达到减轻环境压力、提高能源效率、减少污染排放的目的，也能够在全球向低碳经济转型的过程中发挥领导作用，占据主导权。[②]在这一原则指导下，2007年之后，欧洲市场已经成为全球风能和太阳能市场的领先者。2012年3月27日，欧盟委员会发表了关于推动欧盟中小企业向绿色经济转型的政策性文件，[③]旨在推动欧盟内部的中小企业向"资源效益型"和"环境友好型"的绿色市场和绿色就业方向发展，并对成员国、地区和地方政府及利益相关方的行动进行了要求和指导。市场对于气候友好型技术的支持与否，极大地影响到气候问题的解决。尽管受到欧债危机影响，欧盟内部对于继续深入发展气候友好型技术的热情有所降低，但整体上来说，欧盟的多层治理体系对于欧洲的气候友好型现代化（climate-friendly modernization）的发展还是提供了强劲的驱动力。多层气候治理是一项符合欧盟自身结构特点、有针对性的战略设计。与世界上其他地区相比，欧洲不仅拥有强有力的超国家层次的气候治理优势，而且很早就开始对绿色能源进行分散化和私有化。在一些成员国的地区层面，私有的绿色能源已经成为一个技术革新的强大的驱动力，在德国超过一半的绿色能源设施归私人所有。

另一方面，在实践中欧盟还把市场机制充分地运用到节能减排和应对

① 中华人民共和国科学技术部，欧委会推出一项新的绿色创新行动计划，2012年1月11日，http://www.most.gov.cn/gnwkjdt/201201/t20120110_91835.htm。

② 张敏：《欧盟绿色经济的创新化发展路径及前瞻性研究》，《欧洲研究》2015年第6期。

③ 中华人民共和国科学技术部，欧委会积极推进中小企业向绿色经济转型，2012年4月24日，http://www.most.gov.cn/gnwkjdt/201204/t20120424_93878.htm。

气候变化的行动之中。最为典型的例子就是2005年欧盟的温室气体排放交易体系的建立，这被欧盟视为其应对气候变化战略的基石，其基本思路就是充分发挥市场机制在环境资源配置中的基础作用，旨在通过最为经济高效的方式实现减少温室气体排放的目标。温室气体排放交易体系建立在所谓的"限额交易"(cap-and-trade)方式之上，每年欧盟会对该体系内的能源密集型工业、发电厂、商业航空公司等设立排放限额。在规定之内，公司能够就所需的排放限额进行买卖交易。整个欧盟排放交易体系占据了欧盟28国温室气体排放总量的45%。温室气体排放交易体系也成为欧盟温室气体减排和实现《议定书》目标的主要基础和途径，并且构成了欧盟应对气候政策框架的重要支柱。[①]

有学者将欧盟气候政策从主导方法以及成员国与欧盟的职能分配上进行了归类(如表4所示)，可以发现在气候政策领域中，成员国与欧盟各司其职，欧盟机构主要从宏观角度出发，提供政策发展的总体原则和基本思路，搭建一个整体性的结构框架；成员国政府则立足于本国或具体地区，根据地方的实际情况将欧盟宏观政策转化为成员国支持或地方政策。两个层次之间开展良性互动从而保证欧盟气候政策的有效实施。

表4 欧盟气候政策的主导方法

职能分配	主导方法	
	技术手段	市场手段
成员国主导	本地服务(local loading)	零散市场
欧盟治理	欧盟工程	单一欧洲市场

资料来源：Elin Lerum Boasson and Jørgen Wettestad, EU climate policy: Industry, policy interaction and external environment. London: Routledge, 2016, p.4.

① Andrew Jordan, Harro van Asselt, Frans Berkhout and Dave Huitema, "Understanding the paradoxes of multilevel governing: climate change policy in the European Union", in *Global Environmental Politics*, 2012, Vol.12, No.2, pp.43-66.

(3)财政手段

欧盟应对气候变化的重要工具之一就是财政政策，财政措施往往为其他政策工具的使用提供保障和动力。在气候政策领域,欧盟预算所起到的主要是调控作用。[①]在欧盟通过的欧洲气候变化计划和其他应对气候变化的相关行动规划中，欧盟主要以预算拨款的形式来获得应对气候变化的资金支持。欧盟已经在2014—2020年阶段,投入至少20%的预算用于应对气候变化带来的挑战,这意味着大约有1800亿欧元用于气候变化行动中去。[②]气候变化问题的预算不再只是欧盟预算中的中心议题，而且被整合到欧盟整体政策框架中,在诸如能源、交通、农业等诸多政策领域都存在为应对气候变化问题而做出的具体投入。

除此之外,提供资金补助(Grants)也是欧盟为达成目标而采取的重要手段之一,即对有助于欧盟目标形成或欧盟政策实现的行动提供资金支持,或是对与欧盟分享共同利益或目标的组织机构进行资金援助。欧盟应对气候变化的展开的科研活动是“欧盟研究和技术开发框架计划”(EU Framework Programme for Research and Technology Development,简称“框架计划”,即FP)的重要组成部分。

欧洲投资银行(European Investment Bank)和欧洲投资资金(European Investment Fund)这两个机制在欧盟的2020战略计划中被赋予了重要作用,为企业的技术创新提供了很大支持。[③]欧洲投资银行是由欧盟成员国成立的,目前已经成为全球金融机构中最大的多边气候金融投资方之一。在2008—

① [法]奥利维耶·科斯塔、娜塔莉·布拉克:《欧盟是怎么运作的》(第二版增补修订版),潘革平译,社会科学文献出版社,第222页。

② European Commission, An EU budget for low-carbon growth, http://ec.europa.eu/clima/policies/budget/docs/pr_2013_11_19_en.pdf.

③ European Commission, http://ec.europa.eu/europe2020/who-does-what/eu-institutions/index_en.htm.

2012年间，欧洲投资银行共计投资了约800亿欧元用于欧洲范围内部及对发展中国家开展的减缓和适应气候变化的项目。[①]与此同时，欧盟各成员国也通过税收、财政补贴、政府采购等形式，有效推动了国内的节能减排，完成各国根据分担协议承担的二氧化碳减排任务。环境税针对已经被证实对环境具有负面影响的行为进行征税，主要存在于能源、交通、污染和资源使用等方面。[②]

欧盟委员会是欧盟机构中最为重视通过财政手段开展气候行动的机构，它曾多次强调欧盟资金对于发展能源、交通等基础设施建设，增加对创新技术研发、促进欧盟向低碳经济转型的重要作用。[③]每年气候行动总司都会发布年度工作计划(annual work programme)，其中包括每年的资金补助计划，明确计划的目标、申请时间安排、预期结果及主要筛选标准。[④]为了加速能源的基础设施和技术投入，2009年7月，欧盟通过了欧洲能源回收项目，在2010—2011年间提供39.8亿欧元来推动碳储存等技术的发展，同时还增加了对于建筑领域可再生能源的资金投入。[⑤]欧盟委员会还会为其他行为体采取气候行动提供项目资金，比如积极推动的“智能城市伙伴关系倡议”(Smart Cities Partnership Initiative)，通过这一机制，城市和当地社区经常组织成网络，利用成员国政府和欧盟机构的力量来动员气候友好型技术的发展，这些力量包括法规、补贴或公共采购等多种形式，通过它们来发展可持

---

① European Commission, An EU budget for low-carbon growth, http://ec.europa.eu/clima/policies/budget/docs/pr_2013_11_19_en.pdf.

② European Commission, environmental taxes, http://ec.europa.eu/eurostat/en/web/environment/en-vironmental-taxes.

③ European Commission, COM(2011)112: A Roadmap for moving to a competitive low carbon economy in 2050, http://eur-lex.europa.eu/legal-content/EN/TXT/PDF/?uri=CELEX:52011DC0112&from=EN.

④ European Commission, Calls for Proposals, http://ec.europa.eu/clima/funding/index_en.htm.

⑤ European Commission, State of play in the EU energy policy [SEC(2010)1346], http://eur-lex.europa.eu/legal-content/EN/TXT/PDF/?uri=CELEX:52010SC1346&from=EN.

续能源和或低能耗建筑。[1]欧盟委员会还会向气候(环境)非政府组织提供必要的资金支持。1992 年起开始开展的欧盟 LIFE 项目是欧盟在环境保护和气候行动领域最具代表性的资金援助项目。这一项目是由欧盟委员会下的环境总司和气候行动总司共同管理的,截至目前,LIFE 项目已经进行了四个阶段,为 4306 个计划提供了资金支持。[2]在 2013 年 12 月 20 日欧盟委员会发布的第 1293/2013 号 LIFE 项目 2014—2020 年规制中确定了在 2014—2020 年阶段,LIFE 项目将投入 34 亿欧元的资金用于开展气候行动、进行环境保护。[3]

四、本章小结

多层次、多样化行为体在推动欧盟气候政策决策发展中发挥了重要作用。在对其发展的动力机制进行分析时,我们从欧盟层次、成员国层次及次国家层次分别展开,能够发现正是在不同层次行为体的共同作用下,欧盟气候政策才日趋全面和完善。而欧盟气候政策发展本身也能够体现出,来自不同层次行为体为了表达自身利益诉求、维护自身利益所展开的博弈与制衡。

目前形成的欧盟气候政策体系正是多层次、多样化行为体互动之后得出的结果,不仅表现为涵盖了多部门政策领域的合作,还表现为不同法律形式的使用,以及技术、财政、市场等多种手段的运用。欧盟的气候政策往往通过气候与能源一揽子政策的形式表现出来,其中不仅明确了欧盟采取气候

① Kristine Kern and Harriet Bulkeley,“Cities,Europeanization and Multi-Level Governance:Governing Climate Change through Transnational Municipal Networks”,in *JCMS:Common Mark.* Stud. 2009,Vol.47,No.2.

② European Commission,LIFE Prigramme,http://ec.europa.eu/environment/life/.

③ European Commission,Regulation(EU)No 1293/2013 of the European Parliament and of the Council of 11 December 2013 on the establishment of a Programme for the Environment and Climate Action(LIFE) and repealing Regulation(EC)No 614/2007 Text with EEA relevance,http://eur-lex.europa.eu/legal-content/EN/TXT/?uri=uriserv:OJ.L.2013.347.01.0185.01.ENG.

行动的必要性和可行性，而且涵盖了欧盟在气候行动中追求的总体目标、需要遵循的基本原则，往往还会包括“指令”或“条例”等内容，并以此来对各行为体、各部门需要采取的具体的气候行动进行约束和规范。

第三章 欧盟气候政策决策中的结构维度分析

与欧洲一体化进程的深入和欧盟规模的扩大相对应，欧盟内部呈现日益明显的复杂性和异质性特征。[①]如果不能为这些多样性的利益诉求提供表达机会和途径，或者在政策结果中不能对这些利益诉求进行反映，那么就会在“输入”和“输出”的过程中出现“民主赤字”的问题，[②]而这也是欧盟决策者日益重视的一个问题。因此，如何体现这些复杂多样的利益诉求，为其表达提供机会就成为欧盟决策中亟待解决的问题。

为此，欧盟进行了一系列努力。2001 年，欧盟发布了治理白皮书(European Governance—a white paper)，[③]其中指出需要对欧盟治理模式进行改革，以使欧盟机构和欧盟决策过程更贴近民众，同时还明确了实现良好治理的五项基本原则，即具有开放性、较高的参与程度、责任明晰、高效率和具有凝聚力，这也是与“欧洲透明化倡议”(European Transparency Initiative)的内容

① ［德］贝娅特·科勒-科赫：《对欧盟治理的批判性评价》，金玲译，《欧洲研究》2008 年第 2 期。

② 李靖堃：《“去议会化”还是“再议会化”？——欧盟的双重民主建构》，《欧洲研究》2014 年第 6 期。

③ European Commission, White Paper on Governance, http://europa.eu/legislation_summaries/institutional_affairs/decisionmaking_process/l10109_en.htm.

相一致的。从白皮书中可以发现,当前欧盟着重强调的就是吸收更多的行为体参与到欧盟决策过程中来,让不同的利益诉求得到更充分的体现。在2006年5月的绿皮书与2007年3月的政策性文件中,欧盟再次强调了利益集团在决策中的重要性。在2007年的《里斯本条约》中写入了参与性民主(participatory democracy)的条款,指出欧盟机构应该适当地给予公民和利益集团了解欧盟政策内容的机会,以及提供进行意见公开交换的渠道,比如在欧盟机构与公民和利益集团中开展公开、透明的定期对话。另外,在条约中还规定了,如果超过100万的欧盟公民支持就可以提出倡议,并要求欧盟委员会在其权限范围内就某项立法行为提出动议。这些努力都是与欧盟多层治理这一模式相一致的,致力于推动多层次行为体的有效参与。

欧盟决策在更加广泛的行为体的参与下会获得更多的合法性支持。然而前文也已经提到,对于目前欧盟多层治理有效性的一个担忧在于——不同行为体在欧盟决策过程中能否得到一个清晰的权责划分。在欧盟气候政策的制定过程中,欧盟内部各利益相关方展开了复杂的博弈,但是不同行为体在欧盟决策中发挥的作用是受到各自介入的范围和程度影响的。在气候政策制定过程中,根据具体的议题领域,不同行为体拥有不同的权力及不同的参与方式,这就需要我们对欧盟气候政策决策中的结构维度进行分析。

结构维度主要指参与欧盟气候政策的,来自欧盟层次、成员国层次及次国家层次的主要行为体。在欧盟层面上,欧盟委员会、部长理事会和欧洲议会是最重要的三个行为体,其余如欧洲理事会和欧洲法院等机构在欧盟气候政策的具体制定和执行过程中也发挥了重要作用。欧盟委员会拥有提案权,在议题设置、凝聚共识方面扮演了最重要的角色;部长理事会和欧洲理事会在议程设定和确定立法方案方面发挥了主要作用;随着欧洲一体化的深入,欧洲议会在欧盟决策和立法中被赋予了越来越多的权力。这些欧盟机构本身或体现了超国家性质,或体现了政府间性质,因此同一层次的机构之间也存在合作与竞争，主要体现了成员国与欧盟机构之间的权力博弈与制衡。在国家层面上，欧盟成员国之间也并非铁板一块，在顾及成员国不同发展状况的同时，整合不同成员国的利益诉求并寻求达成共识，对欧盟气候政策的成功制定就显得格外重要。在次国家层次上，地区和城市、社会力量（如个人、智库、与能源环境领域相关的利益集团和倡议网络）及以跨国公司为代表的市场力量，在表达特殊利益偏好、提供专业知识、提升话题关注度、促进不同观点交流、鼓励和推动合作方面发挥了明显的作用。

气候变化议题虽然涉及能源、税收等广泛的政策领域，但是在讨论中一般被置于环境议题之下，在对其权能进行划分时，也主要参照欧盟环境政策领域的权能划分标准。《里斯本条约》之前，欧盟气候政策位列“三大支柱”中的第一支柱“欧洲共同体”之下；在《里斯本条约》通过之后，欧盟气候政策则隶属于欧盟与成员国权能共享的议题领域之中。具体到气候政策决策中，超国家机构主要体现为欧盟委员会中的气候行动总司及相关委员会，它们享有排他性的提案权，需要搜集整合不同利益诉求并在倡议提出的前期准备阶段发挥主导作用；部长理事会中的环境部长理事会和欧洲议会下设的环境委员会对欧盟气候政策的最终通过发挥了重要作用。成员国之间对于如何减缓和适应气候变化也持不同态度，根据各自国内发展情况和对欧盟气候政策的态度，可以划分为领导者、落后者与中立者。次国家行为体一般是受气候问题直接影响的行为体和欧盟气候政策的直接执行者，一个较为开放的多层治理模式为它们提供了表达自身利益诉求的平台。

一、欧盟机构在气候政策决策中的职权划分

与自由制度主义的理解不同，在多层治理视角下，超国家机构在欧盟政

策制定过程中积极地发挥了重要作用,而非次要的。[①]欧盟层面上行为体之间的互动逐渐呈现这样一种趋势,即由欧盟委员会、欧洲议会和欧洲理事会的“三角制衡”向一种如奥利维耶·科斯塔(Olivier Costa)和娜塔莉·布拉克(Nathalie Brack)所描述的“四方结构”状态的转变。[②]《罗马条约》之后,针对欧盟决策中存在的问题,为了回应公众的需求,欧洲议会的权力在欧盟条约中被逐渐增强。随着《里斯本条约》的通过,欧洲理事会的影响力和地位也得到了显著提升。欧洲理事会和部长理事会一般被视为具有政府间性质的机构,尤其是部长理事会作为决策主体,拥有主要的决策权;作为超国家机构的欧盟委员会和欧洲议会则分别拥有提案权、同意权和部分否决权,并在不同程度上参与决策。除此之外,经济和社会委员会和地区委员会作为咨询机构,在欧盟的运作和决策进程中起到了重要的补充作用。欧洲法院则主要负责监督上述机构的正常运行及欧盟相关政策法规的有效执行。

欧盟层面的决策过程体现出的是一种多元互动的特点,欧盟委员会、欧洲议会、部长理事会、欧洲理事会及其他相关的咨询、监督机构都参与其中。但在不同的欧盟决策模式中,这些欧盟机构享有不同的权力职能,也发挥了不同程度的影响力。下面就对主要的欧盟机构的职能权限以及在欧盟气候政策决策中的作用进行说明。

(一)政策规划机构

欧洲理事会最初的框架设想是推动建立一个基于政府间合作的政治联盟,以首脑会议的形式出现,经历了逐步制度化的过程。《单一欧洲法令》对

---

① Gary Marks, “An actor-centred approach to multi-level governance”, in *Regional & Federal Studies*, 1996, Vol.6, No.2, pp.20-38.

② [法]奥利维耶·科斯塔、娜塔莉·布拉克:《欧盟是怎么运作的》(第二版增补修订版),潘革平译,社会科学文献出版社,第77页。

这一方式表示了认可，之后的《里斯本条约》则赋予了欧洲理事会以法律意义，使其成为真正的欧盟机构和欧盟制度体系中的一部分。按照《里斯本条约》的规定，欧洲理事会由常任主席、成员国政府首脑和国家元首、欧盟委员会主席、外交和安全政策高级代表组成。这样的构成将欧洲理事会与欧盟委员会和部长理事会联系起来。与此同时，欧洲理事会还通过"安蒂奇"（Antici）的方式与成员国国内代表保持沟通，力图在保证欧洲理事会内部高效工作的同时，及时向各成员国代表传递谈判进展。[①]欧洲理事会可以被视为超国家主义与政府间主义二者矛盾的集中体现。一方面，欧洲理事会拥有一个超国家机构的配置和自己的预算；另一方面，欧洲理事会的成员是成员国的政府首脑，并通过政府间方式来确定立场。尤其是其欧洲理事会中的轮值主席国制度，往往被成员国视为表达自身利益诉求的有利契机。但《里斯本条约》确立的常任主席则可以在一定程度上缓解成员国之间尖锐的分歧，推动共识达成并帮助欧盟政策向更加连贯性的方向发展。[②]

在《里斯本条约》中对欧洲理事会的作用进行了规定，归纳起来主要有两方面：一是，欧洲理事会为欧盟发展提供推动力。考虑到欧盟委员会在推动欧盟发展过程中的不力表现，它所作出的提议往往会受到来自部长理事会的阻挠，欧洲理事会就担负起更多的推动欧盟发展的职能。由欧洲理事会作出政治决策或决定，然后由欧盟委员会、部长理事会和欧洲议会按照法定程序将其转化为法律文件。这一点在欧盟气候政策决策中的表现非常突出，多项气候政策的制定都是在欧洲理事会的要求下，由欧盟委员会展开的。二是，欧洲理事会为欧盟的基本政策确定方向和重点，这不仅体现在欧盟内部

① Helen Wallace, "An institutional anatomy and five policy modes", in eds. by Helen Wallace, Mark A. Pollack, and Alasdair Young, *Policy-making in the European Union*, Oxford: Oxford University Press, 7th edition, 2005, pp.69-104.

② Robert Thomson, "The Council Presidency in the European Union: responsibility with power", in *JCMS: Journal of Common Market Studies*, 2008, Vol.46, No.3, pp.593-617.

政策方面，还表现在对外政策方面欧洲理事会需要确定欧盟的战略利益、明确欧盟共同外交与安全政策的目标和方向。在实际中，欧洲理事会被认为是做出重大决定或历史性决定的机构。[①]欧洲理事会主席与欧盟委员会主席、共同外交和安全政策高级代表、欧洲议会主席一道被视为“政治欧洲的代表”。[②]

在欧洲理事会内部，除人事任命需要经由有效多数表决通过之外，日常工作中主要通过协商一致的方式作出决定。其中常任主席需要负责会议的筹备工作、主持会议，确保会议顺利进行，在会议后撰写并向欧洲议会提交总结报告。在欧洲理事会会议中，首先需要欧洲议会议长发表讲话，然后由常任主席主持会议。在之后的讨论过程中，除了正式会议外，非正式会议也成为推动谈判进程的重要方式。[③]会议最终报告的草案需先后交由欧盟常驻代表委员会（COREPER）和欧洲理事会常任主席进行审查，然后提交至各成员代表团对草案内容进行修改或调整，如果欧洲理事会对结果无异议，该草案即以“反向协商一致”的方式获得通过。会议最终报告一般涉及共同体事务、外交政策、预算问题和条约改革四方面的内容。欧洲理事会通过的政治文件仅是传递了一份政治承诺或基本立场，并不以法律条文的形式表现出来。

在2014年6月布鲁塞尔召开的会议上，欧洲理事会发布了一份名为《变革时代欧盟的战略议程》（Strategic Agenda for the Union in Times of Change）的政策文件，确定了欧盟未来5年工作的优先领域，也为其他欧盟机构的工

---

① John Peterson, “Decision-making in the European Union: towards a framework for analysis”, in *Journal of European Public Policy*, 1995, Vol.2, No.1, pp.69-93. Simon Bulmer and Wolfgang Wessels, *European Council: Decision-making in European Politics*, London: Palgrave Macmillan, 1987, p.2.

② ［法］奥利维耶·科斯塔、娜塔莉·布拉克：《欧盟是怎么运作的》（第二版增补修订版），潘革平译，社会科学文献出版社，第79页。

③ Jonas Tallberg, “Bargaining power in the European Council”, in *JCMS: Journal of Common Market Studies*, 2008, Vol.46, No.3, pp.685-708.

作计划制定打下了基础。[1]能源与气候政策是文件中提到的五个优先发展领域之一[2],其中欧洲理事会强调了降低能源进口、在欧盟内部培育可负担的、安全的、可持续能源的必要性,并提出了具体的优先发展措施,包括完善欧盟能源市场、分散欧盟能源供应方和传输途径、发展能源基础设施建设、为欧盟2030年确立一个有雄心的气候变化目标。

(二)政策倡议机构

欧盟委员会代表欧盟作为一个整体的超国家利益,实行集体负责制,不接受任何成员国、非成员国政府或其他组织的指示。《里斯本条约》中规定,欧盟委员会的人员组成必须考虑到地理和人口上的平衡,内部实行集体领导和多数表决制。欧盟委员会主席首先由欧洲理事会按照有效多数原则进行提名,之后由欧洲议会根据半数议员同意的方式确定最终人选。欧盟委员会委员则是由成员国代表进行提名后,由欧洲理事会根据有效多数原则,并获得欧盟委员会主席同意后得到任命。尽管每位委员需要负责一个或几个政策领域,但在实际中,欧盟委员会的工作人员依然是欧盟机构中最为庞大的。根据不同政策领域,委员会下设总司(Directorates-General)和专门服务机构,负责处理日常事务。[3]秘书长负责欧盟委员会的行政管理事务,对委员会内部各部门进行协调。

在欧盟的共同事务领域,欧盟委员会享有排他性的立法创议权。在实际中,除了部分由欧盟委员会完全自主提出的议案外,多数议案还是基于国际

① European Council, A strategic agenda for the EU, http://www.consilium.europa.eu/en/european-council/role-setting-eu-political-agenda/.

② 这五个优先发展领域包括:就业、增长与竞争力,公民授权与保护,能源与气候政策,自由、安全与司法,作为强大国际行为体的欧盟。

③ European Commission, Departments (Directorates-General) and services, http://ec.europa.eu/about/ds_en.htm.

条约的要求，以及来自成员国、部长理事会、欧洲议会的要求，再或是欧洲理事会确定的指导方针做出的。[1]但是欧盟委员会的提案是部长理事会制定环境政策法规的唯一基础，提案只有在部长理事会全体一致的情况下才能进行修改，而且在部长理事会作出正式决定之前，欧盟委员会还可撤回提案自行修改。在《里斯本条约》中确立的授权立法程序，使得欧盟委员会可以在欧洲议会和部长理事会的允许下，对法案中不太重要的或细节性的内容进行修订或补充。另外，在欧洲理事会确定的多年度预算规划框架下，欧盟委员会还负责欧盟预算案的具体编制工作，之后再交由部长理事会和欧洲议会共同批准通过。

具体到气候政策领域，早在20世纪90年代，欧盟委员会就对该议题表示出了格外关注，并指出共同体应当在国际气候治理中扮演领导者角色。在有关气候变化的决策和立法方面，欧盟委员会作为关键行为体之一参与其中，在政策动议方面具有排他的垄断地位，但是在处理与气候政策相关的能源政策方面，欧盟委员会的权力又十分有限。在2010年2月气候行动总司(Directorate-General for Climate Action)成立之前，欧盟委员会内部负责处理气候变化问题的部门是环境总司(Environment Directorate-General)。考虑到气候问题危害日益严峻、受关注度也在不断提升，特别是在2009年哥本哈根气候大会上遭遇挫折之后，欧盟专门成立了气候行动总司来负责气候问题，从对内对外两方面来发展完善欧盟的气候变化行动和相关策略。具体来说，对内负责应对气候变化给欧盟国家带来的问题，并帮助欧盟实现2020目标；不断发展和完善欧盟排放交易机制，并在机制外的领域督促成员国实

① Olivier Höing, Wessels Wolfgang, "The European Commissions position in the Post-Lisbon Institutional Balance, Secretariat or Partner to the European Council", in eds. by M. Chang, J. Monar, The European Commission in the Post-Lisbon Era of Crises, Between Political Leadership and Policy management, in *College of Europe Studies*, Bruxelles: Presses interuniversitaires européennes, 2013, p.134.

现“负担共享决定”(effort sharing decision)中的减排目标;大力推广低碳经济促进与之相适应的技术发展。在对外工作中,气候行动总司身处国际气候谈判的“最前线”,领导相关的委员会工作组在气候变化及废除臭氧层消耗物质领域进行国际谈判;负责与第三世界国家在双边与多边领域开展有关气候变化和能源问题的合作;致力于将欧洲的排放交易机制推向全球,建立国际碳交易市场。①

2000—2004年间,欧盟委员会启动了第一个欧洲气候变化项目(European Climate Change Programme,缩写为ECCP),为欧盟机构制定最为环保有效的减少温室气体排放政策。项目是建立在欧盟层面现有的减排活动基础之上的,与欧盟的第六个环境行动项目(Sixth Environmental Action Programme,项目时间是2002—2012年)相配合,构成了欧盟环境行动和可持续发展战略的基本战略框架。项目由委员会内的欧洲气候变化项目指导委员会负责,下设11个具体的工作小组,工作内容包括排放交易机制、联合履行清洁发展机制、能源供应、能源需求、能源效率,以及交通、工业、农林业、研究等领域。②项目的直接目标在于保证欧盟能够达成《议定书》要求的减排目标,同时也为多方利益相关者提供了一个交流沟通的平台。通过这一项目,委员会可以广泛听取来自成员国专家、非政府组织、企业的观点,并对具体专业问题进行咨询和调研,促进共识达成,为相关议案的提出做准备工作。2005年10月,欧盟气候变化领域主要利益相关者会议在布鲁塞尔召开,决定通过第二个欧洲气候变化项目,以配合欧盟里斯本战略的需求,即在促进经济发展与提高就业率的同时寻求更加有效的温室气体减排方式。为此成立了新的工作组,碳捕捉与储存、航天业和船舶等领域温室气体排放及适应气候变化影响等内

① Directorate-General for Climate Action,http://ec.europe.eu/dgs/clima/mission/index_en.htm.

② Euroepan Commission,First European Climate Change Programme,http://ec.europa.eu/clima/policies/eccp/first/index_en.htm.

容被纳入项目范围内。[1]委员会的气候变化项目为欧盟减缓和适应气候变化问题起到了显著的推动作用，不仅表现在它为多元行为体提供了发表自身利益诉求的机会,也直接反映在它促进了多项具体制度措施的通过实施。比如,欧盟的碳排放交易机制最早就是通过委员会的气候变化项目提出的。

与其他参与政策的行为者一样，欧盟委员会并非一个完全独立自主的行为体，它的作用和意义主要体现在建立和开发不同行为体之间多样化的联系,整合不同资源,掌控并推动谈判得以顺利进行。在欧盟决策中,委员会的特殊性就体现在,它是各种不同需求和信息资源的汇总和焦点。然而由于自身的制度设计和人员安排,其作用和影响力在实际中又往往会被限制。比如,委员会需要对成员国已经提交的信息材料进行汇总,并在此基础上进行评估,但是这样做一方面无法保证成员国提交数据的完整性和绝对真实性,另一方面也很难对成员国的政策实施进行评估和指导。另外,虽然欧盟委员会内部工作人员人数众多,但随着负责领域的不断细化,在处理如此冗杂的数据时,依然很难获得迅速高效的实践结果。更为关键的是,在处理一些与成员国利益关联性较大的敏感议题时,委员会的权力十分有限。比如,在处理与气候政策相关的能源政策问题时，欧盟委员会无法对成员国的能源政策进行更加统一有效的管理，而只能勉强借助能源与欧盟内部市场的联系来推动欧盟能源政策的发展。不过尽管如此,正如有的学者指出的,虽然欧盟委员会在指导欧洲一体化进程中的影响力较最初的期待有所削弱，但是

① Euroepan Commission,Second European Climate Change Programme,http://ec.europa.eu/clima/policies/eccp/second/index_en.htm.

其核心地位并没有被动摇。①

（三）主要的立法行政机构

1.部长理事会

部长理事会（亦称之为欧盟理事会）是在成员国的要求下建立的，由各成员国有资格代表政府的相关部长组成，代表成员国的利益诉求。在性质上，部长理事会一方面是作为条约承认的常设机构，拥有自己的办公场所和工作人员；另一方面则带有论坛的性质，表现为各成员国部长、成员国常驻代表为某一具体问题的讨论而进行的临时会议。

部长理事会主席由成员国政府轮流担任，轮值顺序需要遵循大小国与新老成员国兼顾的原则。《里斯本条约》中确立了新“三驾马车”制度，即除外交部部长理事会外，其余部长理事会的轮值主席由前任、当任和继任成员国合作担任，②任期共18个月，这在一定程度上保证了部长理事会中的连贯性和一致性。总秘书处（the Council Secretariat）往往被视为部长理事会中共同体利益的代表，其作用在于将各类部长理事会更加团结地凝聚在一起。成员国常驻代表委员会（COREPER）是理事会内的另一个重要部分，根据职能不同，可以分为两个相互独立的委员会，其中第二委员会（COREPER II）负责关于经济财政、内务、司法和发展等事务，其他事务则由第一委员会（COREPER I）负责。包含气候变化内容的环境议题就隶属于第一委员会的管辖范围。

除此之外，理事会内部还存在按照具体议题领域建立的各类小组以及

---

① Jörg Monar, “The post Lisbon European Commission. Between Political Leadership and Policy Management”, ined. by Michele Chang and Jörg Monar, *The European Commission in the Post-Lisbon Era of Crises*, Bruxelles: Presses interuniversitaires européennes, 2013.

② 具体由前任、当任和继任的三个成员国分别组建小组，担任主席一职，并由三国共同参与18个月的计划制定。每个成员国任期为6个月，三国合作下的“三驾马车”体系周期为18个月。

专家委员会(comitologie),他们形成了联系紧密的关系网络,为理事会目标的实现做好准备。尤其是"专家委员会工作程序"被认为是欧盟共同决策中的关键一环,关系到部长理事会与欧盟委员会和欧洲议会三方间的权力制衡。《里斯本条约》将这一过程进行了进一步简化,主要体现为咨询和审议两大功能。在2011年欧盟委员会提供的有关专家委员会的报告中涉及气候变化领域的有4个,涉及环境领域的有30个,涉及能源领域的有14个,这些专家委员会发挥作用的方式包括咨询、审议、规制和监督等多方面。[①]上文提到的欧洲气候变化计划就是在环境理事会的督促下,欧盟委员会以为落实《议定书》而提出的COM(1999)230号文件为基础,而做出的气候政策提案和详细措施清单。

根据处理议题的不同,部长理事会内部还设有各类具体的理事会,它们各自确定工作内容,行动能力也各不相同,体现出"分散独立"和"差异化"的运作特点。[②]按照《里斯本条约》的安排,除总务理事会和对外关系理事会外,各类部长理事会的名单需要经由欧洲理事会以有效多数投票的方式确定。同时,《里斯本条约》中还规定了总务理事会可以在决策过程中拥有"横向协调"的权力,以此来保证理事会工作的连贯性和一致性。[③]

在气候变化的决策和立法方面,欧盟环境部长理事会是欧盟环境立法的主要机构,主要工作是在征询欧盟其他机构的意见后,在欧盟委员会的立法提案基础上制定环境法规。它行使的职权主要包括:保证欧盟经济、社会与环境政策的协调;制定环境政策和法规,并推动其贯彻实施;缔结与环境

① European Commission,Report from the Commission on the Working of Committees during 2011,COM(2012)685 FINAL,http://aei.pitt.edu/38631/1/COM(2012)685_final.pdf.

② [法]奥利维耶·科斯塔、娜塔莉·布拉克:《欧盟是怎么运作的》(第二版增补修订版),潘革平译,社会科学文献出版社,2016年,第115页。

③ 吴志成、王天韵:《欧盟制度对政策制定谈判的影响》,《南开学报》(哲学社会科学版)2010年第5期。

问题相关的国际协定，协调成员国的环境政策等。欧盟环境部长理事会每年开会四次讨论相关问题。欧盟环境部长理事会是所有决策和立法主体中最重要的部分，对立法提案拥有最后的否决权。在欧盟气候政策决策过程中，有时为了推动某项提案尽快获得通过，或者需要进行广泛协调，也会发生将提案内容提交至总务理事会进行讨论通过的情况。除此之外，由于排放交易机制在欧盟减排行动中的重要作用，加之气候行动中涉及的诸多资金投入，经济与财政事务理事会也常参与到欧盟气候政策决策中。

在现阶段应对气候变化问题的过程中，部长理事会在气候与能源政策框架的制定、欧盟排放交易体系的运作及改革，以及国际气候谈判的准备工作中都扮演了重要角色。在欧盟决策中，部长理事会作为欧盟的主要决策机构，对大多数的欧盟政策拥有最终决策权，同时协调成员国在各领域的政策行动，并有权制定欧盟层面上的政策和法规。[①]当部长理事会形成决定后，会授权欧盟委员会具体执行。部长理事会可以就如何行使上述授权向欧盟委员会提出要求，也可以要求欧盟委员会进行研究，提出适当建议。对于委员会的建议，部长理事会会征询欧洲议会的意见，共同做出决定。

2.欧洲议会

欧洲议会是欧盟的立法、监督和咨询机构，议员由欧盟成员国的选民通过普选产生，任期五年。欧洲议会在设想中被定义为一个代表欧盟全体公民的机构，因此在议员的选举方式等方面也是从这一原则出发进行设计的。理论上他们的行为是独立的，不受任何政党或政府的指示、命令限制，但实际中无法忽略的是欧洲议会议员的来源问题，即关于成员国拥有的议员名额

---

① Andreas Warntjen, "Between bargaining and deliberation: decision-making in the Council of the European Union", in Journal of European Public Policy, 2010, Vol.17, No.5, pp.665-679. Andreas Warntjen, "The Council Presidency Power Broker or Burden? An Empirical Analysis", in *European Union Politics*, 2008, Vol.9, No.3, pp.315-338.

分配问题。如何做到既保证小国拥有最低限度的议员名额,又能够照顾到大国议员所代表的公民数量与小国议员所代表的数量不至于差距过大，也是欧洲议会不得不面对的一个难题。在这种情况下,欧洲议会议员的名额实际上是根据成员国之间协商做出的，同时欧盟还鼓励通过跨国党团的方式来削弱议员们代表的成员国色彩。[①]欧洲议会中多数谈判和技术性的工作都是在专门委员会和党团内部进行的。欧洲议会内的各党团往往会根据不同的议题选择联合,在这一背景下,以疑欧主义与亲欧主义为代表的矛盾就被凸显出来了。但是这并不意味着对欧盟决策会造成绝对的负面影响,比如有的学者就认为，目前欧洲议会中这一矛盾的凸显反而有助于议会内部超越原有的左右分歧,从而提高决策效率。[②]

欧盟在立法决策中的复杂性，一定程度上是由欧洲议会的权力变动引起的。事实上,欧洲议会在欧盟决策体系中的作用是逐步加强的。在1986年《单一欧洲法令》颁布前,欧洲议会仅享有咨询权和监督权,《单一欧洲法令》通过的“合作程序”使它有权对部长理事会的初步决定提出修改意见,并具有对立法草案二读的权力。《马斯特里赫特条约》进一步扩大了欧洲议会的权力,它可以否决部长理事会的立法提案。《阿姆斯特丹条约》引入的“共同决定”制度将欧洲议会与部长理事会置于同等的立法地位上,欧洲议会也成为一个真正的合作立法机构。目前,欧洲议会除了在欧盟决策的“普通立法程序”行使基本的立法权力,还在“特殊立法程序”中扮演了重要角色。不过欧洲议会的权力依然带有“消极被动”的特点,比如审查、修改欧盟委员会的

① 在欧洲议会内部章程中规定,禁止党团由单一成员国组建,每个党团必须由来自四分之一的成员国共同组建。See Simon Hix, Amie Kreppel and Abdul Noury, “The party system in the European Parliament: Collusive or competitive?”, in *JCMS: Journal of Common Market Studies*, 2003, Vol.41, No.2, pp.309-331.

② [法]奥利维耶·科斯塔、娜塔莉·布拉克:《欧盟是怎么运作的》(第二版增补修订版),潘革平译,社会科学文献出版社,2016年,第144页。

提议,制衡部长理事会的作用等。[①]

具体到气候变化领域，欧洲议会被认为是第一个从政治角度出发讨论气候变化的欧盟机构,也是欧盟中最早做出政策回应的机构。[②]在欧洲议会里负责气候变化和环境问题的专门分支机构是环境、公众健康和食品安全委员会。以欧洲绿党为代表的环保主义者已经成为欧洲议会中不可忽视的力量,绿党的领导人或成员通过合法选举直接加入政府内阁,从而获得部分执政权。更多的绿党成员进入各级议会,直接作用于欧盟及其成员国甚至地方层次的环境立法过程。[③]欧洲议会在参与欧盟气候政策决策过程时,不仅可以就欧盟委员会的提案通过并发表欧洲议会决议，还可以就某一议题内容发布“自我倡议报告”(own-initiative report),以此来表达自己的观点立场。

3.欧盟委员会

欧盟委员会也拥有一定的行政权力,它主要通过欧盟决策中的“共同体方法”来履行作为欧盟执行机构或“行政机构”的职能。同时,欧盟委员会还负责欧盟预算的管理和执行工作,并对共同体的部分基金进行管理,这也为成员国地方政府参与欧盟决策带来了巨大的吸引力。另外,在获得部长理事会授权后,欧盟委员会还可以作为欧盟的代表,承担国际谈判的任务。欧盟委员会有权在欧盟与其他国家签订的环境条约，或是欧盟参与缔结的国际性环境公约中发表一般性或具体的建议。同时,欧盟委员会还负责欧盟的公关政策,是与民众联系最为密切的一个欧盟机构。欧盟委员会下设各司与成

---

① [法]奥利维耶·科斯塔、娜塔莉·布拉克:《欧盟是怎么运作的》(第二版增补修订版),潘革平译,社会科学文献出版社,第161页。

② 高小升:《欧盟气候政策研究》,社会科学文献出版社,2014年,第32~33页。Nigel Haigh,“Climate change policies and politics in the European Community”,in eds. by T. O'Riordan and J Jäger, *Politics of climate change: a European perspective*, London: Routledge, 1996, pp.155-185.

③ Elizabeth Bomberg and Charlotte Burns,“The Environment Committee of the European Parliament: new powers, old problems”, in *Environmental Politics*, 1999, Vol.8, No.4, pp.174~179. 王伟男:《应对气候变化:欧盟的经验》,中国环境科学出版社,2011年,第39~40、63页。

员国政府及相关专业组织保持密切联系，以此为欧盟决策搜集资料，并提出专业性的建议。

在欧盟《优化立法战略》(better regulation strategy)的确立、发展过程中，欧盟委员会就发挥了重要作用。[①]这一战略于2005年3月经欧盟委员会批准通过，旨在提升欧盟决策过程的公开性和透明度，促使更多的公众和利益相关方参与到欧盟决策过程中，确保欧盟立法有据可依。具体来说，欧盟委员会的工作包括：强化提案的准备过程、完善提案的咨询过程、确保欧盟法律政策能够得到有效开展、建立监管审查委员会(Regulatory Scrutiny Board)检查影响评估报告的质量、促进欧盟机构间合作、推动国际立法合作。

4.主要的咨询机构

欧洲经济和社会委员会及欧盟地区委员会是欧盟在气候政策制定中最主要的两个协商机构。在欧盟决策过程中，这两个委员会主要扮演中介的角色，传达欧盟内部公民社会的诉求，提供给公众和其他利益相关者更多表达观点的机会，目的在于加强欧盟立法的民主性和有效性。与此同时，按照《欧洲联盟条约》的规定，在部分情况下，欧盟委员会在提交立法提案时，必须同时向欧洲经济和社会委员会及欧盟地区事务委员会进行咨询工作。

欧洲经济和社会委员会目前拥有350个成员，主要由欧洲的经济、社会组织组成。除了依靠委员会成员提供的经验和专业知识外，它还可以就某一具体议题向其代表的公民社会进行广泛征询，并将获得的意见和建议进行整理汇总，从而以更加清晰、条理的形式将公民社会的意见呈现在欧盟机构面前，作为一个桥梁联系欧盟机构与公民社会的关系，同时推动欧洲一体化中

① European Commission, Better regulation: What the Commission is doing, http://ec.europa.eu/info/strategy/better-regulation-why-and-how_en.

基本价值观的传播。[①]在欧盟气候政策决策过程中,欧盟委员会需要向欧洲经济和社会委员会进行咨询。在欧洲经济和社会委员会内部,下设"农业、农村发展及环境专业委员会",主要负责处理包括气候变化在内的环境议题。

而欧盟地区事务委员会则由来自成员国国内的地区政府首脑或民意代表组成,主要负责气候变化议题的是下设的"环境、气候变化和能源委员会"。《里斯本条约》强化了欧盟地区事务委员会在欧盟决策中的作用,允许其参与欧盟立法的整个过程,接受欧盟委员会、部长理事会及欧洲议会的咨询,[②]其作用主要表现在以下方面:在立法前期准备阶段,它需要负责组织与地方或地区政府就具体内容进行磋商,同时协助欧盟委员会完成影响评估报告;在欧盟委员会通过立法提案时,必须咨询地区事务委员会;在欧洲议会和部长理事会就立法提案进行讨论时,向地区事务委员会进行咨询,此时地区事务委员会需要进一步与相关的地区或地方政府及辅助性原则监管网络(subsidiarity monitoring network)成员进行咨询,得出自己的意见草案,并经由委员会内部全体大会投票通过;当立法提案被其他欧盟机构严重修改时,地区事务委员会也需要对修改后的意见进行通过;当欧洲议会和部长理事会实施新的欧盟立法时,地区事务委员会需要对地区或地方层面政策的实施情况进行监督,而当立法通过并未体现辅助性原则的时候,地区事务委员会可以先于欧洲法院采取必要的行动。[③]按照《欧洲联盟条约》的规定,欧盟机构在处理泛欧交通和能源网络议题时,都必须向地区委员会征询意见。欧洲地区委员会往往充当了欧盟机构和成员国内部地区、地方层次沟通的

---

① European Economic and Social Committee, about the committee, http://www.eesc.europa.eu/?i=portal.en.about-the-committee.

② Committee of Regions, A new treaty: a new role for regions and local authorities, http://101.96.10.61/cor.europa.eu/en/documentation/brochures/Documents/84fa6e84-0373-42a2-a801-c8ea83a24a72.pdf.

③ Committee of the Regions, Work of the CoR, http://cor.europa.eu/en/activities/Pages/work-of-the-cor.aspx.

媒介，将区域性和地方性的利益诉求传递到欧盟机构中并在欧盟政策提案中得以体现。

在2016年,欧洲经济和社会委员会及欧盟地区事务委员会联合法国可持续发展委员会(French Committee for Sustainable Development,缩写为FCSD)及经济合作与发展组织(Organisation for Economic Co-operation and Development,缩写为OECD)共同发起了一个国际联合应对气候变化的新项目,其中特别强调多层次、多样化行为体在气候行动中的作用。[①]这一项目将会为来自不同层次、代表不同利益的参与者阐述气候行动中可能遇到的问题和阻碍,为它们提供一个"工具箱"来处理具体问题,同时为它们提供一个可以交流沟通的平台，促进多层次行为体之间在应对气候变化问题上达成更多的合作。

除此之外,欧盟还存在一些技术性的"分散管理机构",它们的运作方式主要依托于专业技能,负责为欧盟提供相关领域的科学信息、技术,并对欧盟决策及其实施过程进行建议和监管,同时促进欧盟与成员国之间的合作。[②]欧洲环境署(European Enviroment Agency,缩写为EEA)就是气候变化领域中欧盟分散管理机构的代表,它作为一个主要的独立实体和咨询机构,向欧盟相关机构和成员国提供环境信息,以有利于它们决策。[③]作为欧盟的主要学术机构之一，欧洲环境署一直以来致力于对欧盟的环境政策的系统化研究。比如,自1995年起每三年都会发布欧洲环境状况评价报告,帮助我们了解欧盟内部环境政策的实施情况和效果。能源监管合作署(Agency for the

① European Economic and Social Committee, Multi-level and multi-stakeholder governance for climate action: learning from good practices, http://www.eesc.europa.eu/?i=portal.en.events-and-activities-coalition-governance.

② [法]奥利维耶·科斯塔、娜塔莉·布拉克:《欧盟是怎么运作的》(第二版增补修订版),潘革平译,社会科学文献出版社,2016年,第185、189~90页。

③ European Environment Agency(EEA), http://europa.eu/about-eu/agencies/regulatory_agencies_bodies/policy_agencies/eea/index_en.htm.

Cooperation of Energy Regulators，缩写 ACER）的工作内容也与欧盟气候政策相关。[①]

这些“分散管理机构”或者说专门性机构的设立，对欧盟决策运作、欧盟内部团结和一体化的推动来说都具有重要意义。一方面，这些专门性机构拥有专业知识，汇聚了领域内的专家，能够为欧盟委员会的提案内容提供专业和独立的建议，满足了部分功能性需求，在一定程度上缓解了欧盟委员会参与不足带来的问题，能够为委员会提供必要的专业支持，同时也可以帮助委员会更加专注于立法及其他政治问题。另一方面，这些专门性机构还具有重要的政治意义。它们的出现本身就是欧盟职能扩大的一种体现，在提升欧盟政策专业度的同时也提高了欧盟决策的合法性和有效性，同时，各成员国也积极向这些机构派驻本国代表。[②]这样做不仅有助于缓解成员国与欧盟之间的矛盾分歧，也使欧盟政策结果更容易被成员国接受。为了对这些机构的职能和作用方式进行规范并对其进行更加有效的监管，欧盟于 2012 年签署了一个机构间协议，确立了以一种“综合性方式”代替之前遵循的“个案处理方式”（case-by-case basis），保证其在遵循“连贯”“高效”和“负责任”的原则下发挥作用。[③]

5.主要的监督机构

欧盟委员会是欧盟机构中最为关键的监督机构，在对成员国实施欧盟法律进行监管的工作中，欧盟委员会也扮演了最为重要的角色。它有责任确保欧盟法律规定得到遵守，并可以通过主动或被动受理的方式对违反欧盟

① Agency for the Cooperation of Energy Regulators（ACER），http://europa.eu/about-eu/agencies/regulatory_agencies_bodies/policy_agencies/acer/index_en.htm.

② 成员国在欧盟专门性机构中的代表数量远高于在欧盟超国家机构，如欧盟委员会和欧洲议会中的代表数量。

③ European Union，Decentralised agencies：2012 Overhaul，http://europa.eu/about-eu/agencies/overhaul/index_en.htm.

法律的行为进行追责，甚至可以向欧洲法院报告违法案例。欧盟委员会每年都会发布《气候行动进程报告》(Climate Action Progress Report)，[①]它可以通过自己调查，或是接受来自利益相关者的投诉，来对成员国的政策实施进行监管。对于违反欧盟法律的行为进行调查，必要时可以向欧洲法院提起"侵权程序"(infringement procedure)，将成员国不作为或违法的行为交予欧洲法院进行处理。

欧洲法院作为欧盟最重要的监督机构，作用在于保证欧盟条约及法律在成员国得到有效的遵守和执行。在欧盟决策过程中，欧洲法院可以直接将政策确立为一项欧盟的法律秩序，同时也能够为多样化行为体的参与创造条件。虽然欧洲法院在议程制定阶段的参与很有限，但是可以利用其他机构、成员国或是其他行为体提出上诉的机会，对既有政策进行修正。欧洲法院在气候变化领域的立法旨在利用既有法律或是通过新的法律条例来适应、减缓或防止气候变化带来的影响，确保欧盟气候变化的规定与欧盟法律规定相一致，并为气候变化领域的相关立法确立一个基本边界。[②]

总之，欧盟决策最直接的体现就是欧盟层面不同机构之间的互动。欧盟机构可以通过促进成员国之间的协调和更大程度的信息共享来提供支持措施，并确保适应气候变化的观念在所有相关的欧盟政策中得到体现。而且，欧盟机构在加强成员国之间的团结中也发挥了重要作用，尤其是欧盟机构可以通过提供资金和技术支持来确保弱势地区和那些受气候变化影响最为严重的地区能够采取必要的措施去适应气候变化。

从上文对欧盟主要机构的介绍和分析中可以发现，这些欧盟机构本身具有自己的特点、职能权限和作用方式。一方面，欧盟层面的制度设计可以

---

① European Commission, Monitoring & reporting, http://ec.europa.eu/clima/policies/strategies/progress_en.

② Sanja Bogojevi?, "EU Climate Change Litigation, the Role of the European Courts, and the Importance of Legal Culture", in *Law & Policy*, 2013, Vol.35, No.3, pp.184–207.

理解为多元利益之间的互动。欧盟委员会倾向于从专业性和技术角度去分析具体议题，也会广泛考虑不同行为体的诉求，尤其是相关领域行为体的专业意见，并据此提出立法提案。欧洲议会一般被视为欧洲民众的代表，而部长理事会和欧洲理事会在一定程度上都可以被视为成员国利益的代表。地区委员会及欧盟经济和社会委员会在参与决策时，格外强调重视发挥利益相关方的作用，努力代表次国家行为体发声，为它们参与到欧盟决策中去争取更多的机会和保障。从这一角度来看，归纳起来，欧盟委员会、欧洲议会和欧洲法院可以理解为共同体利益的代表，部长理事会、欧洲理事会、地区委员会等则可以视为特殊利益的代表。两种利益代表之间相互制衡，以期达到“制度平衡”的状态。

另一方面，从职能上来看，欧洲理事会为欧盟政策确立了基本方向，欧盟委员会负责议程确立，部长理事会和欧洲议会主要负责法律规范的制定通过，欧洲法院则为这些法律规范的遵守提供保障。欧盟不同机构之间虽然分工有别，但是整体而言是为了解决问题这一共同目标而服务的。[①]在实际中，不可避免的是，欧盟机构之间在立场方面仍缺乏足够且有效的协调，也很难通过更加强有力的方式保证以达成协议的有效实施。不过需要指出的是，目前欧盟决策中不同行为体之间的复杂互动、相互牵制反过来也体现出欧盟决策中存在的多样化的利益诉求，反映了代表不同利益的行为体在欧盟决策中获得了更多的参与机会和参与途径，同时也能够保证专业知识在具体领域的运用。

针对目前欧盟机构在实践中遇到的问题，欧盟一直在寻求通过调整机构设置和决策方式的途径来梳理欧盟各机构之间的关系，保证它们能够更加有效地发挥作用，并且推动整个决策运作过程顺利进行。《里斯本条约》作

① Ole Elgström and Christer Jönsson, “Negotiation in the European Union: bargaining or problem-solving?”, in *Journal of European Public Policy*, 2000, Vol.7, No.5, pp.684-704.

为欧盟宪法条约的替代，对于欧盟的机构设置以及决策方式进行了诸多调整，其中就包括了改革轮值主席国制度，在欧洲理事会内设立常任主席职位；在缩小欧盟委员会规模的同时，进一步加强欧盟委员会主席的影响力；对部长理事会内的表决机制进行改革，扩大“有效多数表决”的适用范围，并且从2014年11月起开始采用“双重多数表决制”；[①]进一步扩大欧洲议会在立法、预算等方面的权力，赋予欧洲议会以决定欧盟委员会成员、主席及欧盟外交与安全政策高级代表的权力。总之，欧盟机构之间的博弈过程不应被理解为一种零和博弈，而应当将其视作决策参与各方利益相互依存度越来越高的一种反映。[②]

二、成员国参与气候决策的方式

欧洲一体化发展的过程与成员国权力转移和让渡过程相一致。对于主权国家来说，参与多层治理的路径或情况主要表现为以下三种：政府领导人可能希望分散某些权威能力、出于对其他目标的追求同意分散部分权力、它们可能无法控制某些特定权威的能力的分配。[③]但是在谈论欧盟治理时，不应当将它简单片面地视为“国家之上的治理”，事实上，欧盟决策得出的结果大部分还是对政府间谈判结果的反映，成员国政府在欧盟治理中依然发挥着不可忽视的作用，拥有无法替代的影响力。因此，在多层治理框架下，我们

---

① “双重多数表决”意味着一项提案需要同时获得至少55%的成员国以及65%的欧盟人口的支持。“有效多数表决”在《里斯本条约》之后可以适用于司法与警察、移民等领域。

② Olivier Höing and Wessels Wolfgang, “The European Commissions position in the Post-Lisbon Institutional Balance, Secretariat or Partner to the European Council”, in eds. by M. Chang, J. Monar, The European Commission in the Post-Lisbon Era of Crises, Between Political Leadership and Policy management, in *College of Europe Studies*, Bruxelles: Presses interuniversitaires européennes, 2013, p.125.

③ Gary Marks, “An actor-centred approach to multi-level governance”, in *Regional & Federal Studies*, 1996, Vol.6, No.2, pp.20-38.

应当探讨的是怎样从一个更加全面的视角对国家在不同层次上发挥的作用进行界定，进而分析国家在整个欧盟决策过程中的影响。[①]

在欧盟目前的多层治理体系框架下，成员国已经不再作为唯一的中介来连接欧盟层面和次国家层面的行为体。在这样的体系结构中，对于成员国来说完全掌控一项政策的制定过程和政策结果是非常困难的。但这并不意味着国家在欧盟决策中表现出一种被动的态度，相反，国家会试图通过积极参与来重拾或加强对次国家行为体的控制力。对此，有学者从“欧洲化”的角度对成员国在欧盟决策中扮演的重要角色进行了分析。[②]“欧洲化”这一过程体现出的是一种成员国与欧盟之间双向的而非单向的、循环的而非单次的互动。[③]与此同时，成员国之间的观念、信息及经验分享使得这一过程同时表现出“政策转移”(policy transfer)的特点，[④]而欧盟为这些交流与分享提供了实现的机会，并起到了推动作用。成员国在很多欧盟活动中更多地处于一种分享而非垄断和控制的地位。[⑤]不可否认，成员国依然是欧盟决策过程中的主要行为体，建立在意愿联盟和利益关系上的竞争与合作，以及“欧洲化”的程度，对于欧盟决策进行的连贯性与合法性施加了重要的影响。

关于欧盟和成员国的权责划分一直是欧盟法律和制度建设中的关键问题。《里斯本条约》明确了授权原则(conferral principle)、辅助性原则(sub-

---

① 伍贻康等:《多元一体:欧洲区域共治模式探析》,上海社会科学院出版社,2009年,第37页。

② Kenneth Hanf and Ben Soetendorp. “Small states and the europeanization of public policy”, in eds. by Kenneth Hanf and Ben Soetendorp, *Adapting to European integration: small states and the European Union*, London: Routledge, 2004, pp.1–13. Johan P. Olsen, “The many faces of Europeanization”, in *JCMS: Journal of Common Market Studies*, 2002, Vol.40, No.5, pp.921–952.

③ Klaus H. Goetz, “European Integration and National Executives: A Cause in Search of an Effect?”, in West European Politics, 2000, Vol.23, No.4, pp.211–231.

④ Elizabeth Bomberg and John Peterson, *Policy transfer and Europeanization: passing the Heineken test?*, Queens University Belfast, 2000.

⑤ Gary Marks, Liesbet Hooghe, and Kermit Blank. “European Integration from the 1980s: State-Centric v. Multi-level Governance”, in *Journal of Common Market Studies*, 1996, Vol.34, No.3, pp.341–378.

sidiarity principle)和比例原则(proportionality principle)。在此基础之上,对欧盟机构的参与度作出了规定,并为欧盟机构与成员国之间的权责划分确立了基本的制度框架,同时也允许成员国有权收回部分权力,对成员国退出欧盟的情况做了详细的规定。尽管如此,在承担气候变化责任方面,成员国与欧盟之间仍旧表现出一种错综复杂的关系。尤其是考虑到气候政策涉及领域的宽泛性,在处理能源等敏感议题时,成员国并不情愿将主权让渡给欧盟机构。因此,在相关政策决策过程中成员国发挥了更为决定性的作用。虽然一个共同能源政策对于欧盟解决气候变化问题是十分重要的,一直以来欧盟委员会都在积极拓展欧盟在能源领域中的权力,但欧盟委员会同时也表示,不会超出条约规定的权限并会对辅助性原则表示充分尊重,所以在能源领域中,目前欧盟条约能够提供的也仅仅是建议措施。比如,欧盟委员会通过发布白皮书的形式表达了追求能源高效和确立资源利用高标准的决心,然而实际上,在欧盟层面开展的与气候变化相关的活动还是相对边缘化的;在有关排放贸易管理权的问题上,尤其是在国家排放许可分配计划的问题上,欧盟委员会的权力实际上是在逐渐减弱的,这也是出于对其拥有为各国设定排放权上限这一权力的制衡。①

虽然成员国在承诺和行动中都存在差异,但不可否认的是,欧盟在2000年前达成的稳定目标主要还是依赖成员国努力达成妥协的结果,包括确立能源与交通政策框架,对能源领域内的具体内容(比如能源价格等)进行监管调控,制定、发展和实践能源领域的税收政策、能源效率政策、可再生能源政策,对能源领域的研发进行资助等目标在内,成员国政府都在其中发挥了举足轻重的作用。

① Jørgen Wettestad,"European Climate Policy:Toward Centralized Governance?",in *Review of Policy Research*,2009,Vol.26,No.3,pp.311-328.

总体来说,在气候政策领域,成员国在欧盟决策中表现出了以下特点:

第一,所有的欧盟气候政策都是基于成员国与欧盟权力共享的理念,只是在具体实施时会根据不同议题存在区别。欧盟可以通过决定、指令、条例等方式,向成员国传达具有法律约束力的减排目标和排放交易计划,成员国需要根据具体情况来对欧盟立法做出回应。

第二,成员国受限于遵守来自国际的或欧盟的条约与法律法规,并以此完成相应的温室气体减排、能源效率提高和发展可再生能源等国内目标。这也从另一个方面反映出,成员国的表现对欧盟作为一个整体实现超国家目标及国际承诺的影响。比如,在一国加入欧盟之前,它需要满足欧盟已经制定的一系列政策要求,对于部分欧盟政策成员国需要转化为国内法进行实践。

第三,作为主权实体,成员国可以自主决定如何达到指定的减排目标,并且能够维护在欧盟规定目标外自主确立国家规则的权利。

第四,欧盟成员国需要履行的义务,根据各自的历史责任和现阶段的发展能力而存在区别。"责任分担"(burden-sharing)是欧盟气候政策中的一个主要思路,也是梳理成员国关系中需要处理的关键问题。"责任分担"作为一项原则,曾在京都议定书的谈判过程中为欧盟政策目标的实现发挥了重要的推动作用。2009年,欧盟适时通过了"负担共享决定",并将其作为气候行动和可再生能源一揽子计划中的重要组成部分。作为欧盟气候政策中最重要的手段之一的排放交易体系,也是责任分担原则的体现和实践。

考虑到成员国自身条件、发展情况上存在差异,尤其是在欧盟成员国数目扩展之后,成员国之间的差异愈发明显,"有差别的一体化"(differentiated integration)、"多速欧洲"(multi-speed Europe)[①]等现象的出现就是对这种情

① Christian B. Jensen and Jonathan B. Slapin, "Institutional hokey-pokey: the politics of multi-speed integration in the European Union", in *Journal of European Public Policy*, Vol.19, No.6, 2012, pp. 779-795; Andreas H. Hvidsten and Jon Hovi, "Why no twin-track Europe? Unity, discontent, and differentiation in European integration", in *European Union Politics*, Vol.16, No.1, 2015, pp.3-22.

况的反映。加之成员国拥有可以自主选择实现政策目标的方式这一权力,欧盟成员国在气候政策决策中的表现就出现了明显的分化。下面就将对成员国参与欧盟气候政策决策的方式和施加影响的途径进行分析,同时解读成员国在欧盟气候政策决策中不同表现的影响因素,并以此对成员国的表现进行分类。

(一)成员国的影响方式

在欧盟气候政策决策过程中,"欧洲化"的色彩非常明显,这也体现了成员国与欧盟层面进行互动的一种过程和方式,成员国与欧盟之间互相影响、互相作用,培养出对共同政策和欧盟制度设计的认同。成员国在这一互动过程中并非一味承担外部压力,在最大限度地维护本国利益,寻求多种途径来表达自身意愿、实现本国利益诉求。如有的学者指出,成员国将欧盟层面视为一种"机会结构"(opportunity structure),从自身利益和资源情况出发,通过塑造欧盟层面的治理安排,进一步寻求自我发展。[①]

在欧盟决策过程中,一方面,成员国不得不接受来自欧盟层面的压力,根据欧盟立法制定或修改本国政策;另一方面,成员国也并非完全乐意接受来自欧盟的要求。在有的情况下,成员国依然可能对欧盟的做法产生不满,也会存在无法完成或者不想去完成的任务。还有一种情况是,根据"高水平的环境保护"(high level of environmental protection)这一原则,成员国的气候(环境)政策也存在成为欧盟规则的可能。2002年,英国颁布的排放交易计划(emissions trading scheme)就是一个很好的例子,它帮助英国公司在2005年

① Adrienne Héritier, "The accommodation of diversity in European policy-making and its outcomes: Regulatory policy as a patchwork", in *Journal of European Public Policy*, 1996, Vol.3, No.2, pp. 149-167.

欧盟排放交易计划实施前就取得了先发优势。[1]德国于2000年颁布的《德国可再生能源法》(German Renewable Energy Law)和2002年英国颁布的《英国能源效率承诺》(UK Energy Efficiency Commitment) 都为之后的欧盟相关规则提供了范本。

欧盟层面上具有政府间色彩的机构或主要代表成员国利益的机构都是成员国参与欧盟决策最为直接的途径。比如,在欧洲理事会中,成员国政府需要就欧洲一体化和欧盟未来方向达成基本一致;在部长理事中,成员国各具体部门也需要就某一议题草案的通过进行讨论, 讨论过程往往直接影响到最终的政策结果;即便是在欧盟委员会运作过程中,也需要和成员国政府保持联系,向成员国进行咨询,对成员国的要求进行沟通协调,与成员国合作撰写提案影响评估报告。另外,欧盟多层治理体系中还包含国家间环境政策创新与欧盟共同市场背景下欧洲国家协调机制之间的互动。

在成员国之间,技术创新和经验学习也扮演了重要的角色,这一机制可以有效地激励成员国在欧盟的监管下开展良性竞争, 争取欧盟规则制定过程中"领跑者"的角色。[2]在经验交流的过程中,成员国还可以避免重复没有意义的实验,节约了成本,也有助于欧盟的气候政策得到更有效的落实。比如,德国、丹麦和英国这三个国家位列欧盟内部温室气体减排率的前几位,它们为自己在1990至2025年间设立了一个野心勃勃的减排目标, 分别是实现减排40%~45%、40%和50%,这些国家也拥有足够的信心和基础来实现这些目标。对于这三个国家来说,这样的表现是政策引导加强创新的结果和

---

① Tim Rayner and Andrew. J. Jordan, "The United Kingdom: A Paradoxical Leader?", in eds. by Rüdiger Wurzel and James Conelly, *The European Union as a Leader in International Climate Change Politics*, London: Routledge, 2011, pp.95-111.

② Miranda A. Schreurs, Y. Tiberghien and P. Dauvergne, "Multi-Level Reinforcement: Explaining European Union Leadership in Climate Change Mitigation", in *Globe Environment Politics*, 2007, Vol.7, No.19-46.

对市场增长政策的周期反馈，它们也被视为动员各级气候治理的最佳实践。

(二)成员国表现的影响因素

在实际中，一个成员国在不同议题中的表现可能存在差异，不同成员国在面对同一个议题时的表现也是存在差异的。具体到对于欧盟成员国的分析，不同成员国在欧盟气候政策决策中的表现也存在很大差异，这在一定程度上取决于成员国对具体议题领域的认知，以及在多大程度上坚持自身特质的意愿。有学者对成员国在欧盟决策中保持自身特质的程度进行了分析，认为主要涉及三个影响因素——内部结构或利益分化、行动能力和权力。[①]

虽然欧盟成员国在诸如推进区域经济、政治发展和通过民主治理体系实现社会稳定方面分享共同目标，但是在历史文化、国情、人口、语言和政治制度等方面都存在差异。分析的第一步从成员国"偏好形成"(preference formation)入手，在这个过程中，成员国将承受来自不同利益相关方的压力，并通过内部的沟通协商形成一个国家偏好。从这个角度考虑，成员国接受到的利益诉求分化越大，就越难以达成一个统一的国家偏好，也往往难以在欧盟决策中施加更强有力的影响。而来自不同利益相关方的诉求在多大程度上能够传递给成员国政府，又是与成员国本身的内部结构密切相关的。因此，在对成员国在欧盟决策中的表现及影响进行分析时，首先要考虑的就是成员国内部结构或利益分化程度这个因素。在此基础之上，成员国政府接受并整合了国内意见，但是如何直接、准确地将这些意见传达到欧盟层面，并且推动国内诉求转化为欧盟的政策结果，这又关系到影响成员国参与欧盟决策的另一个因素，即成员国参与决策的行动能力。除此之外，在考虑了成

① Dirk Leuffen, Thomas Malang, and Sebastian Wörle, "Structure, capacity or power? Explaining salience in EU decision-making", in *JCMS: Journal of Common Market Studies*, 2014, Vol.52, No.3, pp. 616-631.

员国内部因素和行动能力之后，还需要从一个体系层面对成员国的权力进行分析。权力是分析一个行为体在决策过程中意愿、表现及影响力的一项重要因素，最为明显的体现在有效多数投票机制下成员国拥有不同的投票数。成员国的大小、人口数目及经济发展水平都是影响其权力的因素。

马斯·伯诺尔和莉娜·谢弗在对不同国家减缓气候变化所做的努力进行比较分析时指出，经济发展水平、政治体制特点和气候变化带来的风险差异是造成不同国家不同态度或不同处理方式的主要影响因素。①其中，国家的经济发展水平往往与该国进行新技术研发或使用清洁技术的意愿密切相关，在经济发展水平高的国家，社会公众往往也会对环境或气候保护有更高的标准和要求。不同的政治体制对于国家制定气候保护政策、开展减缓气候变化的行动也会带来影响。在两位学者看来，民主制对于气候保护目标的实现会带来积极效应。而一国在面对气候变化危害时的脆弱性和敏感性，也会为其气候政策制定和气候行动开展带来影响，如果一国对于气候变化可能造成的危害表现出了足够的敏感性，或在处理气候变化问题时表现得更加脆弱，那么它都会拥有更大的诉求去解决气候问题、减缓气候变化。

也有学者对欧盟成员国气候政策（尤其是适应气候变化政策）在制定时的关键动力因素和关键促进因素进行了归纳（如图 3 所示）。②气候变化造成的危害迫使成员国不得不考虑通过制定有针对性的气候政策，来缓解气候变化带来的影响并尽可能减少其危害，技术水平的发展也帮助成员国对于气候变化的危害有了更加深入的了解。国际层面上国际气候机制的要求和

① ［瑞士］马斯·伯诺尔、莉娜·谢弗：《气候变化治理》（哲学社会科学版），《南开学报》（哲学社会科学版）2011 年第 3 期。

② G. Robbert Biesbroek, Rob Swart and Timothy R. Carter et al., "Europe adapts to climate change: comparing national adaptation strategies", in *Global environmental change*, 2010, Vol.20, No.3, pp.440－450. G. Robbert Biesbroek and Binnerup S., et al., "Europe adapts to climate change. Comparing National Adaptation Strategies", *Partnership For European Environmental Research (PEER) Report 1*, 2009, p.283. http://docs.niwa.co.nz/library/public/PEER-Report1.pdf.

欧盟层面上气候立法的要求共同推动成员国做出相关立法，并认真贯彻执行。其他已经制定了气候政策的成员国也会起到良好的示范作用，在学习交流过程中，成员国可以分享彼此取得的经验，互相促进，从而激励成员国在气候政策领域有所作为。而气候保护领域的非政府组织及其他利益相关者也会通过积极的游说，向成员国政府表达自身利益诉求，向成员国施加气候立法的压力。在此基础上，如果成员国有强烈的政治意愿去主动、积极地开展气候行动；有充足的人力、物力和知识储备来保证气候政策决策的顺利进行；能将气候政策与成员国其他政策进行恰当地整合，保证各部门之间的有效合作及公众的积极配合；计划安排时间表又符合该国实际情况，那么成员国的气候政策将会更容易达成。

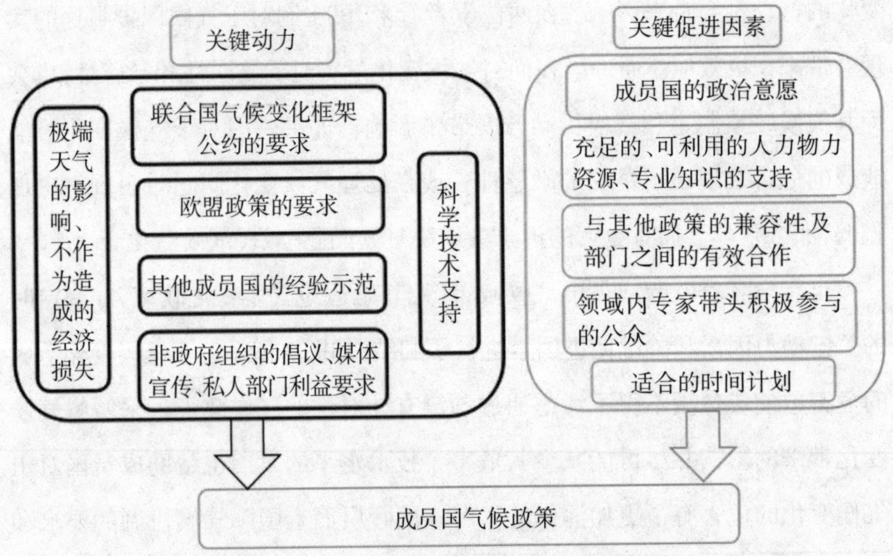

图3　成员国气候政策的关键动力和促进因素

资料来源：G. Robbert Biesbroek, Rob Swart and Timothy R. Carter et al., "Europe adapts to climate change: comparing national adaptation strategies", in *Global environmental change*, 2010, Vol.20, No.3, pp.440–450.

由于成员国自身结构和发展状况的差别，以及参与欧盟决策的途径和意愿不同，在欧盟政策制定和执行过程中所表现出的态度也是存在差别的。

举例来说，按照欧盟的“负担共享决定”，为了实现在2020年较2005年减排10%的整体目标（如图4所示），成员国被分配了不同的国家减排目标，该目标是经成员国以全体一致方式通过的。虽然欧盟要求所有成员国都必须采取措施实现减排，但在设计时也是充分考虑到成员国各自经济发展水平[①]和加入欧盟的时间等因素。从图4中可以看出，经济发达的成员国被规定了减排20%的目标，而经济较为落后的保加利亚被允许将温室气体排放量增长限定在20%之内；2013年7月加入欧盟的克罗地亚也获得了一个相对宽松的目标，即被允许将温室气体排放量增长限制在11%之内。

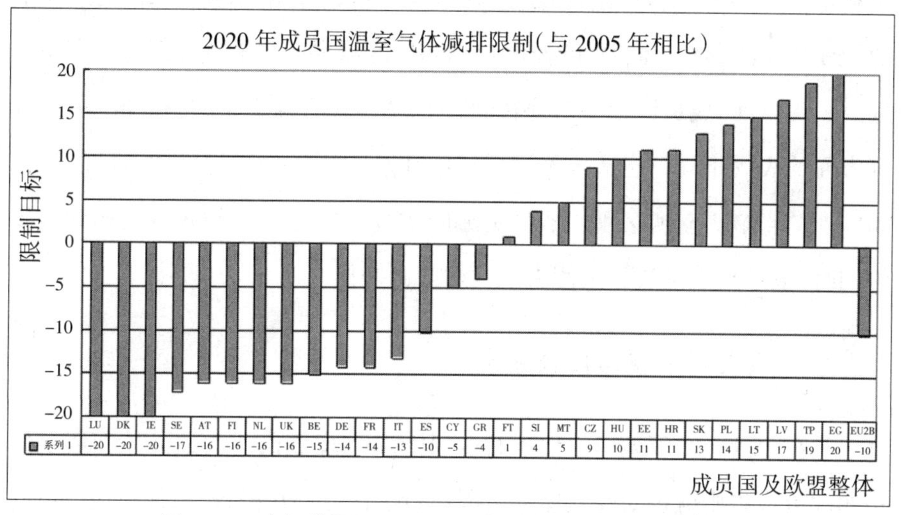

图4 2020年成员国温室气体减排限制（与2005年相比）

资料来源：European Commission, Effort Sharing Decision, http://ec.europa.eu/clima/policies/effort/index_en.htm.

成员国的国家减排目标也反映了欧盟气候决策中成员国之间的差异和分歧。欧盟委员会在2030框架的答疑文件中曾对成员国之间存在的巨大差距做出过解释，指出能源成本、网络成本及税收是造成这种现象的主要因

① 其中人均国内生产总值(Gross Domestic Product)是主要衡量指标。

素，其中能源成本主要针对的是成员国内部在能源结构上的差异，网络成本涉及网络的时间和质量等特性，而不同成员国在气候和能源领域的资金投入差异也会对成员国在欧盟气候与能源政策中的表现造成影响。①

一方面，各国的特点决定了其对于欧盟气候政策的基本态度，换句话说，成员国国内经济发展水平、资源条件、政治结构及公众和社会团体的关注度，决定了成员国气候保护的意愿和参与欧盟气候政策决策的积极程度。根据欧盟委员会的调查，欧盟内部不同地区受到气候变化的影响是存在区别的：南欧、地中海地区国家及海外领地被认为是最脆弱的地区，另外阿尔卑斯地区的山地、岛国、沿海地区、城市及人口密集的平原地区也受到明显的气候变化的影响。同时，欧盟内部不同地区需要面对的气候问题也有所区别。另一方面，成员国在参与途径、政治态度、立法响应、社会和经济灵活性等方面的表现不同，也造成不同成员国在欧盟气候决策过程中扮演的角色和施加的影响力有所区别。成员国之间的分歧给欧盟气候政策在推动进步的同时，也带来了挑战甚至使决策过程遭遇挫折。

（三）成员国表现的比较分类

早在1999年，莱塞·芮休斯（Lasse Ringuis）发表的一份欧共体与气候保护的政策报告中就曾对欧共体成员国进行了区分。在报告中，他根据成员国在环境政策中的表现和领导愿意，将欧共体内部的成员国具体划分为三种类型，即扮演领导角色、倾向于采取积极环境政策的“富有且绿色”（rich and green）集团，虽然有能力但对环境政策缺乏足够热情的“富有但较少绿色”（rich but less green）集团，以及在欧盟环境政策中扮演了“拖后腿”角色的

① European Commission, Questions and answers on the price report, http://europa.eu/rapid/press-release_MEMO-14-38_en.htm.

“贫穷且更少绿色”(poorer and least green)集团。[1]在这份报告发表时,欧盟尚未经历大规模的扩大,因此并没有涉及后续加入的东欧国家。[2]随着欧盟的扩大,新成员国的加入,加之欧债危机对成员国造成的影响不同,对欧盟气候政策领域中成员国的划分也应当做出相应调整。从上文中提到的结构、能力和权力三个因素进行分析,依然可以将欧盟气候政策决策中的成员国进行“领先者”“中立者”和“落后者”这样的区分。

1.领先者

成员国特质在欧盟决策中最直接的表现即成员国坚持其立场的强度。[3]在对成员国进行分析时,国家大小、人口数量、自然资源、经济发展状况,以及国家内部结构是否有利于多样化的利益诉求的表达,都会对成员国在欧盟决策中表现出的特质产生影响。一般来说,在气候政策领域,表现优异或表达出积极主动意愿采取应对气候变化行动的成员国,往往拥有比较发达的经济水平和强大的社会基础。比如,在《议定书》的减排协议中,欧盟承诺作为一个整体在2008—2010年间,将温室气体排放量在1990年的水平上减排8%。欧盟在内部通过责任分担的形式,将自己整体的减排承诺分配到各个成员国。许多成员国为本国设定了高于欧盟的减排目标,作为欧盟经济大国的德国等西欧国家承担了欧盟主要的减排责任,与1990年水平相比德国旨在2005年达到减排25%的目标;奥地利和丹麦希望在2005年时与

① Lasse Ringius,“The European Community and climate protection:What's behind the‘empty rhetoric’?”,in Cicero Report,1999.

② 在报告中,莱塞·芮休斯将德国、瑞典、荷兰、芬兰、奥地利划分至“富有且绿色”集团,将英国、法国、比利时、卢森堡和意大利划至“富有但较少绿色”集团,认为葡萄牙、西班牙、希腊、爱尔兰属于“贫穷且更少绿色”的国家。

③ Robert Thomson,Javier Arregui,and Dirk Leuffen et al.,“A new dataset on decision-making in the European Union before and after the 2004 and 2007 enlargements(DEUII)”,in *Journal of European Public Policy*,2012,Vol.19,No.4,pp.604-622,p.612.

1988 年水平相比减排 20%；荷兰的目标则是在2000 年实现与 1989—1990 年的水平相比减排 3%~5%。[①]而人口数量直接关系到成员国在欧盟机构中的投票权重。因此,人口大国往往在欧盟决策中具有更大的影响力。

成员国政府不得不考虑社会中不同团体的利益诉求，尤其是那些活跃并且有实力的团体组织。大国与小国相比,内部利益分化表现得更加明显,表现的诉求也会更加多样,即便面对相同的气候变化问题,往往也会有来自不同议题领域的团体组织发表意见。成员国中的小国往往很难拥有一个足够庞大的官僚机构,来保证其照顾到每一个具体的议题领域;与小国相比,大国则能够在具体议题中投入更多精力，并且能够提供足够的人力和物力基础,保证其关注到欧盟气候政策的更多方面。比如,一些大国不仅积极参与环境政策决策,而且在能源、交通、农业等气候变化相关领域也会参与其中。而这也有助于大国时刻与欧盟政策气候发展保持一致,甚至推动欧盟气候政策的决策过程向前发展。

同时,欧盟内部民众强烈的环保意识,促使欧盟主流政党对生态优先的价值观表示了普遍认同,也推动了以德国为首的环保先锋国家的出现。[②]在气候变化领域中,德国被认为是欧盟内最直言不讳和积极的支持者,瑞典也是较早认识到环境保护重要性的国家。这些国家加入欧盟,不仅壮大了欧盟内绿色环保国家的力量，也推动了欧盟内部新的环境力量格局的建立。比如,瑞典、德国与荷兰、丹麦等国在欧盟内部组成了一个“绿色集团”,推动欧

① G. Robbert Biesbroek and Binnerup S,“Europe adapts to climate change. Comparing National Adaptation Strategies”,in *Partnership for European Environmental Research(PEER)Report 1*,2009,p.283. http://docs.niwa.co.nz/library/public/PEER-Report1.pdf; Ute Collier and Ragnar E. Löfstedt,“Think globally,act locally?:Local climate change and energy policies in Sweden and the UK”,in *Global environmental change*,1997,Vol.7,No.1,pp.25-40.

② 陈新伟、赵怀普:《欧盟气候变化政策的演变》,《国际展望》2011 年第 1 期。

盟首次改变了在环境领域的决策程序,即由一致同意改为有效多数表决。[①]

领先国家在欧盟气候政策决策中往往会拥有更多的话语权，能够有足够的人力和物力推动欧盟政策的制定,在一些具体环节中也会具有优势。比如,在欧洲基金中心报告中提到的,对于气候或环境项目的资助时,成员国国内的人口数量、收入水平、投票权重、在气候政策领域的表现及基本价值观和公众舆论都会成为重要参考。[②]但是需要指出的是,即便是上述领先国家在具体政策实施中,还是遇到了不同程度的问题。比如,德国在引进推行有效的政策措施方面表现得非常缓慢,实现减排的主要方式还是依赖于 ex-GDR;[③]英国预计其排放量到 2000 年减少 4.4%~7%,主要通过依赖在发电领域中从煤向天然气的大规模转变来实现,这部分是靠电力私有化来完成的,国家的气候变化战略则看起来相对单薄。[④]总的来说,国家层面的政策活动是有限的,同时存在大量政策之间的竞争。在有关辅助性原则的讨论中,关于地方政府扮演的角色也常常被忽略。

2.落后者

欧盟成员国之间由于在自然条件、入盟日期、经济发展状况以及它们对欧盟预算所作的贡献和获得的利益方面存在差异,而存在无法避免的分歧。这些分歧也限制了它们在欧盟决策中的诉求表达和利益偏好的实现。从欧盟在国际气候谈判政策决策及欧盟 2020 年后的气候政策决策过程中成员国的不同表现来看,东欧国家往往在决策过程中扮演了一个“拖后腿”的角

① 吴强:《气候政治:老欧洲的新世界主义》,《文化纵横》2009 年第 5 期。

② European Foundation Centre, Environmental Funding by European Foundations: a snapshot, https://www.cbd.int/financial/charity/efc-environmental2011.pdf.

③ Ute Collier, "Local authorities and climate protection in the European union: Putting subsidiarity into practice?", in *Local Environment*, 1997, Vol.2, No.1, pp.39-57.

④ Ute Collier and Ragnar E. Löfstedt, "Think globally, act locally?: Local climate change and energy policies in Sweden and the UK", in *Global Environmental Change*, 1997, Vol.7, No.1, pp.25-40.

色,而造成这种情况的原因也是多方面的。

一方面,由于缺乏足够的经济和人力支持,经济相对落后的成员国可能很难在布鲁塞尔建立一个高质量的办事处，并以这种方式去获得更多直接或非正式的途径来影响欧盟决策，进而也影响到它们自身利益的表达和信息的传递。同时,国内资源的缺乏也使得这些成员国倾向于将政策重点放在有限的范围内。[①]尤其是考虑到近几年欧债危机的打击,尽快恢复国内经济发展被这些成员国视为绝对的优先选项。而考虑到其国内经济结构的特点,经济发展又往往与减排等应对气候变化的具体措施不一致,在这种情况下,气候保护很难成为它们的优先考虑事项。因此,对它们来说参与欧盟气候政策决策的需求也是有限的，当欧盟气候政策与其视为优先选择的国内经济发展相冲突时,它们则倾向于采取反对或抵制的态度。

另一方面,与欧盟成员国中的"元老"国家相比,新加入的成员国尚处于一个学习探索阶段,它们需要先学会适应参与欧盟决策的方式,再尝试进行拓展、寻求最适合自身利益表达的途径。[②]对于一些新成员国来说,它们坚持这样一种观点，即自己和欧盟原有成员国之间在经济方面存在一个不小的差距,而正因为此,它们很难完成欧盟制定的一些减排计划,而且也不准备以牺牲自身经济发展为代价,来为应对气候问题做出努力。[③]波兰就是其中的代表之一,它向我们展示了欧盟努力创建共同气候政策过程中,具有包容性和复杂性的一面。作为一个人口众多、尚在经济转型中的国家,波兰在制定国家气候政策时需要面对的问题必然与上述领先国家不同，也承担了经

① Diana Panke,"Small States in EU Negotiations:Political Dwarfs or Power-Brokers?",in *Cooperation and Conflict*,2011,Vol.46,pp.123-143.

② James P. Cross,"Interventions and Negotiation in the Council of Ministers of the European Union",in *European Union Politics*,2012,Vol.13,No.1,pp.47-69.

③ Charles F. Parker and Karlsson C. K.,"Climate Change and the European Union's Leadership Moment:an Inconvenient Truth?",in *JCMS:Journal of Common Market Studies*,2010,Vol.48,No.4,p.934.

济发展的更大压力，这也是许多欧盟新成员国不得不去面对的挑战。

只关注领先国家的努力，并不能够完整反映成员国在欧盟气候政策决策中的实际情况。相对落后成员国的态度和要求也会直接影响到欧盟气候政策领域的制度安排和政策结果。比如，在欧盟排放贸易体系中，部长理事会最终建立的是一个分散型的管理结构，其中成员国可以根据各自国情来确定具体的国家排放许可，因而拥有确定排放许可的终极权力；而欧盟委员会的作用仅表现在监督方面，虽然在正式运行阶段其作用有所加强，可以对成员国提交的国家排放分配计划进行修改，但仍未触碰这一分散型管理结构的整体权力分配框架。为了最大限度地保护本国工业，欧盟成员国往往选择通过一个较为宽松的排放许可。这样做的结果对于欧盟减排而言并不能产生实质意义，一个颇具讽刺性的例子体现在2007年欧盟公布的参与欧盟排放贸易体系各部门2005年排放总量的数据当中，数据显示，成员国为各部门设置的排放限额甚至高于欧盟的实际排放。显然，这样的目标设定并不能激励成员国以更加积极的态度来开展气候行动，也无益于解决气候变化问题。

3.中立者

“中立”一词本身很难界定，在这里提到的对欧盟气候政策决策持中立立场的成员国，主要体现为其中的多数对气候保护或环境保护本身持有较不关心的态度。但是与之前提到的落后国家相比，这些成员国并没有表现出对于欧盟气候政策明显的抵制或排斥态度，也能够接受欧盟提出的目标建议。对于这些成员国来说，“中立”的表现更多是由于其内部特征决定的，并非它们的主动选择。比如，在成员国内部本身就缺少关注气候保护的社会组织，或由于国家较小、人口较少等原因，在欧盟决策中，它们的利益表达可能会受到一定的限制，尤其是涉及能源、税收等敏感性问题时，这些成员国缺乏足够的话语权。

对于这种情况，在欧盟决策机制改革过程中一直致力于体现成员国平等的原则,尽量兼顾到大国和小国的利益诉求。比如在部长理事会内部进行投票时遵循的有效多数原则中对于成员国数量的要求[①]就反映了人口数量较少的小国的需求。《里斯本条约》对这一投票原则进行了进一步修改,将有效多数确定为超过部长理事会成员国总数的55%(就目前来说是超过15个成员国),并且这些成员国的人口总数要占到欧盟总人口数的65%及以上。虽然在部长理事会的实践中真正涉及投票的机会并不常见,但是这也体现出欧盟力求照顾到不同成员国利益诉求的努力。

总之,在欧盟决策过程中,成员国是最为关键的参与行为体之一。无论是提案准备过程中的咨询工作,还是决策过程中的谈判协商,成员国都施加了重要影响,它们的立场将直接影响欧盟决策进程,如果成员国之间能够就某一议题达成普遍共识,决策过程往往也会更加顺利。基于《里斯本条约》中确定的"授权原则"和"辅助性原则",成员国在欧盟决策中的影响力得以巩固,成员国的利益诉求是委员会咨询工作中的关注重点,成员国基于本国利益考量展开的合作与竞争构成了部长理事会讨论中的主要部分,成员国议会在欧盟立法过程中也发挥不可忽视的监督作用。在政策通过后的实施过程中,成员国也是最直接的政策实施者之一,如果成员国乐于配合欧盟政策、采取积极措施或确定一个高标准的国家目标,欧盟政策也会更容易开展,欧盟目标的实施也会更加有保障。在欧盟气候政策决策中我们可以发现,成员国层面与欧盟层面存在的双向互动。虽然欧盟层面的超国家机构(尤其是欧盟委员会)和专业性机构一直致力于推动一个共同气候政策的实施,但实际中成员国依然保持了相对较大的行动自由。比如,在排放交易体系中,各成员国可以根据国情制定国家排放许可分配计划,承担缺乏约束力的减排责任。

① 一般是要求达到简单多数,在部分情况下是需要达到三分之二。

在这种情况下，由于在经济发展水平、自然资源、对待环境政策的态度等方面存在差异，成员国自然会拥有不同的利益偏好并形成各自的政策立场。这些立场分歧日趋明显，逐渐显现出“领先者”“落后者”和“中立者”的差异，这也成为欧盟共同气候政策发展最主要的制约因素。另外，存在于后加入的成员国和成员国中的“元老”之间，以及成员国“元老”内部之间的分歧也愈发凸显。上述分歧都不可避免地反映在欧盟层面，如欧洲理事会和欧盟委员会等机构的运作中。比如，虽然为了提高欧盟委员会的办事效率、保证委员会作为一个超国家机构的特性，欧盟一直在寻求减少委员会中委员的数量，而实际中却困难重重，其中最重要的一点在于，尽管在欧盟条约中已经明确规定了委员应遵循独立原则、维护共同体利益，但是成员国仍将拥有欧盟委员会委员作为表达自身利益偏好的一条重要途径，不愿意轻易丧失这样的机会。在处理气候变化议题时，能源委员会中委员们之间的分歧也极大地影响了欧盟气候政策目标的制定。

但是对于欧盟成员国来说，无论在欧盟气候决策中扮演的是“领先者”还是“落后者”的角色，都要受到来自欧盟层面和次国家层面的压力，也会受到自身发展的束缚。即便如瑞典这样传统上的环保先锋国家，也需要面临诸如按照计划将逐步淘汰核能使用，从而影响其减排目标实现这样的问题。[①]从这一角度出发，欧盟成员国也认识到通过加强合作解决气候变化问题的重要性。然而这并不意味着成员国在推动欧盟共同气候政策形成的进程中将会发挥绝对的积极作用，实际上，成员国也会选择通过开展双边合作，而不是推动欧盟在气候领域的共同立场来实现应对气候变化的利益。因此，欧盟如果想要确保气候政策的顺利通过和实施，维持并巩固在全球气候治理

① Ute Collier and Ragnar E. Löfstedt, “Think globally, act locally?: Local climate change and energy policies in Sweden and the UK”, in *Global Environmental Change*, 1997, Vol.7, No.1, pp.25-40.

或国际气候谈判中"领导者"这样一个行为体角色,就必须妥善协调欧盟政策目标与成员国利益诉求之间的关系，以及成员国在气候变化问题中的矛盾和分歧。

三、次国家行为体及其参与气候决策的方式

一直以来,欧盟治理尤其是欧盟决策中的民主性问题,都是欧盟考量的重点和优先问题。罗尔夫·莱斯克格(Rolf Lidskog)和英厄马尔·埃兰德(Ingemar Elander)在对欧盟气候治理的民主性进行分析评估时,指出要实现高效、民主的气候治理,就必须在治理过程中涵盖不同领域和层次的行为体,其中,在一个"民主代表的体系"(a system of democratic representation)中实现的参与和审议则是这些行为体参与欧盟决策的基本保障。[①]从这一角度出发,欧盟采取了多种措施鼓励更多行为体参与到决策过程中,并为其参与机会提供保障。

在2001年发布的欧盟治理白皮书中指出,需要对欧盟治理模式进行改革,以使欧盟机构和欧盟决策过程更贴近民众。白皮书中也提到了良好治理的五项原则,即具有开放性、较高的参与程度、责任明晰、高效率和具有凝聚力。从中可以发现,当前欧盟着重强调的就是吸收更多的行为体参与到欧盟决策过程中来,让不同的利益诉求得到更充分的体现。在白皮书中,非政府组织、专业协会、地方组织及利益相关行为体等共同组成了"欧洲公民社会",体现出欧盟机构和成员国政府之外的行为体在欧盟决策中发挥着越来

① Rolf Lidskog and Ingemar Elander,"Addressing climate change democratically. Multi-level governance,transnational networks and governmental structures",in *Sustainable Development*,2010,Vol.18,No.1,pp.32-41.

越积极的作用。[①]在欧盟公布的2002—2012年第六个环境行动规划中，提出了在通过立法手段实现环境政策目标之外，还应积极寻求与企业、公民及其他利益相关者开展合作，从而实现对环境问题的“战略性综合治理”。[②]《里斯本条约》中则强调了公民社会在参与欧盟运行中的重要作用，指出在开放性原则的指导下，应当努力推动欧盟机构与公民社会之间保持公开、透明和定期的对话。

次国家行为体参与欧盟决策的途径不应局限于直接作用于欧盟机构，这样一种带有“中心-外围”色彩的方式，欧盟应当鼓励次国家行为体以更加丰富和多样的方式参与到决策过程中来。[③]而现有的多层治理模式为越来越多的正式或非正式的次国家行为体提供了参与欧盟决策的机会途径，推动它们成为应对气候变化挑战中的重要行为体，也推动了欧盟气候治理朝着一个更加民主的方向发展。

（一）欧盟气候决策中主要的次国家行为体

在本书的分析中，次国家行为体主要包含了地区或地方政府及跨国城市网络和社会力量两大类。其中，地方或地区政府作为欧盟政策的最直接实施者，其实践经验为欧盟委员会的提案准备提供了丰富的参考数据，其利益诉求也受到越来越多的重视。除了地区或地方政府之外，诸如非政府组织、企业及企业联合会、专家学者组成的智库甚至是公民个人等社会力量在欧盟气候决策中也扮演了重要的角色，尤其是在欧盟委员会的提案咨询工作

① European Commission, White Paper on Governance, http://europa.eu/legislation_summaries/institutional_affairs/decisionmaking_process/l10109_en.htm.

② Publications Office of the European Communities, 1600/2002/EC of the European Parliament and of the Council of 22 July 2002 laying down the Sixth Community Environment Action Programme, Official Journal of the European Communities, 2002, pp.1-2.

③ 吴志成、张萌：《欧盟治理中的公民社会及其政治参与评析》，《南开学报》（哲学社会科学版）2016年第6期。

中,这些社会力量为提案制定提供了实践经验以及专业知识,表达了来自相关领域的实际诉求,为提案增加了专业性和可操作性。

1.地区或地方政府及跨国城市网络

作为政策最直接的实施者,城市发挥的作用不可忽视。城市和地区组织在气候政策及其相关领域承担了重要的责任,比如在住房和家庭的能源消耗、交通法规和基础设施、土地利用和城市规划以及废弃物处理的相关政策的制定和实施过程中,地方政府都发挥了直接作用。同时,在欧盟向低碳能源体系进行技术变革的过程中,地方和地区层面也已经成为转型中的最大推动力。但是传统的政治体系和管理模式限制了它们直接参与到政策决策过程中的机会和途径。因此,城市自身的利益偏好也很难传递到直接进行决策的欧盟机构中去。随着欧盟决策涉及的议题复杂性和综合性程度的提升,越来越多积极的倡议联盟或跨国商业组织参与到欧盟决策中,欧盟内部多层治理模式日趋成熟,地方层面在气候治理中扮演的重要角色逐渐被欧盟重视。

欧盟决策中展现出的多层治理结构模式,对于地区层面来说是一项具有特殊意义的制度框架,省或州和城市都可以更加便利地参与到气候治理中来,成为进行技术变革、向低碳能源体系转型过程中的最大推动力。在欧盟环境署发布的《欧盟城市适应气候变化的机遇和挑战》文件中,对影响地方气候政策决策的因素进行了分析,指出良好治理、促进地方采取行动的国家计划、民主和参与性机构、城市调控气候相关问题的能力和权利、城市采取气候行动方面的承诺(包括组织地方活动,经济资源、知识和信息的可获得性)是主要的影响因素。[①]作为欧盟政策的直接实施者,在欧盟政策设计中同样无法忽视地方或地区的利益诉求。为此,欧盟致力于在欧盟委员会、国

① [丹]欧盟环境署:《欧盟城市适应气候变化的机遇和挑战》,张明顺、冯利利、黎学琴等译,中国环境出版社,2014年,第73~82页。

家政府、地区或地方政府及社会行为体之间发展一种紧密、平等、持续的伙伴关系。

1989年,欧洲议会提出了"经验交流项目"(the Exchange of Experience Programme,缩写为EEP),该项目由欧盟委员会负责具体运作并提供部分资金支持,由欧盟地区事务委员会进行监督审查,目的在于推动多个国家的地方政府(地区)合作设计、共同开发为期一年的项目,旨在实现发达地区向不发达地区的技术转移。1991年,欧盟委员会启动了"欧洲地区城市"(Regions and Cities of Europe)项目,由欧盟出资支持地方政府进行自助交流的网络项目,其中包含了有关应对气候变化的合作交流项目,旨在推动地方政府层面在气候适应措施中的经验交流和互相学习。与之相类似的还有欧盟委员会后来提出的"智能城市伙伴关系倡议"(Smart Cities Partnership Initiative)项目、"欧盟城市适应"(EU-Cities Adapt)项目等。通过这些项目,地方政府可以相互交流、交换优秀经验,提升适应和减缓气候变化的能力。2009年,欧盟以指令的方式确立了一个生产和推广可再生能源的共同框架,在指令中提到应当囊括进多样化的行为体,比如推动地区或地方政府的参与,成员国应当鼓励地方和地区政府设定比国家目标更高的标准,将它们纳入到国家计划中来,并且提高它们对于发展可再生能源重要性的认识。[①]

将国内政策提升至欧盟层面,常被成员国视作维护和巩固自己在成员国中领先地位的重要策略,同时也为国内气候友好技术的发展提供了动力,开拓了欧洲市场。地方参与的重要性体现在,欧盟决策是基于地方层面实践经验做出的,但是受当地条件所限,不同地区或地方政府在面对气候变化问题时的脆弱性和适应能力存在差别。比如,有的地区或地方政府对来自上级的政策要求会有逃避或抵触的消极情绪,而有的城市却能够在没有高层次

① European Parliament & Council,2009,p.16-9,http://www.nezeh.eu/assets/media/fckuploads/file/Legislation/RED_23April2009.pdf.

政府支持和指导的情况下采取自主行动。虽然地区或地方政府可以通过加入跨国城市网络等方式,获得更多的参与欧盟决策的机会和保障,但是它们在欧盟决策中的影响力还是取决于多种因素。

查理·杰弗里(Charlie Jeffery)曾将次国家行为体在欧盟政策中发挥作用的主要因素进行过归纳分析,包括了其所处的宪法位置、国家内部政府间关系的质量、次国家行为体所展现的企业家精神，以及次国家行为体的合法性，即它在多大程度上能够迎合当地群众的共同认识和共同目标并获得支持。考虑到各级政府组织结构的不同,在集中或分散方法的使用范围上也存有区别,这些决定了不同层次政府会采取不同的行动方式。对于一个职权相对分散的国家来说,比如联邦制国家,地方政府通常能够拥有更多的决策权或选择权,也往往能够更加自主地参与欧盟决策过程并传达自身利益诉求。而企业家精神则会影响到国内制度适应、领导力、联盟构建策略的实施水平。加里·马克斯则从“地区认同”和“政治分歧”两个角度对欧盟内部地区的特殊性进行了分析，不同地方政府在欧盟决策体系中的参与度和影响力是不平等的,在欧盟气候治理中扮演的角色也存有巨大的差异。在实际中,比较明显的表现是,当地方政府在国家制度中处于相对弱势地位时,与成员国中央政府保持紧密联系，往往有助于次国家行为体获得参与国家政策网络的机会,从而提高其影响欧盟决策的可能性。

由于目前城市大多面临着相似的问题，通过建立一项机制来促进跨国政策的交流与学习，已经成为多数城市发展和传播新政策理念的重要战略措施。气候保护对地方政府来说也非常具有挑战性,需要在不同领域、不同地区的一致行动。因此,政策协调和信息交换对于推动地方政府在气候保护领域有所发展具有很大帮助。在这一背景下，有更多的来自不同国家的城市,为了寻求更加有效的解决共同问题的途径而自愿组织起来,在组织内部或组织间的互动过程中交流经验、互相学习,借助网络带来的聚合力量争取更多的资金和技术支持,并以组织的名义将共同意愿传达出去,形成了“跨国城市网络”(Transnational Municipal Networks)。①

这是一个非等级制、多中心、水平的结构模式。②在网络的资金来源中,虽然成员国政府仍然扮演着最重要的角色,但是欧盟机构(尤其是欧盟委员会)提供的资金支持对跨国城市网络的日常运作来说也愈加重要。③近几年来,欧盟气候领域的跨国城市网络呈现针对性越来越强、涉及领域越来越具体的发展趋势。目前,活跃在欧盟的气候领域内的跨国城市网络主要表现为两种类型:一种是将组织的主要机构设立在欧盟国家、主要由欧盟成员国内的城市参与的跨国城市网络,或者是一些全球性的跨国城市网络在欧洲国家设立的分支网络;另一种跨国城市网络的特点在于其关注点主要局限于发生在欧盟国家内部的气候变化问题,或是关注于欧盟城市在全球气候行动中的作用。④跨国城市网络一般倾向于采取较为分散的组织结构来开展业务,以便增强网络的灵活性,更好地适应不同成员的特点。在诸如欧洲城市组织(Eurocities)、波罗的海城市联盟(the Union of the Baltic Cities)等网络内部,成员联系紧密,组织基本涵盖了所有重要的地方政府的功能。⑤参加跨国城市网络,已经成为目前欧盟内部地区或地方政府寻求参与气候政策决策、

① Michele M. Betsill and Harriet Bulkeley, “Transnational Networks and Global Environmental Governance:The Cities for Climate Protection Program”, in International Studies Quarterly, 2004, Vol.48, No.2, pp.471-493.

② Sarah Giest and Michael Howlett, “Comparative Climate Change Governance:Lessons from European Transnational Municipal Network Management Efforts”, in *Environmental Policy and Governance*, 2013, Vol.23, No.6, pp.341-353.

③ Noah J. Toly, “Transnational municipal networks in climate politics:from global governance to global politics”, in *Globalizations*, 2008, Vol.5, No.3, pp.350-351.

④ 巩潇泫:《欧盟气候治理中的跨国城市网络》,《国际研究参考》2015 年第 1 期。

⑤ Kristine Kern and Harriet Bulkeley, “Cities, Europeanization and Multi-level Governance:Governing Climate Change through Transnational Municipal Networks”, in *Journal of Common Market Studies*, 2009, Vol.47, No.2, pp.314.

提升影响力的有效途径之一。气候治理中跨国城市网络的参与,反映的不仅是横向的、不同国家的城市之间的互动,也体现了次国家行为体与国家和超国家机构在政策制定和执行中的互动。

早在1992年里约热内卢召开的联合国环境与发展会议(The United Nations Conference on Environment and Development)提出气候保护政策之前,就已经有很多欧洲城市认识到了气候保护的重要意义,并陆续成立或加入了一批旨在保护气候和环境的跨国城市网络,比较有代表性的包括气候联盟(Climate Alliance)、气候保护城市(Cities for Climate Protection,缩写为CCP)、能源城市(Energy Cities)等。这些跨国城市网络往往拥有相似的目标,并在国家层面、欧盟层面及国际层面代表网络内成员的共同利益,都寻求通过成员城市自愿承诺的方式来降低温室气体排放量,并且通过推动成员之间的交流与合作来提高城市应对气候变化问题的能力。但是在分布、组织结构和开展业务的具体方法等方面,跨国城市网络之间仍存在差异。[①]比如,截至2014年,气候联盟的成员包含了欧盟17个成员国的1600多个城市,其中既包括大城市也涵盖了中等甚至是小城市,自下而上发展,体现的是非政府组织的特征,在开展业务时采取的则是在不同国家设立协调机构的方式。[②]地区环境倡议国际委员会(the International Council for Local Environmental Initiatives)在1990年成立的气候保护城市网络则是一个全球性的跨国城市网络,它在欧洲设有自己的分支气候保护城市——欧洲(CCP-Europe),在开展业务时,网络选择在英国、芬兰和意大利等成员城市较为密集的国家设立专门的办事处,以协调一国内部的成员城市。[③]能源城市则发源于欧盟委员会的项目,涵盖了30个国家1000多个城市,是致力于能源转型方面的欧洲

① 巩潇泫:《欧盟气候治理中的跨国城市网络》,《国际研究参考》2015年第1期。

② Climate Alliance,http://www.klimabuendnis.org/our_members0.html.

③ CCP Campaign,http://www.iclei-europe.org/ccp/.

地方政府联合，网络已经建立了相对独立的以国家为标准进行划分的次级网络,并与气候联盟一起在布鲁塞尔设立了共用的办事处。[①]

2.社会力量

对于欧盟决策中的社会力量，不同学者按照各自的标准进行了不同的划分和定义。奥利维耶·科斯塔和娜塔莉·布拉克在《欧盟是怎么运作的》一书中将其表述为“非机构行为体”,主要包括各领域的专家以及利益团体的代表。在欧盟多层治理的体系结构下,这些组织或个人在欧盟政策提议、讨论及绿皮书发布等过程中都有机会参与到欧盟决策过程中来，表达自身的利益诉求。[②]在欧盟机构的部分文件中,这些行为体被归纳整合为公民社会。在《欧盟治理白皮书》的定义中,并没有明确将“经济组织”和“私人利益团体”纳入进来,[③]而在欧盟经济社会委员会的解释中,公民社会的定义则更为宽泛，它将不发源于国家且不受国家控制的个人或组织性的社会行为体都纳入了公民社会的概念中。[④]

欧盟气候政策决策中社会力量的参与最重要的价值在于它在提升欧盟民主代表性方面的作用。首先,它体现了多样化的行为体自主参与欧盟决策过程的意识提升。社会力量在欧盟气候政策决策中的参与,有助于政策结果体现更广泛的利益诉求,为不同的观点提供表达的机会途径。其次,在欧盟气候政策决策过程中,这些社会力量有助于公众舆论的塑造,在一个动态的

---

① Energy Cities,http://www.energy-cities.eu/-ABOUT-.

② [法]奥利维耶·科斯塔、娜塔莉·布拉克:《欧盟是怎么运作的》(第二版增补修订版),潘革平译,北社会科学文献出版社,第205~210页。

③ European Commission,White Paper on Governance,http://europa.eu/legislation_summaries/institutional_affairs/decisionmaking_process/l10109_en.htm.

④ Stijn Smismans,“European civil society:Shaped by discourses and institutional interests”,in *European law journal*,2003,Vol.9,No.4,pp.473-495. European Economic and Social Committee,The Role and Contribution of Organized Civil Society Organizations in the Building of Europe,OJ C329,17 November 1999.

过程中，提高公众对于气候变化议题的关注度，提升表达利益诉求时的影响力。具体到气候变化领域，这些社会力量在塑造气候变化议题过程中发挥了关键的推动作用。比如在2008年哥本哈根气候大会上，气候保护非政府组织和相关企业、利益集团等社会力量直接促成气候变化问题在全球范围内得到了前所未有的重视。为了准备哥本哈根气候大会和未来的国际气候新机制，欧盟也接受了部分来自社会力量的意见和建议，将气候变化议题提升到新的高度，并设立了专门的气候行动总司来负责开展气候行动。

在决策过程中，这些社会力量则起到了一种“粘合剂”的作用，将整个欧盟多层次的治理结构联系成一个更加紧密的网络，在有效表达自身利益诉求的同时也在不同层次行为体之间搭建了沟通的途径。抛开社会力量，欧盟机构、成员国与地方政府之间更多的是以一种纵向的层级关系开展对话，横向的互动也局限于同层次的行为体之间。而社会力量为整个决策过程增添了灵活性，零散的甚至是个人的意愿也有被传递给公众的可能。在欧盟气候政策决策过程中，社会力量的表现愈加积极，为跨层次行为体之间的沟通，以及欧盟与外部行为体之间的交流提供了更为广阔的平台。

(1)气候(环境)保护非政府组织

非政府组织的发达程度常常被视为衡量公民社会成熟度的标准之一，在全球环境治理中，气候(环境)非政府组织往往花费相当多的时间、精力和金钱来参与国际谈判，将其观点投入到谈判过程及结果中。特别是1992年里约热内卢峰会以来，非政府组织在环境或气候变化领域多边谈判中的参与不断增加。欧盟最初认识到气候变化问题的重要性和严峻性，也是受到了欧盟范围内相关非政府组织的影响。尤其是在《议定书》的准备过程中，气候(环境)非政府组织发挥了重要的推动作用，促使这一议题的关注度不断提升。与欧盟公众在气候与环境方面强烈的忧患意识相对应，欧盟地区也拥有当今世界上最发达的气候(环境)非政府组织。发展至今，欧盟内部的气候

（环境）非政府组织已经日趋成熟，并且呈现专业化的趋势，诸如绿色和平（Greenpeace）、自然之友（Friends of Nature）、国际绿十字会（Green Cross International）等全球性的非政府组织，都选择在欧盟设立办事处并将欧洲视为重点发展对象。除此之外，欧洲环境署（European Environmental Bureau）、欧洲生态论坛（European Eco-Forum）、欧洲国际可持续性能源网络（INFORSE-Europe）、欧洲气候行动网络（Climate Action Network—EU）等地区性的非政府组织也在欧盟气候决策中扮演了越来越重要的角色。

气候（环境）非政府组织的主要任务之一，在于确保包括气候变化在内的环境议题始终作为欧盟政策决策的一个核心考量。与欧盟及其成员国官方指定的标准相比，气候（环境）非政府组织建议的各项政策目标往往更高。不同于欧盟决策机构在制定政策时需要协调不同领域、不同利益集团之间的关系以保持适当的平衡，这些组织一般从自己的知识结构出发，专注于自己的研究领域，忠诚于自己的环保事业，可以不考虑其他现实领域的状况。在实际中，不同的气候（环境）非政府组织受到各自专业程度、参与积极性及参与途径和方式的影响，往往展示出不同程度的影响力。比如，在很长一段时间里，欧洲环境局（The European Environmental Bureau，缩写为 EEB）在欧盟环境非政府组织中都占据主导地位，虽然它一直在积极行动，但与欧洲气候行动网络（Climate Action Network Europe，缩写为 CAN Europe）相比，它并没有在气候变化领域发挥明显的主导作用。总体来说，这些非政府组织在吸引公众关注气候保护、提升气候变化议题的重要性方面还是发挥了极为重要的作用，同时它们还肩负着提供专业数据知识、推动气候保护进程、监督政府和企业的行动、宣传教育公众等作用。比如，绿 10 集团（Green 10），是由欧洲范围内最活跃的10个环境非政府组织合作组成的，[①]这种联合的目的在于，使组织在决策过程中的利益表达更具影响力，提升其利益诉求的关注度。绿10集团在具体工作中会通过多种途径向欧盟机构提供环境保护领域的专业知识，比如，就某一具体环境保护问题发表最新的研究成果，并提出组织的意见和建议；定期安排组织内相应成员与欧盟委员会内部的负责总司官员进行会谈，提供专业意见、进行协商，为欧盟委员会提案的提出和后续的修订提供参考。绿10集团的游说工作不仅体现在对欧盟政策决策过程的直接影响中，还能够通过对欧洲议会选举、欧盟可持续发展战略的开展及对欧盟预算的影响体现出来。

在资金来源方面，气候（环境）非政府组织除了接受来自组织会员的资金外，还可以从欧盟委员会及相关机构接受资金支持。1992年起开始启动的欧盟LIFE项目是欧盟在环境保护和气候行动领域最具代表性的资金援助项目。这一项目是由欧盟委员会下的环境总司和气候行动总司共同管理的，到目前为止已经进行了四个阶段，为4306个计划提供了资金支持。[②]在2013年12月欧盟委员会发布的第1293/2013号LIFE项目2014-2020规制中，确定了在2014—2020年阶段，LIFE项目将投入34亿欧元的资金用于开展气候行动、进行环境保护。[③]同时，成员国政府也会为气候（环境）非政府组织提

① 绿10集团的会员有欧洲环境局（European Environmental Bureau）、欧洲地球之友（Friends of the Earth Europe）、绿色和平欧洲联盟（Greenpeace European Unit）、世界自然基金会（WWF）、银行观察网络（Bankwatch Network）、国际鸟盟（Birdlife Europe）、自然之友（Naturefriends International）、健康与环境联盟（Health and Environment Alliance）、运输网络（Transport and Environment）、欧洲气候行动网络（Climate Action Network Europe）。See http://www.green10.org/.

② European Commission, LIFE Prigramme, http://ec.europa.eu/environment/life/.

③ European Commission, Regulation (EU) No 1293/2013 of the European Parliament and of the Council of 11 December 2013 on the establishment of a Programme for the Environment and Climate Action (LIFE) and repealing Regulation (EC) No 614/2007 Text with EEA relevance, http://eur-lex.europa.eu/legal-content/EN/TXT/?uri=uriserv:OJ.L_.2013.347.01.0185.01.ENG.

供开展活动的资金，尤其是中东欧国家的非政府组织，大部分资金来源都需要成员国中央政府和地方政府的支持，[①]基金会也会提供专项资金，比如在欧洲基金中心(European Foundation Centre)的项目中，环境议题是非常重要的一部分。[②]在2008—2009年间，参与欧洲基金中心调查的27家基金会一共向599家环境非政府组织或相关机构提供了总计超过1.8亿欧元的资金，以支持有关气候、能源、交通、土地使用等项目的实施。其中，气候变化项目占到了项目总数的12.4%。具体从国别来分析，来自英国、荷兰、意大利、法国的组织机构争取到了更多的项目，分别为236项、111项、79项和75项；来自荷兰、英国、意大利、瑞典和法国的组织机构则获得了大部分的资金支持，分别占到项目资金总数的42.9%、13.4%、6.3%、3.9%和3.9%。[③]除此之外，部分气候(环保)非政府组织还会接受企业的捐款。

(2)企业及利益集团

气候变化问题作为一个存在着交叉政策的领域，不仅吸引了环境非政府组织的关注，也吸引了相关领域的利益集团积极参与进来。有学者将欧盟内部的利益集团划分为“选举的力量”和“市场的力量”两种类型，其中前者主要通过动员社会力量来向其他决策机构施加压力，而后者则凭借在投资和就业等方面的优势，通过更加直接的方式向决策者施加影响。[④]

有一个需要明确的概念是对利益集团和非政府组织要进行区分，这样做的原因主要是考虑到，二者在参与欧盟决策过程中的作用方式存在差异。

① [美]古德丹、[英]伊丽莎白·辛克莱编:《欧盟环境非政府组织推动执法手册》，高晓谊、姚玲玲译，中国环境出版社，2015年，第22页。

② European Foundation Centre, Environmental Funding by European Foundations, http://www.efc.be/publication/environmental-funding-by-european-foundations/.

③ European Foundation Centre, Environmental Funding by European Foundations: a snapshot, https://www.cbd.int/financial/charity/efc-environmental2011.pdf.

④ 金玲:《欧盟对外政策转型——务实应对挑战》，世界知识出版社，2015年，第21页。

利益集团所代表的往往是欧盟政策或制度中的既得利益者的利益。因此,他们更多寻求的是如何在欧盟政策发展过程中保护和巩固既得利益。而对于非政府组织来说,它们往往致力于解决问题,尤其是目前政策或制度中存在的缺陷。因此,非政府组织与利益集团相比,更希望以提出新的提案的方式来解决问题。

利益集团主要集中在欧盟第一支柱范围下，针对欧盟层面的超国家机构展开活动，对欧盟决策的制定过程和实施施加影响。贾斯丁·格林伍德(Justin Greewood)对利益集团在欧盟决策中的作用方式进行了分析,指出利益集团发挥作用的方式主要在于两个层面：一是对欧盟委员会、部长理事会、欧洲议会和欧洲法院施加影响,二是在国家层面上对成员国政府和议会施加影响。皮特·博文(Pieter Bouwen)认为,游说是一种交换过程,在这一过程中决策者和利益集团之间交换资源。利益集团需要的资源是获得参与决策过程的机会,作为回报,利益集团也会向欧盟机构提供其正常运作所需的资源,这些资源包括专业知识、关于欧洲利益的信息和国内利益的信息。专业信息指的是专家和专业技术方面的指导。欧洲利益指的是社会需求和偏好在欧盟层面的聚合。国内利益则是指社会需求和偏好在国内层面的聚合。利益集团只有在能够提供欧盟机构所需的物品时，才能够有机会参与到决策制定的过程中去，而欧盟委员会最为需要的是关于欧洲利益和国内利益方面的具体信息。欧盟委员会在欧盟决策制定过程中发挥了重要作用,因为它拥有唯一的倡议权,然而起草立法提案是一个非常复杂的任务,它需要相关委员会掌握大量的专业知识。这对于本身人数有限的委员会来说是非常困难的。因此,通常委员会在起草一项提议时,高度依赖外部专家的知识和建议。目前,代表了商业的、专业的及公众利益的利益集团已经超过了九百个,它们都在试图影响欧盟决策过程。

有的企业还扮演了类似于智库的角色。比如,英国石油公司(British

Petroleum Company,缩写为BP)作为一个主营油气勘探开发、天然气销售、电力、炼油、化工产品生产和销售的企业,对于气候变化进行了系统的、持久的和详细的研究工作,并且每年发布《BP能源统计年鉴》,其中提供的国家二氧化碳排放量数据已经成为获得国际学术界广泛认可的数据之一。除此之外,BP每年还会发布可持续发展报告,对企业在推动可持续发展中做出的行动进行年度总结和评估。[①]

(3)其他社会力量

欧盟作为当今世界上在经济、文化、社会、科技等领域最发达、最成熟的地区之一,其民众在环境感知度和环保意识上很超前。虽然由民主赤字带来的问题,加之欧盟公民身份认同的缺失,使得部分欧洲民众对欧盟存在质疑,但据民调显示,民众对于欧洲一体化的基本原则还是持认同态度的,并且对欧盟机构在解决全球化问题时发挥的作用充满期待。尤其是在环境相关的问题中,欧盟内部对气候变化问题有着广泛的共识,这也进一步推动欧盟要在共同体层面提出积极应对气候变化的政策。

智库一般指从事公共政策研究并以此对政府决策提出建议和意见,从而影响政府决策的专业性研究机构,一般具有专业性、独立性和非营利性的特点。气候变化智库则是以气候变化及其相关问题为主要研究对象,为政府气候政策决策和气候行动开展,提供建议和意见的专业研究机构。目前,气候变化智库已经发展成为欧盟气候治理和气候政策决策中重要的参与行为体之一,它们的资金来源相对稳定,一般来自欧盟委员会、成员国政府机构及欧盟具体项目的资助。在《气候变化智库:国外典型案例》一书中,魏一鸣等人将目前气候变化领域的智库划分为以下类型,即政府设立型智库、大学

① BP,The energy challenge and climate change,http://www.bp.com/en/global/corporate/sustainability/the-energy-challenge-and-climate-change.html.

设立型智库、非政府组织型智库、依托研究机构设立型智库、国际或区域合作型智库、论坛型智库及公司型智库。[1]上述分类基本体现了气候变化智库的不同特点，包括在组织机构和运作方式上的区别。目前，参与到欧盟气候政策决策中的气候变化智库基本涵盖了上述所有类型，它们在致力于将专业领域的研究通过咨询建议等方式转化为政策成果的同时，也会与布鲁塞尔的欧盟机构联合举办一些应对气候变化的活动和项目，以此参与到气候政策的决策中，并提供专业性的指导和建议。

如上文提到的，一些欧洲基金会也活跃在气候变化领域，除了对具体的气候行动项目进行资金支持以外，还包括对于欧盟现有气候政策的分析评估，以及依靠“同伴学习”(peer learning)的方式，来督促同一层次或同一类型的行为体分享优秀经验、加强交流合作，在互相学习中推动欧盟政策决策的进行。比如，欧洲基金中心将环境和可持续发展归为其核心议题之一，并在相关领域投入了大量的财力和物力。[2]

媒体往往是非政府组织或利益集团借以表达和传播自身观点的重要工具。一直以来，媒体的作用在于通过选择议题来引导大众观念。对于媒体来说，参与欧盟决策过程是与“欧洲方式”(Europe-based approach)，即在新的政策领域扩展欧洲一体化，这一趋势相一致的。媒体可以为欧盟气候政策的决策过程提供积极的推动作用，在联盟内保证信息能够顺畅传播，也可以视为对欧盟辅助性原则的保障。尤其是在现在通信方式如此发达的情况下，欧盟机构也积极利用高科技手段传递政策信息。比如，为了体现公开原则，欧盟委员会利用各种手段，使公众能够接触到提案的相关内容，并且更便捷地了解欧盟决策过程。而几乎所有欧盟部门都已经利用公开的互联网辩

① 魏一鸣、王兆华、唐葆君等主编：《气候变化智库：国外典型案例》，北京理工大学出版社，2016年。

② European Foundation Centre，http://www.efc.be/programmes_services/peer-learning/.

论和咨询等方式,来听取来自地方、成员国及整个欧盟范围内的公民和社团的声音。

这些行为体在欧盟决策过程中发挥了越来越主动的作用，不再满足于被动地接受现成的政策要求，它们开始寻求通过提供信息资源等方式来对其他决策行为体施加影响。虽然在气候政策的协调过程中,非政府机构行为体的作用与政策初始阶段相比有所下降，但是作为提升欧盟机制合法性的重要依赖,它们对于推动欧盟政策一体化、提升政策的有效性,依然发挥了不可忽视的监督和推动作用。这些行为体不仅向公众提供了更加全面的欧盟政策信息和观点，还能够通过组织活动来帮助公众了解并参与到欧盟政策决策中来。

(二)次国家行为体对欧盟气候决策的影响方式

目前,欧盟气候政策决策过程中呈现的多层治理的特点,也为次国家行为体施加影响提供了条件。在欧盟的气候政策决策过程中,次国家层面的行为体并非一味接受来自欧盟层面或是成员国层面的政策要求，它们也会以或主动或被动的方式参与到气候政策决策中去,从起自身利益出发,采取多种措施,通过多种渠道来影响欧盟气候政策的决策进程。在《欧盟决策:次国家部门的角色》(European Union decision making:the role of sub-national authorities)一文中,皮特森和邦博格对于次国家行为体(主要是地方政府)参与欧盟决策的具体方式进行了分析。[①]无论是地区或地方政府、利益集团、环保组织,还是专家个人,在欧盟决策中的作用发挥主要集中在凝聚共识阶段,将各自的利益诉求传达给欧盟机构(尤其是欧盟委员会)及成员国政府。因

① Elizabeth Bomberg and J. Peterson, "European Union Decision Making: the Role of Sub-national Authorities", in *Political Studies*, 1998, Vol.46, No.2, pp.219-235.

此,它们施加影响的方式主要表现为横向和纵向两方面(如图5所示):横向上,一是次国家行为体本身会通过内部治理等方式,起到对不同利益诉求进行初步整合的作用,并对具有共同诉求的参与者进行指导和规范;二是次国家行为体之间还会进行互动,学习彼此的优秀经验,从而促进共同标准的提升。纵向上,次国家行为体主要扮演了上传下达的角色:一方面,次国家行为体可以通过直接或间接的方式影响欧盟决策,比如,通过建立驻布鲁塞尔办公室向欧盟机构来直接施加影响,或借助于成员国政府向欧盟机构表达利益诉求;另一方面,次国家行为体还起到了向公众传递相关政策领域基本信息、鼓励公众参与的作用。

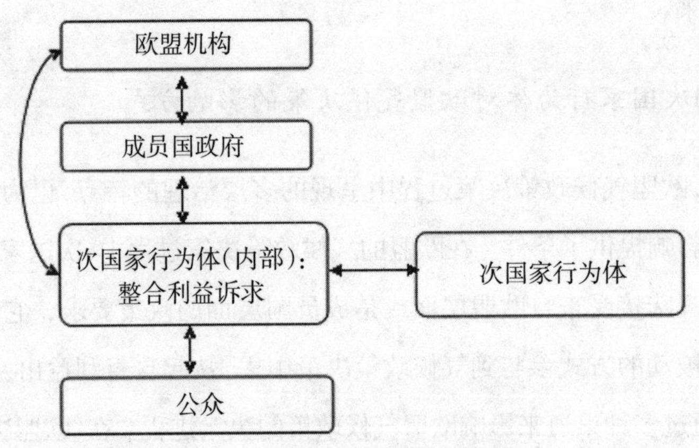

图5 次国家行为体的影响方式

资料来源:Elizabeth Bomberg and J. Peterson,"European Union Decision Making:the Role of Sub-national Authorities",in *Political Studies*,1998,Vol.46,No.2,pp.219-235.

在气候政策领域中,次国家行为体在辅助性原则指导下发挥了咨询、监管和协助作用,在不同层次之间进行利益协调和沟通,有助于一个更具凝聚力的欧盟决策体系的达成。代表着利益多元化的次国家行为体机构,一方面在气候政策决策中传递了利益相关方的利益诉求和影响力,另一方面在不同层面上开展工作、发挥其政治决策功能,这也有助于推动欧盟决策有效性的提升。同时,减少对于国家政治体系的依赖,促成欧盟共同目标的实现。尤其是随着欧洲一体化的深入和扩展,欧盟新成员国的加入,在气候政策中也体现出日趋复杂的多元化利益诉求,协调成员国的立场,推动妥协达成也就变得更加困难。在这种情况下,次国家行为体可以发挥“凝结剂”的作用,密切成员国之间或不同层次行为体之间的联系,推动决策的达成。在欧盟气候政策决策中,次国家行为体的具体作用方式表现在以下方面:

1.整合多种利益诉求、确立基本行为规范

这一点主要是针对诸如跨国城市网络、非政府组织、利益集团这样的带有组织性质的次国家行为体而言的。在传统的管理模式中,城市、企业或公众由于缺少参与欧盟决策的途径,很难了解到政策制定的具体过程,也很难了解其他行为体的立场。这样的结果既削弱了欧盟政策的民主性,也不利于欧盟政策的有效执行。而非政府组织、利益集团等次国家行为体的出现,实际上为这些独立的行为体提供了一个团结起来的机会，这些组织本身就可以对多元化的利益偏好进行初步整合，并通过内部治理促进信息的交流与传播,为成员提供资金和技术支持,确立一个基本的行为规范和共同的利益诉求。组织对于多样化利益的整合作用,并不是表现为对不同利益偏好的叠加,而是反映为“各种声音相互作用的结果”。①

信息的传播与交流对于组织类型的次国家行为体来说是日常工作的重点内容。组织内成员通过参加组织的日常活动,相互交流信息,密切彼此的联系,增强组织的凝聚力,也有助于壮大组织的力量并借此去影响欧盟或成员国的决策过程，同样也有助于组织内成员获得来自欧盟和成员国政府的关注和支持。以跨国城市网络为例,网络为城市之间、城市与欧盟机构之间搭建了一个良好的沟通平台,成员因此获得了更为便利、有效的沟通机会。

① [美]玛格丽特·E. 凯克、凯瑟琳·辛金克:《超越国家的活动家——国际政治中的倡议网络》,韩召颖、孙英丽译,北京大学出版社,2005 年,第 233 页。

跨国城市网络会积极向内部成员提供相互交流的途径，并帮助它们向欧盟的项目资金进行联合投标，斯图加特、不莱梅和德累斯顿就曾在"气候保护城市"提供的交流机会中达成合作意向，共同争取到了来自德国政府对它们合作开展的"向私人机动交通提供隐性补贴"这一调查项目的支持。[①]从这一角度考虑，组织可以被视为一个提供双向信息流动的平台，一方面代表组织内成员向欧盟机构或成员国政府表达利益诉求，另一方面也会建议成员调整立法、改善融资环境，帮助它们更好地完成组织目标，达到欧盟和成员国要求的标准。

组织的内部治理的目的除了招募新成员、稳固组织结构之外，还在于确保成员达成既定目标。尤其是在缺乏来自政府机构强制力的情况下，这些次国家行为体目标的实现无法依靠诸如规制、制裁甚至是武力等手段，而只能依靠说服等方式来完成。为网络成员设立标准是基于成员表现所做的一项策略，与表扬部分优秀成员相比，设立标准是针对所有网络成员的，需要整个网络的共同遵守。实际操作起来主要表现为网络为成员在不同阶段的行为设立里程碑，比如为成员设置减排目标、制定行动计划、对政策实施进行监控等。除此之外，组织还可以为成员提供解决问题的规范，培养成员对可持续发展、良好治理等欧盟一直追求的规范性原则的认同，以此来潜移默化地影响欧盟决策过程，推动政策顺利实施。

2.推动合作交流、鼓励学习优秀经验

次国家行为体之间可以通过加强合作交流，分享并学习优秀的实践经验。正如欧盟环境署指出的，应对气候变化并不是一个单纯的地方治理问题，而

① Noah J. Toly, "Transnational municipal networks in climate politics: from global governance to global politics", in *Globalizations*, 2008, Vol.5, No.3, pp.350-351.

应当用一个更广阔的视角考虑到城市与周边地区和国家的密切联系。[1]比如,在过去的十年中,欧盟内部越来越多的地方政府联合起来,建立起跨等级制的、专门性的组织网络来为自身利益发声。比如,创立于1985年的欧洲地区联合会(the Assembly of European Regions,缩写为AER),发展到1993年已经涵盖了235个地区议会的代表,覆盖的人口占欧盟总人口的80%左右,在成功推动欧盟地区委员会成立之后,欧洲地区联合会扮演了更多传统的利益集团所扮演的角色,并且经营了多个专门性的网络组织以解决具体的政策问题。另外还有一些诸如气候行动的R20地区组织(R20 Regions of Climate Action)、可持续发展的地区政府网络(the Network of Regional Governments for Sustainable Development)等国际性的网络组织将总部设在欧洲或开设欧洲分部以更有针对性地解决欧盟内部地方政府遇到的问题。由于气候变化议题的特性,诸如此类的跨地区组织大量涌现,它们的出现提高了地方政府在欧盟决策中的参与度,加强了地区间在气候治理方面的合作并争取了更多欧盟的资助。

按照管理模式的差异,这些合作网络大致可以分为两种类型。一种是由欧盟委员会专门成立的,由地方政府或其他地方部门组成,与某个具体的委员会项目或计划相联系。这类网络反映出的是欧盟层面对于地方利益的关注,是欧盟层面自上而下对地区事务进行管理,其动力来自于一个欧盟官方认可的优秀基准,在方便地区间开展学习过程的同时,也促使地方政府就优秀表现展开竞争。组织内的领导者或拥有优秀经验的成员往往扮演了重要角色。组织可以对成员优秀做法给予奖励,将它们的优秀经验推广给其他成员,以这样的方式来说明什么是优秀行为,为组织成员国设立行为标准,并且鼓励内部良性竞争,激励组织内成员的共同进步。对于跨国城市网络中的

---

① [丹]欧盟环境署:《欧盟城市适应气候变化的机遇和挑战》,张明顺、冯利利、黎学琴等译,中国环境出版社,2014年,第7页。

成员来说，从其他城市那里学习优秀的、有用的经验也是激励它们加入一个网络的关键因素，成员可以通过网络提供的数据库和定期发布的通讯来了解有用的信息，也可以通过网络组织的“学习之旅”去不同城市掌握各地政策执行的第一手经验。[①]比如，在气候联盟内部设有“气候之星”(Climate Star)的奖项，用于表彰成员在推广可再生能源方面做出的努力，评选标准包括城市发展的可持续性、媒体关注度、城市创新和市民参与等方面，截至2014年，这个奖项已经评选了6年，2014年一共有17个地方政府获得了“气候之星”的称号。[②]

另一种则是地方政府自发的、基于特定目的而成立的，比如出于解决共同议题的需要或存在地域联系等来组织开展的。在这些网络中，地方政府扮演了一个“经纪人”而不是“计划者”的角色，利用自身优势设立一个宽泛的监管框架并将利益相关者聚集在一起，一方面为发展项目提供服务和资金支持，另一方面也可以从私人部门及欧盟机构调动有效资源。这类网络往往由相关议题中比较成功的地区发起并积极组织参与网络活动，带动其他地区在该议题中的关注度和参与度。同时，这类网络反映出的是地方当局团结一致的自下向上的努力，但是仍然需要依赖欧盟委员会的力量将自身的利益偏好表达出来。

总体来说，跨地区网络在减少分歧、形成协同效应、推动共同立场达成等方面发挥了越来越重要的作用。[③]虽然组织内成员关注点的广泛性意味着成员代表利益的多样性，并且容易因此引发矛盾，但这并不妨碍欧盟委员会与这种跨地区网络开展合作、交换信息的意愿。对欧盟委员会来说，正是因

---

① Energy Cities, Info -Bulletin, No.39, 2007, http://www.energy -cities.eu/IMG/pdf/EC_IN FO_39_en.pdf.

② Climate Star, http://www.climatealliance.org/activities/campaigns-and-more/climate-star.html.

③ [法]奥利维耶·科斯塔、娜塔莉·布拉克：《欧盟是怎么运作的》，潘革平译，社会科学文献出版社，2016年，第206页。

为这种多样性才能更贴切地代表实际中的地方利益。

另外,不同的网络之间也存在合作的机会。虽然在缺少欧盟推动的情况下,这样的合作很难实现,但是成员城市的需要和支持依然可以提升合作的可能性。比如说,网络中表现活跃的城市往往同时是多个跨国城市网络中的成员,为了自身利益,它们也会努力提倡在不同网络之间创造一种更加紧密的工作关系,推动不同网络向合作而非竞争的方向发展。不同网络之间的合作交流一方面有助于网络目标的达成,另一方面也可以将分散的偏好整合成更加强有力的形式传达给欧盟机构,从而推动欧盟共同政策的实现。

3.直接或间接影响欧盟机构

次国家行为体可以通过设立布鲁塞尔办公室、建立联盟或请愿、提出倡议、投诉或提供咨询意见等方式,寻求直接在欧盟决策中提升话语权和影响力。其中欧盟委员会、欧盟地区事务委员会、欧洲议会、部长理事会都是次国家行为体表达自身利益诉求、参与欧盟决策的有效渠道。

在有些情况下,尤其是出于对于地方特色或地区认同的维护,地方政府坚持的政治利益与本国政府的要求并非完全一致。地区政府选择在布鲁塞尔设立办事处,可以更加有效地将地方意志直接传达到欧盟机构中。这些办事处代表了某个城市或某一地区或多个地区政府的联合,近几年来,越来越多的地方政府通过这种方式有效地汇聚信息、游说欧盟机构,同时与其他地方或地区行为体以及欧盟机构建立网络联系。它们的存在方式和类型也有不同,既包括资金匮乏、仅有一两个临时人员组成的小机构,也包括像加泰罗尼亚办事处这样人员众多的大机构。来自不同国家的地方政府表现也有区别,比如德国所有的州政府都在布鲁塞尔设立了办事处,约有一半的西班牙自治区也是如此。这两个国家的地方层面在决策过程中都扮演了重要角色。因此,在欧盟事务中也积极争取代表本地区的利益,如法国这样地方层面行为体力量相对弱小的国家,也有部分地方政府设立了办事处。还有一些国家地方政府的独立代表能力很弱或几乎不存在，比如来自意大利的两个代表处中，一个是来自于拉齐奥的私人企业资助，另一个则来自于意大利政府的资助，葡萄牙和希腊的地方政府更是尚未在布鲁塞尔开设专门的办事处。[①]在气候治理涉及的许多问题上，地方政府就欧盟资助展开激烈的竞争，这也导致他们在获取信息的特权、接触私人企业及区域联盟时存在竞争。设立办事处，既可以保持与欧盟机构（尤其是与欧盟委员会）之间的紧密互动，也有助于地方政府在这样一个动态的、对稀缺资源竞争激烈的环境中避免处于相对劣势。

欧盟委员会在立法提案的准备过程中就具体内容向相关领域的专家、企业、非政府组织等利益相关方进行广泛的咨询，其间，这些次国家行为体有充分的时间和途径来从专业的角度对提案内容及其影响进行意见表达，而公开咨询的结果也会成为欧盟委员会制定相关提案的基础和重要参考。尤其是从近几年的发展趋势来看，欧盟机构（尤其是欧盟委员会）与利益集团之间的联系越来越密切，这也推动了次国家行为体投入更多精力来发展与欧盟机构之间的联系。对于利益集团或气候保护的非政府组织来说，它们通过开展频繁的游说活动，将自身利益诉求反映到欧盟政策决策中，使最终的政策结果反映其利益。目前，欧盟层面存在诸多推动清洁能源发展的游说组织，比如欧洲可再生能源委员会（the European Renewable Energy Council）、欧洲节能联盟（the European Alliance to Save Energy）、欧洲绝缘制造商协会（the European Insulation Manufacturers Association）等。这些组织往往会选择合作的方式，共同向欧盟施加压力。在欧盟决策过程中也存在一些非正

① Liesbet Hooghe and Gary Marks, "Europe with the regions: channels of regional representation in the European Union", in *The Journal of Federalism*, 1996, Vol.26, No.1, pp.82-86. Gary Marks, F. Nielsen, L. Ray, JE. Salk, "Competencies, Cracks, and Conflicts Regional Mobilization in the European Union", in *Comparative Political Studies*, 1996, Vol.29, No.2, pp.182-184.

式的场合能够为次国家行为体提供表达利益诉求的途径和机会。比如,一些跨国城市网络会选择在办事处举办“午餐讨论”(lunch discussions),其间就会邀请来自欧盟或成员国相关机构的官员、地区或地方政府的官员及合作伙伴就某一特定问题展开讨论。[①]

另外,公众还可以通过“欧洲公民倡议”(European Citizens' Initiative)这一项目向欧盟委员会就某项其关注的议题提出倡议,而为了体现这一倡议获得的广泛支持,它需要获得来自7个欧盟成员国100万欧洲公民的签名支持。虽然目前尚未有明确的气候变化倡议获得成功,但是在环境领域已经有相关的倡议取得成功,这在一定程度上也为之后气候变化倡议提供了经验。[②]

除了上述这些直接途径外,次国家行为体还可以通过间接方式(主要经由成员国政府)向欧盟气候决策过程施加影响。考虑到成员国仍然是欧盟决策中最重要的行为体,如何对成员国的观念和行为产生影响也是次国家行为体格外关注的问题。如玛格丽特·E.凯克和凯瑟琳·辛金克在研究中指出的,次国家行为体在实践中一项重要的工作就在于努力让国家转变对于国家利益的认识,从而帮助国家转变对于实施某项政策可能存在的风险及获益的评估。[③]对于成员国政府来说,次国家行为体的作用主要体现在提供第一手信息、提供专业性的咨询建议。而次国家行为体也可以利用这些优势,一方面换取成员国政府在资金和资源方面的支持,从而更好地实现自身利益诉求;另一方面向成员国政府传达自己的观点立场并施加压力,从而借助成员国政府的力量向欧盟表达自己的立场。

① Energy Cities, http://www.energy-cities.eu/Energy-Efficiency-Watch-2-EEW2.

② European Commission, Successful Initiative, http://ec.europa.eu/citizens-initiative/public/initiatives/successful.

③ [美]玛格丽特·E.凯克、凯瑟琳·辛金克:《超越国家的活动家——国际政治中的倡议网络》,韩召颖、孙英丽译,北京大学出版社,2005年,第229页。

4.培养气候保护意识

次国家行为体可以向公众提供信息和学习机会，从而提高公众的气候保护意识和对气候变化问题的参与度。与成员国国家政府和欧盟机构相比，无论是地方政府、非政府组织、利益集团，还是对议题领域感兴趣的个人，他们的优势之一就在于贴近公众，能够更加直接地反映公众需求、传递信息。因此，在吸收更多的行为体参与到欧盟决策过程中，让不同的利益诉求得到更充分的体现这一方面，次国家行为体可以发挥重要作用。

这些次国家行为体为了在决策过程中获得更多的话语权，必然要加强同国家和超国家层面行为体之间的互动，同时为了地方政策更顺利的推行，也需要加强与公众的沟通交流。在这方面，次国家行为体需要做的工作包括通过编写和分发关于气候行动、气候保护的相关材料，在公众中开展宣传教育活动；组织利益相关方进行讨论，并向成员国政府和欧盟机构反映公众的意见和建议。地方政府可以通过指导或培训的方式，积极向公众传播推动可持续发展的信息、帮助他们了解开发和使用可再生能源的优势，提高公众气候保护的意识。比如在英国，地方政府会将地方适应气候变化能力的信息进行汇总，借助领域内专家的科学分析，形成地方气候影响简介（Local Climate Impacts Profile，缩写为 LCLIP），以便公众了解国内不同地方面临的气候变化问题及地方政府的基本应对，以此来加深公众对于气候变化问题的认识。[①]

但是正如克里斯托弗·尼尔（Christoph Knill）和安德烈·伦斯考（Andrea Lenschow）等学者对欧盟政策领域的实证分析得出的，尽管这些行为体在欧盟决策中的影响不断加大，但是事实上他们也仅是对原有分析模式——即

① UKCIP，http://www.ukcip.org.uk/about-us/.

以成员国为核心、强调成员国与欧盟层面互动的补充而非替代品。[①]尤其是考虑到气候变化问题作为一个内涵丰富的议题领域，加之欧盟内部制度结构本身复杂性的特点，一定程度上来说，次国家行为体的参与增加了欧盟决策过程中协调的困难性，也为欧盟的灵活应对提出了严峻挑战。

相比较于欧盟机构和成员国政府，个人或非政府组织参与欧盟决策过程需要面临更多的困难，这也使得它们的利益诉求很难顺利实现。即便是对于地区或地方政府来说，通过向国家层面的制度机构施加影响，是它们影响欧盟决策的一种主要途径，但是具体效果仍取决于不同国家中地方政府的数量、影响力等多方面因素。就目前来看，欧盟气候政策决策过程中自上而下的模式仍然非常明显，次国家行为体为欧盟决策合法性的贡献更多地体现在输出方面，即它们更多的起到了联系欧盟机构与公民社会的作用，欧盟机构会将政策规划传达给这些行为体，并试图说服它们接受。专业组织或技术组织更容易受到欧盟机构的重视，尤其是在非政府机构行为体日益专业化的发展趋势下，它们在欧盟决策过程中的重要程度也在提升。

四、本章小结

多层治理下欧盟决策结构的特点主要体现为参与行为体的多层次性和多样性。由于气候问题本身具有全球性、普遍性的特点，它的解决需要一个全球性的认知、共同的解决意愿，同时还要争取足够的合法性支持。从这一角度出发，气候行动的开展、气候问题的应对需要放置于一个庞大的治理体系中去执行。在全球气候治理体系中，欧盟已经发挥了积极的带动作用，作

① Christoph Knill and Andrea Lenschow, "Compliance, competition and communication: different approaches of European governance and their impact on national institutions", in *JCMS: Journal of Common Market Studies*, 2005, Vol.43, No.3, pp.583–606.

为气候治理领域的领先者，欧盟依靠自己的优秀经验努力推动全球气候治理向一个更高的标准发展，欧盟内部整个体系的良好运作也为其他行为体提供了经验借鉴。展现在欧盟多层治理中的一个重要特点在于，它提供了一个"绿色的机会结构"(green opportunity structure)，每个层次的行为体遵循各自动机，都能够获得参与气候政策决策的机会。[①]

同时，多层治理下欧盟决策结构体现出的还是一种"制度平衡"的状态，在各参与方之间寻求利益平衡，做出令各方满意的政治决策的同时，还能够巩固长期的合作关系。[②]这并不意味着所有参与到欧盟决策中的行为体都享有同样的权力和影响力。事实上，不同层次行为体之间及同一层次的行为体之间，甚至是某一行为体内部都会存在合作与竞争的关系，这种关系的形成，往往与欧盟决策中对不同行为体权能的规定相互影响。

考虑到气候政策隶属于欧盟与成员国共享权能的议题领域，因此欧盟机构和成员国直接参与到欧盟决策中。尽管欧盟在气候变化领域中的主导作用不断加强，但成员国仍然是决定欧盟气候政策能否有效的主要角色。因为欧盟机构制定气候变化方面的相关指令和法规最终是各成员国负责具体贯彻实施的。如果欧盟制定的政策得不到很好的贯彻和执行，即使最好的欧盟法律也收不到应有的效果。在欧盟委员会开展的咨询过程中，成员国政府可以对提案的部分内容提出自己的主张，也可以对部分内容持有保留态度。将本国政策提升至欧盟层面不仅常被成员国视作维护和巩固自己在成员国中领先地位的重要策略，同时也能够为国内气候友好技术的创新开拓欧洲市场。

---

① Mrtin Jänicke, "Horizontal and Vertical Reinforcement in Global Climate Governance", in *Energies*, 2015, Vol.8, No.6, pp.5782-5799.

② [德]米歇乐·克诺特、托马斯·康策尔曼、贝亚特·科勒-科赫:《欧洲一体化与欧盟治理》，顾俊礼等译，中国社会科学出版社，2004年，第101页。

这不意味着应当轻视或忽略次国家行为体的重要性,实际上,次国家行为体也可以通过多种途径表达自身利益诉求。对于地区或地方层面来说,多层治理制度框架下,省或州和城市都可以更加便利地参与到气候治理中来。作为向低碳能源体系进行技术变革过程中的最大推动力,城市和当地社区经常组成网络,利用国家和欧盟的力量来动员气候友好型技术的发展,这些力量包括法规、补贴或公共采购等多种形式,通过它们来发展可持续能源和或低能耗建筑。[①]以利益集团和环保非政府组织为代表的社会力量在欧盟政策决策中最为重要的作用在于将以上参与者以一种网络化的方式联系在一起。它们不仅作为一种静态的利益集合体的代表而存在,同时也具有一种动态的内涵,反映的是对不同利益进行综合、对规范进行培育、对政治共同体进行构建的过程。随着它们的建立和兴起,气候政策的欧洲化过程也在不断深化,作为政策直接实施者的地区和地方政府有了更多的机会和途径去表达自身诉求。欧盟气候政策决策中次国家行为体的日益强大也能够反映出欧盟政策制定方式的转变,即由传统的单纯依靠欧盟制定的有约束力的法规进行治理,转向一个网络议题式的治理方式。

在多层治理框架下,决策过程的基础并非在于支配和掌控,而在于协调。欧盟力求整合更多样化的行为体参与到决策中,有助于政策具有更加广泛的适用性和公平性,也为多样化的行为体提供了沟通交流、减少分歧的平台。然而参与决策行为体的多样化在提高决策民主程度、增加决策合法性的同时也会带来决策有效性方面的问题,协调多元化行为体的利益诉求势必是一个复杂的过程,如何在保证更多行为体参与的同时,还能兼顾决策有效性,就成为欧盟不得不去考虑和解决的问题。有学者指出,多层结构的有效

① Kristine Kern and Harriet Bulkeley,"Cities,Europeanization and Multi-Level Governance:Governing Climate Change through Transnational Municipal Networks",in *JCMS:Common Mark. Stud.* 2009, Vol.47,No.2,pp.309-332.

性取决于两个主要因素：一是拥有否决权的行为体的数量，二是对于可能出现的否决的处理方式。[①]其中，以降低冲突为原则来定义问题和制定决策，或是重构政策制定中的互动关系都可以减少否决权在实际中的使用。其实，从《欧盟宪法条约》的失败到《里斯本条约》的通过生效，欧盟已经认识到推动机构改革的艰巨性，因此未来欧盟更多的还是会关注于政策问题而非机构问题。在下一章对于欧盟气候政策决策的过程维度分析时我们就会发现，欧盟为优化决策过程、梳理不同层次行为体之间关系而做的努力。

① Arthur Benz, "Two types of multi-level governance: Intergovernmental relations in German and EU regional policy", in *Regional & Federal Studies*, 2000, Vol.10, No.3, pp.21-44.

第四章
欧盟气候政策决策的过程维度分析

上文已经对欧盟内部多层次框架下欧盟决策的行为体结构进行了介绍。而仅仅从这样一个静态角度对欧盟决策进行分析，却很难解释为什么持不同利益偏好的行为体最终能够达成共识。因此，在接下来的部分，我们将从一个动态维度，对欧盟政策决策的程序设计进行分析。在这一过程中体现出的是，欧盟多层次行为体之间、同一层次多样化的行为体之间，以及行为体内部的互动关系，需要解释的问题在于，这种互动是如何推动欧盟运转的。从动态的角度对欧盟决策进行解读，可以理解为决策参与者在一定的规范指导下，为了达成共同目标而展开互动，通过博弈与制衡达成妥协的过程。

在对这种多层次行为体的互动进行分析时，保罗·皮尔森(Paul Pierson)把欧盟的制度作用解释为一种三个步骤的模式：最初在现有的偏好或优先考虑基础上选择一套制度规则或是做出决策，然后在这些新规则的约束下形成新的偏好或优先考虑，继而确定一套新的规则或采用一项新决策。[1]坦贾·

[1] Paul Pierson, "The Path to European Integration A Historical Institutionalist Analysis", in *Comparative political studies*, 1996, Vol.29, No.2, pp.123–163.

柏瑞尔(Tanja Boerzel)和托马斯·瑞斯(Thomas Risse)从“欧洲化”的视角入手,指出适应性压力的存在是实现欧洲化这一过程的必要条件,但不足以引起国内变化,还需考虑其他推动因素或中间因素,如国内制度产生变化的能力、欧盟政策出台的时机等。[①]加里·马克斯在描述多层治理理论时特别强调了区域层面、国家层面和次国家层面的动员和调动,不同层面的行为体都在寻求以一种更为直接的方式来影响欧盟层面的政策制定者,比如通过选派直接代表、在布鲁塞尔建立办公室等方式,来获得更多的欧盟支持、影响欧盟或者国家政策的制定、接触到第一手信息;也有越来越多的利益集团加入到对欧盟机构的动员中,因为它们同样认识到了欧盟制度和机构在整个决策过程中发挥的重要作用和能力。[②]

一、欧盟决策遵循的基本原则

欧盟决策中基本遵循了两项原则:一是确保多层治理制度框架下欧盟决策的顺利运转,二是确保在决策过程中能够体现并传达欧盟追求的基本规范性原则。

(一)多层次行为体的有效参与

欧盟决策过程本身可以视为一个参与行为体各方进行博弈,通过谈判协商最终达成一致的过程。因此,如何通过制度建设来明确各方的职权与责任,尤其是欧盟机构与成员国政府之间的权责分配就格外重要。《里斯本条

---

① Tanja Börzel and Thomas Risse,“When Europe hits home:Europeanization and domestic change”, in *European integration online papers(EIoP)*,2000,Vol.4,No.15. http://eiop.or.at/eiop/pdf/2000-015.pdf.

② Gary Marks,“An actor-centred approach to multi-level governance”,in *Regional & Federal Studies*,1996,Vol.6,No.2,pp.20-38.

约》为欧盟决策过程确立了三项必须遵循的基本原则，即授权原则、辅助性原则和比例原则，这三项原则的目的在于明确欧盟决策中不同参与行为体的职权划分，赋予欧盟机构进行欧盟决策的合法性，同时为成员国及次国家行为体参与欧盟决策提供保障。正如有的学者指出的，《里斯本条约》中对于行为体权能的调整，本质上是希望能够在欧洲一体化发展过程中，为政府间逻辑和超国家逻辑寻找一种更加长久的、可持续的平衡。①

1.授权原则

授权原则是指当成员国为了更好地实现条约目标而在条约中给欧盟部分授权，欧盟的行动需要被限制在授权范围之内，其他所有未授权的职能则均有成员国行使。这一原则对于欧盟和成员国权能共享领域内的政策执行具有重要的指导意义。上文已经提到，《里斯本条约》中对欧盟和成员国的权力进行了划分，共分为以下类型，即欧盟独享权力、欧盟与成员国共享权力、欧盟确立成员国必须进行协调，以及欧盟对成员国行动进行支持、协调和补充的权力。

在欧盟和成员国权力共享的领域中，欧盟享有政策决策中的优先权，成员国的权力限于欧盟权限范围之外的领域，只能在那些领域中发挥作用，欧盟气候政策就隶属于这一领域。但是在欧盟的实际运作中，对这一原则的操作也更为复杂，比如成员国往往可以在条约没有明确规定属于欧盟机构负责的政策领域采取行动，并因此提升在欧盟决策中的影响力。

2.辅助性原则

辅助性原则最早被纳入《单一欧洲法案》，随后成为《欧洲联盟条约》的一部分。辅助性原则的提出是建立在欧洲一体化深入发展、欧盟机构职权不断扩大的背景之下的。这一原则的目的之一在于明确成员国与欧盟机构之

① ［法］奥利维耶·科斯塔、娜塔莉·布拉克：《欧盟是怎么运作的》（第二版增补修订版），潘革平译，社会科学文献出版社，2010 年，第 6 页。

间的权责划分,[1]尤其是在欧盟与成员国权限共享的政策领域中,这一原则可以作为划分二者职能权限的根本标准。根据《欧洲联盟条约》规定,“共同体采取的任何行动都不能超出为实现本条约目标所需的范围”,而必须“在本条约所授予的权限范围内和为实现本条约所确定的目标而采取行动”,同时指出,对于那些超出联盟专属权限的领域,只有当出现“各成员国不能令人满意地实现拟议行动的目标”,或是“考虑到拟议行动的规模和效果,只有共同体才能更好实现拟议行动的目标”的情况时,才能依据辅助性原则采取行动。[2]因此可以看出,辅助性原则的确立,使得成员国的权力得到保障,并在权限共享的政策领域中占据优先地位,而欧盟的权力则受到了明确的限制。

这一原则的目的之二在于,确保欧盟决策过程与公众紧密相连,同时能够通过不同的检验来确保欧盟层面制定出的政策法律在国家、地区或地方层面是可行的。在辅助性原则的指导下,次国家行为体也获得了更多参与欧盟决策的机会。在这一原则的指导下,欧盟机构尤其是欧盟地区事务委员会会加强与地区和地方政府的合作,就欧盟决策中的具体内容与它们进行磋商,[3]这也有助于欧盟政策得到更加有效的推广和实施。

在《里斯本条约》中,对辅助性原则的运用提出了两个关键点。[4]一是,成员国议会应当鼓励成员国参与到欧盟活动中,欧盟文件和倡议也需要及时传达到成员国议会,以便它们可以在部长理事会达成决定之前对文件或倡议内容进行检查。二是,要求欧盟委员会在立法草案中充分考虑地区和地方层面,并对能够体现辅助性原则的部分进行详细阐述。而成员国议会也可以

① European Parliament, the principle of subsidiarity, http://101.96.10.63/www.europarl.europa.eu/ftu/pdf/en/FTU_1.2.2.pdf.

② 欧洲联盟官方出版局编:《欧洲联盟条约》,苏明忠译,国际文化出版社,1999年,第14页。

③ Committee of the Regions, Work of the CoR, http://cor.europa.eu/en/activities/Pages/work-of-the-cor.aspx.

④ EUR-Lex, Subsidiarity, http://eur-lex.europa.eu/summary/glossary/subsidiarity.html?locale=en.

因未能充分体现辅助性原则而拒绝提案，在这种情况下，欧盟委员会必须重新审查、修订甚至撤回该提案，欧洲议会或部长理事会也可以搁置该提案。另外，辅助性原则在欧盟决策中还可以表现为，政策结果更多的以指令而非规制的形式作出，这样就会为成员国在实际执行时留下更加宽松的空间。[①]在表决机制的设计方面，不同于其他环境政策中部长理事会采取有效多数表决制的形式，而是规定了在制定“明显影响成员国对不同能源资源的选择和该成员国能源供应的基本结构”的政策时，必须采取全体一致的表决方式，[②]这也相当于赋予了成员国在发展欧盟共同能源政策上的否决权。在欧盟决策或政策实施过程中，欧盟地区事务委员会或成员国也可以就违反辅助性原则的情况直接反映到欧洲法院。

3.比例原则

与辅助性原则一致，比例原则也对欧盟权力的行使进行了规定，并在《欧洲联盟条约》第5条中得以确定。根据这一原则，欧盟机构的行动应限制在实现条约目标所需的范围之内，即欧盟机构采取行动的内容和形式必须与目标追求相一致。欧盟机构因不同的议题领域而承担着不同的权能。在同处于权能共享范围下的环境政策领域中，已经存在诸多规范来指导欧盟机构的活动，而能源政策领域中，欧盟机构的行动范围相较于成员国来说依然有限。

由上所述，一方面，气候变化作为一个跨国性和普遍性的问题，在国际层面及欧盟层面上开展的合作是非常有必要的。[③]尤其是考虑到在应对气候变化问题的措施中，许多是与欧盟共同市场相关联的，也有许多投资及基础

---

① Agnethe Dahl, “Competence and subsidiarity: Legal Basis and Political Realities”, in eds. by Joyeeta Gupta and M. Grubb, *Climate Change and European Leadership*, Netherlands: Springer, 2000, p. 214.

② 欧洲联盟官方出版局编:《欧洲联盟条约》,苏明忠译,国际文化出版社,1999年,第60页。

③ Commission Staff Working Document, p.34. http://eur-lex.europa.eu/legal-content/EN/TXT/PDF/?uri=CELEX:52014SC0015&qid=1476853625618&from=EN.

设施建设方面的措施是符合欧盟推动一体化进程这一诉求的。从这一角度考虑,欧盟成员国愿意将部分权力授予欧盟以期获得更好的结果,而欧盟机构也乐于在气候变化领域有所作为,并以此推动欧洲一体化的深入发展。

另一方面, 气候变化议题并不能单纯地理解为一个环境问题和“低政治”领域问题, 尤其是考虑到气候行动的开展和减排目标的实现依赖于能源、交通、工业、农业等多个部门的配合,不同成员国之间也存在不同的经济社会发展情况,很难要求成员国将一些敏感领域的权力完全授予欧盟。考虑到成员国、地区或地方政府才是欧盟气候政策的真正实施者。因此,它们的利益诉求不能被忽视。辅助性原则和比例原则正是针对这种情况提出的,成员国、地区或地方政府、公众及其他利益相关方在欧盟决策中获得了更多利益表达的机会,有助于欧盟决策中反映多层次、多样化行为体的利益诉求。

(二)欧盟规范的体现

除了利益之外,规范性原则也是贯彻欧盟决策始终的重要考量因素。欧盟所坚持的规范性原则可以视为对实践经验的一种总结, 是建立在合作交流上的一种共同认同,是基于对解决共同问题所得出的共识,因而被欧盟内部普遍接受并且容易获得认可。这些规范性原则反过来也能够用于指导和规范行为体的实践活动,推动行为体向一个高标准努力,为欧盟制度设计和决策运作提供基本的指导和方向。

伊恩·麦纳斯最早提出了“规范性欧洲”的概念,他将欧盟定义为国际社会中的规范性力量, 并且列出了九项基本的规范性原则来具体阐述这一概念。[①]气候领域是欧盟推广规范性原则、实践规范性力量的重要领域,欧盟气候政策制定本身也是建立在一定的规范性考量基础之上的。如果说气候变

① Ian Manners,“Normative Power Europe:A Contradiction in Terms?”,in *JCMS:Journal of Common Market Studies*,2002,Vol.40,No.2,pp.235-58.

化与安全议题之间的关系，以及应对气候变化中存在的经济发展机遇，是欧盟在气候政策中的利益考量因素，那么对于多边主义原则的坚持，对可持续发展、法治和良好治理的追求，则符合欧盟一贯的规范性考量。[①]这些规范性原则在潜移默化中塑造着行为体的思维和行动方式，影响了它们对利益的界定，同时也推动它们去追求一个更高水平的政策目标。

其中，法治原则和可持续发展原则是欧盟的气候政策决策过程中坚持的两项主要规范性原则。1987 年，世界环境与发展委员会提出了“可持续发展”这一概念，应对气候变化可以被视为实现可持续发展的重要组成部分。欧盟气候政策的总体战略目标是实现经济社会和环境的可持续发展。欧盟气候政策遵循的是依法治理的原则，对成员国或具体部门的减排目标或减排措施进行立法，或通过不具有约束力的“软法”对行为体的行为进行指导和规范。在具体的政策执行中，欧盟还遵循竞争、合作与协商相结合的原则，表现为除了法治以外，市场和财税可以视为欧盟另外两大重要的政策工具。这些规范实际上为欧盟气候政策的制定提供了指导原则，也反映了欧盟内部多层次行为体为了实现更开放、透明和有效的气候政策而共同努力的意愿。

在对外气候政策的制定和开展过程中，欧盟也重视规范性原则的推广，倡导在全球推广向低碳经济转型，实现经济社会的可持续发展。曾有学者指出，欧盟在全球气候治理中坚持发展“榜样的力量”，正是规范性考量在欧盟政策中发挥主导作用的体现。[②]长期以来，在欧盟官方文件中都可以看到这样的表述，即欧盟将自己定义为一个坚定的多边主义支持者，强调国际法和国际组织的作用，并将推广“有效的多边主义”作为自己国际政策和立法的

---

① 贺之杲、巩潇泫：《规范性外交与欧盟气候外交政策》，《教学与研究》2015 年第 6 期。

② Louise Van Schaik and S. Schunz, “Explaining EU Activism and Impact in Global Climate Politics: Is the Union a Norm-or Interest-Driven Actor?”, in *JCMS: Journal of Common Market Studies*, 2012, Vol.50, No.1, pp.169-186.

指导性原则之一。这些是与欧盟内部决策中,鼓励多样化行为体参与、遵循法治原则相一致的。无论是在全球气候治理还是在国际气候谈判中,欧盟都倾向于在多边体制内,按照国际法的要求,在《框架公约》下,传播欧盟的价值观念,推广欧盟的气候政策和气候治理模式。[①]欧盟希望借助于内部气候治理的优秀表现,以及在气候政策中取得的成果,来为全球气候治理和国际气候制度设计提供一个更高的标准,也希望通过这种方式来影响其他国际行为体的观念和行为,进而在国际气候制度建设中体现更多符合欧盟利益需求的设计。

二、欧盟气候政策决策模式:多层次行为体的权力划分

考虑到目前,欧盟正在经历治理转型,在气候政策领域中,新的决策方式与传统的共同体决策方式相结合,共同推动政策结果的达成。[②]气候政策是一个综合性极强的议题领域,其中包含了环境、能源、交通、农业等多个部门领域。在程序设计上,多层治理视角下的欧盟决策过程体现为一个行为体之间相互制衡的动态过程。在具体的决策程序运作中,多层治理的背景框架决定了在欧盟决策过程中将存在不同的决策模式。从解决问题的角度出发,在处理不同议题时,欧盟往往会采用不同的决策模式。为了适合不同的议题领域和背景条件,欧盟对多层次行为体进行了不同的权力划分。

---

① 可以参考欧盟对外行动总司对于国际气候合作的描述,以及其他欧盟在国际气候谈判中的政策观点,如 Commission Staff Working Document, Limiting Global Climate Change to 2 degrees Celsius: The way ahead for 2020 and beyond, COM(2007)2 final, http://ec.europa.eu/europeaid/sites/devco/files/communication-climatechange-com20072-20070110_en.pdf 和 EEAS, Environment and climate change, https://eeas.europa.eu/headquarters/headquarters-homepage/413/environment-and-climate-change_en.

② 傅聪:《欧盟气候变化治理模式研究:实践、转型与影响》,中国人民大学出版社,2013 年,第 128 页。

（一）共同决策模式

共同决策模式在欧盟决策程序中最明显的表现为“普通立法程序”，这也是目前欧盟决策过程中最广泛采用的一种决策程序。这一概念是基于对欧洲议会立法权的加强而发展得出的。1992 年，《马斯特里赫特条约》首次提出了“共同决策”这一概念，在 1999 年的《阿姆斯特丹条约》中对其进行了进一步的简化和调整，而在《里斯本条约》中，“普通立法程序”这一概念得到了法律确认，并被视为欧盟决策体系中最基本的立法程序。

在共同决策模式中，建立在欧盟多层次网络结构中多渠道“输入”的基础之上的欧盟委员会的立法提案，是欧盟立法的前提。部长理事会与欧洲议会在共同决策模式中共同行使立法权，在欧盟政策通过这一环节中扮演了最重要的角色，拥有最终的实际决策权，能够决定是否批准委员会的提案。在共同决策模式中，欧洲议会与部长理事会在诸如能源、环境、交通等广泛的议题领域中享有同等的权力。另外，在决策表决规则方面，呈现由全体一致向有效多数转变这一特点，一定程度上弱化了成员国政府否决权的影响力。但这并不意味着成员国在欧盟共同决策中不再重要，实际上，成员国在共同决策模式中仍然拥有相当大的权力去影响或阻止欧盟立法过程，政策结果能否实现也在很大程度上依赖于理事会中成员国政府的投票态度。

在《里斯本条约》中规定了气候政策所属的环境政策位列成员国和欧盟共享职能的范围内。因此，在欧盟广泛意义上的气候政策框架下，除了涉及税收、能源等部分的内容需要遵循政府间主义模式之外，其余都遵循共同决策模式，或者说通过“普通立法程序”进行决策。以欧盟排放交易体系的制定为例，在这个决策过程中就体现了欧盟的共同决策模式。2000 年，欧盟委员会发布了关于《温室气体排放交易机制》的绿皮书，对欧盟排放交易体系的作用及意义进行了说明，并就这一问题向公众和利益相关方进行广泛的意见征集。之后形成提案,经委员会通过的提案于2002年被提交至欧洲议会进行一读并通过了提案的修改意见。同时,委员会还就提案向欧洲经济和社会委员会、欧盟地区委员会进行咨询。部长理事会对提案及修改意见经讨论之后形成了共同立场，并再次提交至欧洲议会进行审议。最终于2003年7月,部长理事会和欧洲议会二读通过了《温室气体排放配额交易指令》。

(二)强化的政府间主义模式

在欧盟对外气候政策决策中,表现出的特点更接近于海伦·华莱士提出的“强化的跨政府主义模式”,或者称之为强化的政府间主义模式。与欧盟在对内气候政策中遵循的共同决策模式相比，强化的政府间主义模式也强调超国家机构与成员国政府的共同参与，二者的区别在于超国家机构与成员国政府在欧盟决策中谁能够拥有影响力和话语权上的相对优势。这个影响主要反映在欧盟对外气候政策的表决方式上。在欧盟对外气候政策决策中,遵循的是一国一票、一致通过的表决原则,并没有遵照“平行主义”(Parallelism)采取有效多数的表决方式。[①]

这是由国际背景和欧盟目标共同作用的结果。由于较早关注气候变化议题并在气候治理实践中的优秀表现,欧盟在《京都议定书》的制定、实施过程中扮演了领导者的角色,在国际气候谈判中也力求发挥主导作用。随着全球气候治理受到越来越多的重视，国际气候谈判和全球气候治理中领导权的竞争也日益激烈,重要的国际行为体都期待在气候变化领域有所作为,在国际气候规则制定中占有更多的话语权和主导权。欧盟也不甘落后,按照欧盟外交事务高级代表凯瑟琳·阿什顿(Catherin Ashton)的话讲:“气候变化必

① 傅聪:《欧盟应对气候变化的全球治理:对外决策模式与行动动因》,《欧洲研究》2012年第1期。

须被视为欧盟外交政策中最优先处理的事项之一。”[1]虽然目前欧盟在全球气候治理中的领导地位受到中国、美国及其他国家联盟的冲击，但是欧盟并未放弃一直以来追求的目标，明确表示希望将《议定书》时期积累的领导优势继续保持下去，维持一个领导者的国际行为体角色。在此基础之上，欧盟将气候变化视为其外交政策中一个重要的议题领域，甚至将其视为共同安全政策中的一部分。[2]

为了实现这一目标，欧盟需要增强内部凝聚力，尽可能推动一个统一、连贯的欧盟气候政策的达成。反映在实践中，在《欧共体条约》中规定了成员国有权参与缔结国际条约的谈判。正是根据这一条款的规定，欧盟作为单独的一方和它的成员国一起参与了《框架公约》和《京都议定书》的谈判，并且分别签署了这两个条约。事实上，根据欧洲法院的判例，在共同体享有对内立法权限的领域，它同样享有对外行动的权限，因此欧盟有权参与国际气候条约谈判。又根据《尼斯条约》中的“平行主义”条款，对外协定中如有条款要求制定欧盟内部法规，则应以与欧盟内部法规同样的表决方式决策，即对内政策和对外政策的平行。按照如上规定，欧盟签署的国际气候条约也应以超国家的决策程序通过。《里斯本条约》在重申了可持续发展目标的同时，也扩大了欧盟作为一个独立行为体在国际环境（气候）保护领域的影响。根据《里斯本条约》，在处理共同安全与外交事务时，欧盟的工作在于协调成员国政策，或为共同政策的实施提供补充支持。

另一方面，成员国并不愿意将参与国际气候谈判的权力完全托付给欧盟，对于欧盟在气候治理中的目标也有各自的考量，因此在欧盟内部围绕欧盟国际气候谈判政策也展开了激烈争论。在欧盟气候政策决策过程中就体

① EEAS，Environment and climate change，http://www.eeas.europa.eu/environment/index en.htm.

② European Union External Action，http://eeas.europa.eu/topics/environment-and-climate-change/2394/european-climate-diplomacy-day_en.

现为：欧洲理事会为欧盟国际谈判政策确立了整体方向并且推动了成员国开展政府间协商；部长理事会（尤其是环境部长理事会）在推动成员国交流彼此观点、达成一致方面发挥了重要作用；欧盟在国际气候谈判中的政策一般以部长理事会决议的形式呈现，气候变化行动总司作为欧盟代表之一参与国际气候谈判；由于参与国际气候谈判并不直接涉及立法问题，因此欧洲议会和欧洲法院在决策参与中的作用十分有限，但是在缔结国际气候协议时，欧洲议会可以就欧盟对该协议的立场发表意见。

基于上述两方面原因，欧盟对外气候政策决策中带有强烈的"政府间主义"色彩，并且体现在欧盟决策结构中，反映为一个复杂的决策和代表结构。决策程序上，欧盟兼具国家和超国家性质这一特征决定了在许多政策领域欧盟的政策介入不是很充分。在参与国际气候谈判的过程中，欧盟表现出的对外行为能力更多地表现出了政府间合作主义的特征，即在气候变化领域欧盟与成员国政府共同分享决策的权力。在具体决策程序方面，欧盟委员会仍然享有动议权，但是作用有限。在形成共同立场的过程中，欧盟委员会同成员国一样都是平等的参与者。共同立场提交给部长理事会后，要经过三个阶段。首先，议题涉及的工作小组负责对提案内容进行详细的审查。其次，由常设委员会解决大部分工作小组无法解决的问题，同时常设代表委员会也为部长会议准备会议议程。最后，由理事会主席、秘书处、欧盟委员会的代表和成员国代表团组成的部长会议对提案作出最终的决定。工作小组在对外气候决策中的作用还体现在国际气候条约缔约方会议期间，经常会代表各国环境部长在日常的协调会议上决定如何调整欧盟的立场，以便与其他谈判方达成协议。在此过程中欧洲议会只享有咨询的权力，所起的作用有限。而欧洲理事会有时可以通过发表一些涉及气候变化问题的声明来引导共同立场的形成。

在20世纪90年代，《议定书》谈判期间，由上任、时任和下任轮值主席国共同构成“三驾马车”(The Troika)代表欧盟参加联合国气候谈判。为了提升欧盟在国际谈判中的表现和效率,2004 年欧盟对参与国际谈判的机制进行了改革和调整,2004 年以后,欧盟委员会取代了上任轮值主席国,与当任和下任轮值主席国共同组成了新的“三驾马车”。现在欧盟委员会的作用有所提升,除了为欧盟对外气候政策做准备之外,还要负责跟踪国际社会其他行为体的表现并做出解读,在国际气候谈判中,欧盟委员会还要作为整个欧盟的代表参加气候谈判。这样的改变有助于欧盟委员会了解气候谈判中其他行为体的立场观点，也有助于它从更加专业的角度为欧盟决策制定符合实际需要的提案。另外,在改革后的欧盟对外气候政策决策机制中,增加了为部长理事会提供政策建议支持的工作组数量和权限。

考虑到气候政策的综合性,并且力求保持欧盟立场的协调性和连贯性,欧盟还在气候政策决策中设立了“领导谈判者”(lead negotiators)和“议题领导者”(issue leader)制度。“领导谈判者”一般是成员国为代表,体现成员国的利益诉求，同时又作为欧盟对外气候政策的执行者参加到国际气候谈判中各谈判小组会议中。一般来说,时任轮值主席国在协调欧盟内部立场中扮演关键角色，它为欧盟委员会推动议题进行和具体策略的实施提供了非常重要的帮助。“议题领导者”制度的设计目的在于提高欧盟内部决策的效率,是根据气候谈判中的具体议题而设立的,具有专门性的特点,用于对具体议题进行长期跟踪,从而协助欧盟委员会和轮值主席国工作的开展。“议题领导者”往往是某一领域的专家学者,对该领域熟悉,同时又具备丰富的谈判经验,他们一方面为欧盟对外气候政策决策提供了专业的意见和建议,另一方面也帮助欧盟政策得到连贯性和一致性的发展。

(三)公开协调模式

公开协调模式的提出是建立在欧盟经济和货币联盟及社会和就业政策

成功实践的基础之上的。2000年，欧盟提出的“里斯本战略”中提到欧盟决策的实施应致力于使用更加连贯和系统的方法。以此为契机，公开协调模式被逐渐推广到更广阔的议题领域中。公开协调模式最大的优势或特点在于，其为成员国展现了一个新的合作机会框架。在此框架下，欧盟为成员国确立一个总体性目标，强调发挥“同行评议”和学习的作用，即成员国通过交流彼此在实践中积累的优秀经验，确立各自目标，并以此推动一个共同的高标准的建立和共同目标的实现。在这一过程中，欧盟委员会在一个专家或知识共同体、利益相关者或公民社会组成的网络中扮演了“开发者”和“监督者”的角色，①其作用主要表现在提供知识、技术或资金协助，以及对成员国的表现定期进行监管和评估。这一方法既满足了欧盟在一些议题领域中进行协调行动的诉求，也并没有对成员国权力造成实质性损害，可以被视为一种没有约束力的、宽松的协调机制。虽然目前欧盟尚未对公开协调方法进行机制化的强调和巩固，但是可以看到欧盟正在通过这一方法努力扩展其希望达成共同政策的议题领域。

公开协调模式在欧盟气候变化决策中已经有所体现，比较有代表性的优秀尝试就是成员国的“国家行动计划”。在能源效率指令颁布之前，欧盟成员国需要在欧盟能源服务指令（Energy Services Directive，2006/32/EC）的指导下，确定各自实现2016年提高能源效率9%这一目标的具体措施。在能源效率指令颁布之后，欧盟成员国需要每三年向欧盟提交自己的能源消费预期、提高能效的措施计划和期望实现的提高能效目标，以此来确保欧盟2030、2050能效目标的实现。同时，还需要每年提交年度报告，汇报这一年政策实施及目标完成情况。其中，欧盟机构主要发挥了政策推动作用，为成员

① Fritz W. Scharpf, “What have we learned? Problem-solving capacity of the multilevel European polity”, MPIFG working paper, http://www.ssoar.info/ssoar/bitstream/handle/document/36349/ssoar-2001-scharpf-What_have_we_learned_.pdf?sequence=1.

国或次国家行为体提供基本指导。[1]另外,欧盟机构还可以设立一个普遍接受的评判标准,对不同参与行为体的表现进行比较,通过“标杆分析法”(benchmarking)的方式发现不同行为体的优秀经验并加以推广,以此来鼓励行为体依据各自情况来追求更高的标准,并将这些优秀经验体现在决策过程和结果中。总之,公开协调模式为解决欧盟气候政策决策过程中不可避免的多方利益分歧,提供了一次有效的尝试。

(四)欧盟监管模式

随着竞争机制和单一欧洲市场的发展,欧盟监管模式被引入到欧盟决策中,它最早植根于《罗马条约》(Treaty of Rome)对于消除成员国之间经济壁垒的要求。这一方法主要应用于单一市场的发展中,并随着欧盟竞争政策获得进一步发展。在《欧盟治理白皮书》中,欧盟表示需要将共同框架下达成的自我管理与其他欧盟规则及指导方针、建议等非约束性工具结合起来,推动欧盟决策的顺利运转并且提升欧盟政策的有效性。[2]事实上,考虑到欧盟自身的特点,欧盟非常适合建立一个综合性的监管框架,不同层次上的决策行为体需要不同类型的监管,其中既包含着跨国性的政策标准,也考虑到不同成员国的实际情况。体现在实践中,强有力的立法机制、有效的技术合作机制以及远离议会干扰,都有助于推动欧盟监管方法的发展。

欧盟监管方法有以下特点:一是欧盟委员会是监管目标和规则的制定者和捍卫者,为有效开展工作会经常与其他利益相关者和专家进行合作。二是理事会扮演了一个论坛的角色,既体现在部长层面也体现在官员层面上,

---

① European Commission, Guidance for National Energy Efficiency Action Plans, http://ec.europa.eu/energy/sites/ener/files/documents/20131106_swd_guidance_neeaps.pdf.

② European Commission, White Paper on Governance, http://europa.eu/legislation_summaries/institutional_affairs/decisionmaking_process/l10109_en.htm.

其中会考虑到成员国对于彼此不同偏好的认可并就最低标准和协调方向达成一致。三是欧洲法院和欧盟初审法院(Court of First Instance,缩写为CFI)作为确保规则得到合理、平等实施的方法,通过成员国法院在地方实施获取支持,并且保证私人企业有机会获得赔偿。四是随着影响力在立法权力中的提升,欧洲议会在促进非经济因素,如环境、地区、社会因素等考量时,发挥了越来越重要的作用,但是在监管实施中的影响力有限。五是利益相关者获得了广泛的机会对欧洲市场规则的内容制定提出咨询建议、施加影响。在欧盟气候政策领域涉及到的欧盟监管模式主要是通过对于相关的工业政策领域体现出来的。

具体到欧盟气候政策中,欧盟监管是非常重要的一环。在欧盟委员会制定提案的同时,需要与利益相关方合作,对提案可能造成的影响进行分析,并制定影响评估报告。在决策过程中,往往包括部长理事会、欧洲议会、欧洲经济和社会委员会、地区事务委员会在内的其他欧盟机构会要求欧盟委员会提交更加详细的影响评估报告。而欧盟委员会也会根据气候治理的实践,适时总结并发布对于目前气候政策适时情况的调查报告,为进一步的提案修订提供意见。1993年,欧盟以决议的形式确立了一项温室气体监测、报告机制,并在1999年和2004年进行了两次修订,使其能够更好地配合《议定书》的实施。[①]同时,欧盟委员会也是欧盟气候政策实施的主要监督机构,成员国需要在规定时间内向欧盟委员会汇报本国对于欧盟气候政策的落实情况,欧盟委员会则需要对存在争议的或接到投诉的成员国行为进行评估,督促它们进行修正,以使本国行为能够满足欧盟政策的要求和标准。对于在规定时间内仍没有进行改进的成员国,欧盟委员会可以根据具体情况将成员国的违规行为反映到欧洲法院,并交由欧洲法院裁定是否对成员国进行处

① 分别对应着Decision 93/389/EC、Decision 1999/296/EC、Decision 280/2004/EC.

罚。除此之外,在欧盟气候政策领域涉及的欧盟监管模式还可以通过对于相关的工业政策领域体现出来。[①]

三、欧盟气候政策决策程序:多层次行为体的互动方式

目前,在欧盟气候政策决策过程中主要遵循“普通立法程序”,同时也会涉及“特殊立法程序”。从决策分析的角度出发,欧盟气候政策决策的程序基本遵循以下这样一个过程:设定议题——提出倡议——政策通过——政策实施——评估现有政策并改进。在政策通过阶段,根据涉及的具体议题内容的区别欧盟会选择不同的决策模式,旨在以此缩短决策过程的时间、以更直接的方式反映参与决策行为体的利益诉求,从而优化欧盟决策程序。

(一)提案准备:多元利益诉求的整合

提案准备阶段的主要任务在于提出问题、设定目标,并以此确定基本议程,体现的是欧盟机构尤其是欧盟委员会对于欧盟内部多样化、多层次行为体的利益诉求进行整合的过程。

欧盟委员会在欧盟决策过程中享有唯一的提案权,各层次的行为体都可以向欧盟委员会提出立法倡议,比如,公众可以通过欧洲公民倡议(European citizens´ initiative)的方式提出欧盟政策或法律的提案。[②]在倡议提出过程中,尤其不可忽略的是欧洲理事会在确立欧盟发展方向、推动议题进展中的作用,特别是涉及欧盟战略规划方面的内容时,需要由欧盟委员会与欧洲

① Helen Wallace, “An institutional anatomy and five policy modes”, in eds. by Helen Wallace, Mark A. Pollack, and Alasdair Young, *Policy-making in the European Union*, Oxford: Oxford University Press, 7th edition, 2005, pp.49-90.

② European Commission, European Citizens' Initiative, http://ec.europa.eu/citizens-initiative/public/welcome.

理事会、欧洲理事会主席共同做出。欧洲理事会能够以结论、决议和声明的形式表达其对某一问题的政治立场和态度，尤其是欧洲理事会通过的决议往往会具体到某一议题领域的未来发展方向，虽然不具法律效力，但是能够以此邀请欧盟委员会开展更加深入的工作或提出更加具体的倡议。如果决议涉及的不是欧盟独享权力的议题领域，那么决议将以“欧洲理事会和成员国政府代表的决议”这一形式体现出来。欧洲理事会在欧盟决策程序中的作用一般反映在以下方面：一是，邀请成员国或其他欧盟机构就某项具体议题采取行动。二是，要求欧盟委员会就某一具体议题提出倡议。三是，协调成员国行动，推动决策过程发展和政策目标的通过。四是，以欧盟整体的名义表达政治立场或对某一国际事件的态度。五是，在国际组织中，协调欧盟与成员国立场。六是，对欧盟审计院的报告做出回应。

欧盟委员会通常会在欧洲理事会的要求下就某一具体问题设计提案倡议。强化准备工作和完善咨询工作是欧盟委员会为了实现“优化立法战略”所重点强调的工作任务。[①]欧盟委员会在提出议案草案之前，需要对该草案可能造成的经济、社会、环境影响进行评估，以“影响评估”文件（Impact Assessments）的形式对可行的政策选择进行利弊分析，并提交至欧洲议会、部长理事会等相关部门。同时，欧盟委员会可以采取具体行动推动政策达成，比较常用的行动方式包括：一是，通过不具约束力的措施，包括提出建议和意见及具体的行动建议或发表声明等表达委员会的意见；二是，管理资金项目，对有助于推动政策达成的项目或机构进行资助，或是对欧洲投资银行等其他欧盟机构提供帮助；三是，提出有约束力的立法，包括可以立即在欧盟成员国执行的规制、需要成员国转化为国内法的指令，以及针对具体成员国或企业做出的决定。

---

① European Commission, better regulation: why and how, http://ec.europa.eu/info/strategy/better-regulation-why-and-how_en.

在欧盟委员会内部，一项议案的提出也需要经过创议和准备、协调一致后起草、提交并获得通过四个阶段。根据“优化立法战略”的要求，欧盟委员会应当加强对于提案利益相关方的咨询工作，因此在创议和准备阶段，欧盟委员会需要听取来自多方面的要求，其中就包括了成员国负责部门、地方政府、企业、非政府组织、专家学者和个人等，并将这些诉求细分到具体总司，同时向相关领域的团体、专家寻求专业意见和资源。这一过程一般从欧盟委员会发布绿皮书对提案内容和目的进行简要介绍后开始，持续几个月的时间。2002年，欧盟委员会专门发布了一份通信文件，为咨询工作的开展确立了标准，其中提到了欧盟的咨询工作需要坚持以下原则，即参与性、公开性、负责性、有效性和连贯性，要保证咨询内容明确、利益相关方有足够的机会和实践来表达观点，同时欧盟委员会还需要对这些观点做出回应。[①]

在咨询过程中，欧盟委员会往往采用多种措施相结合的方式，以便尽可能地照顾到更加广泛群体的利益诉求，保证提案内容的专业性和公正性，[②]其中比较普遍采用的一种方式是发布网上调查问卷。在欧盟委员会对2020年之后欧盟气候政策发展进行咨询的过程中都使用了这种方式，并收获了令人满意的效果。[③]另外，欧盟委员会还会成立咨询委员会或专家组，或组织专门的研讨会或进行特别磋商(ad-hoc consultations)，由具体负责总司主持，邀请利益相关方参加，就具体内容进行深入讨论。[④]对于参与到这一过程中

① European Commission，COM (2002)704 final，Towards a reinforced culture of consultation and dialogue-General principles and minimum standards for consultation of interested parties by the Commission，http://eur-lex.europa.eu/LexUriServ/LexUriServ.do?uri=COM:2002:0704:FIN:EN:PDF.

② Sonia Mazey and Jeremy Richardson，“Institutionalizing promiscuity:Commission-interest group relations in the European Union”，in eds. by Alec Stone Sweet，Wayne Sandholtz，and Neil Fligstein，*The institutionalization of Europe*，New York:Oxford University Press，2001，pp.71-93.

③ 详见欧盟委员会在2050低碳经济路线图、2050能源路线图以及2030气候与能源政策框架咨询过程结束后发布的咨询总结文件。

④ European Commission，Consultation organised by different policy sectors，http://ec.europa.eu/transparency/civil_society/general_overview_en.htm#2.

的行为体来说，除了充分利用欧盟机构提供的利益诉求表达途径之外，它们的自主性活动也十分重要，通过欧盟机构提供的交流机会，在互动过程中学习其他行为体的优秀经验，再与自身实际情况相结合，达到共同进步的目的。

在协调和起草阶段主要任务是协调议案所涉及的各部门利益，以便达成一致。议案的初稿文本会分别交由相关委员办公室进行讨论，修改完善后提交至每周例会和委员会全体会议讨论。在欧盟委员会的内部决策中采用的是集体领导制的形式，以多数通过的原则对重大决策进行表决，但日常工作中很少会出现需要投票的情况，往往是以“反向全体一致”的方式来达成共识(具体的决策流程如图 6 所示)。一旦欧盟委员会提出一个立法提案的文本，公众和其他利益相关方就可以在之后的 8 周时间内对该提案和影响评估报告提出建议。

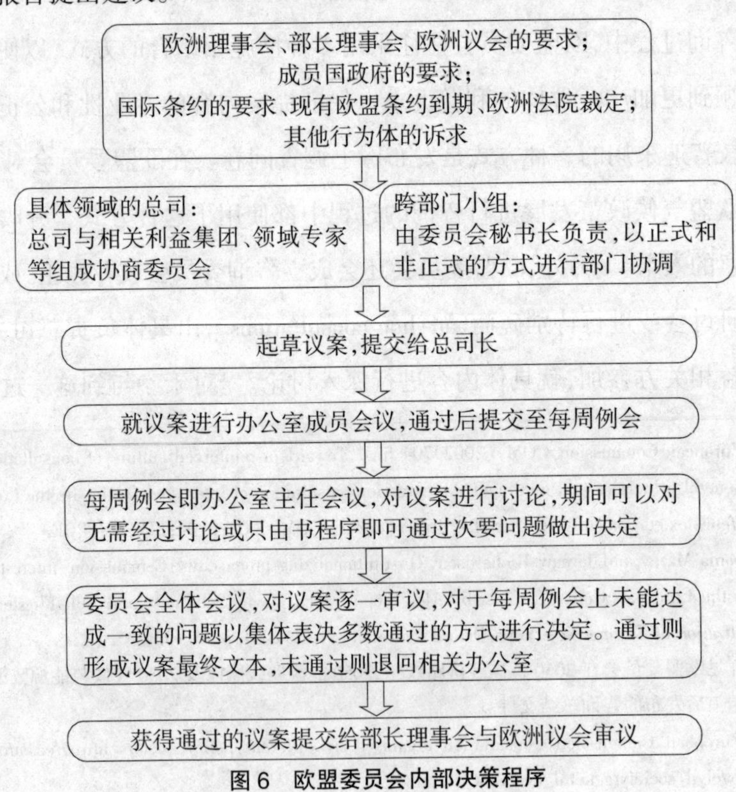

图 6　欧盟委员会内部决策程序

(二)提案讨论:欧盟机构的博弈与制衡

1.“普通立法程序”

《里斯本条约》将原有的欧盟决策程序进行了简化,之前的合作程序和共同决策程序统一更名为“普通立法程序”。目前绝对大多数的欧盟法律都是经由“普通立法程序”(Ordinary Legislative Procedure)做出的。在气候政策决策过程中也不例外,举例来说,从 2010 年到 2016 年,欧盟共有 25 项气候与能源立法通过“普通立法程序”完成,与之对应的通过“特殊立法程序”中咨询程序完成的有 13 项,同意程序仅有一项。[①]如图 7 所示,在欧盟的“普通立法程序”以一个最多包括“三读”的形式进行。

首先,欧盟委员会撰写完成立法提案并在委员会内部获得通过后,该提案将被提交至欧洲议会和部长理事会进行讨论,同时还会提交至欧洲经济和社会委员会及欧盟地区事务委员会进行进一步的咨询,此时,欧盟委员会的咨询工作按如图 8 所示的流程展开。作为欧盟决策过程中最重要的两个咨询机构,欧洲经济和社会委员会及欧盟地区事务委员会发挥的作用及扮演的角色在《里斯本条约》中都得到了强化和重视。二者主要代表的欧盟内部公民社会及地区或地方政府的利益诉求,一般会从是否具有广泛的代表性及可行性方面就提案内容发表意见,指出欧盟委员会在接下来的工作中需要补充和完善的地方,往往体现为建议委员会对于提案细节内容的进一步充实或对具体影响进行更加深入的分析和评估。

---

① http://eur-lex.europa.eu/search.html?textScope1=ti&textScope0=ti&qid=1481165313809&DTS_DOM=LEGAL_PROCEDURE&orText1=energy&type=advanced&lang=en&andText0=climate&SUBDOM_INIT=LEGAL_PROCEDURE&DTS_SUBDOM=LEGAL_PROCEDURE.

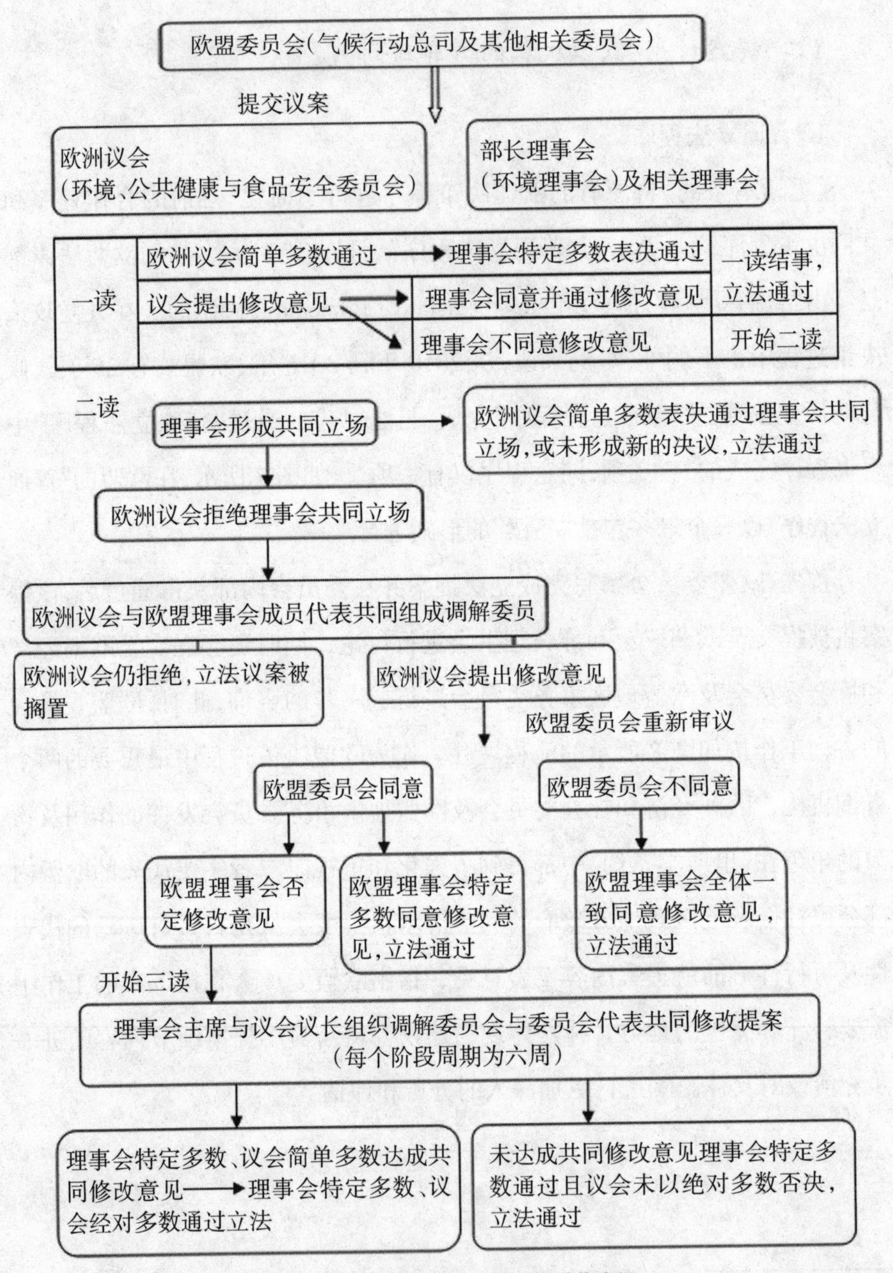

图 7　普通立法程序中的“三读”过程

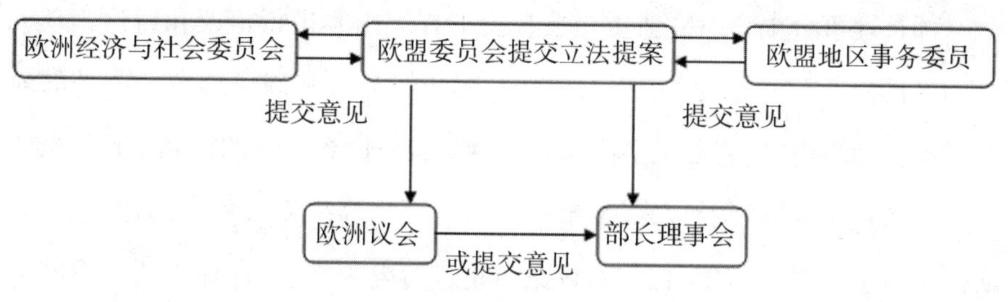

图8 欧盟委员会咨询工作示意图

对于欧盟委员会提交的议案，欧洲议会会对提案文本内容进行逐条审议,在一读程序中以简单多数的方式通过自己的立场,可以选择提出或不提出修改意见。欧洲议会内部的工作流程可以通过图9反映出来。在《里斯本条约》生效后,共同立法作为一种普通立法程序,帮助欧洲议会在欧盟权能涉及的大多数领域中都享有共同立法权。在协商程序中,欧洲议会可以发表没有任何约束力的意见。在同意程序中,欧洲议会虽然不能提出修改意见,但是能够以简单多数的方式发表具有约束力的意见：

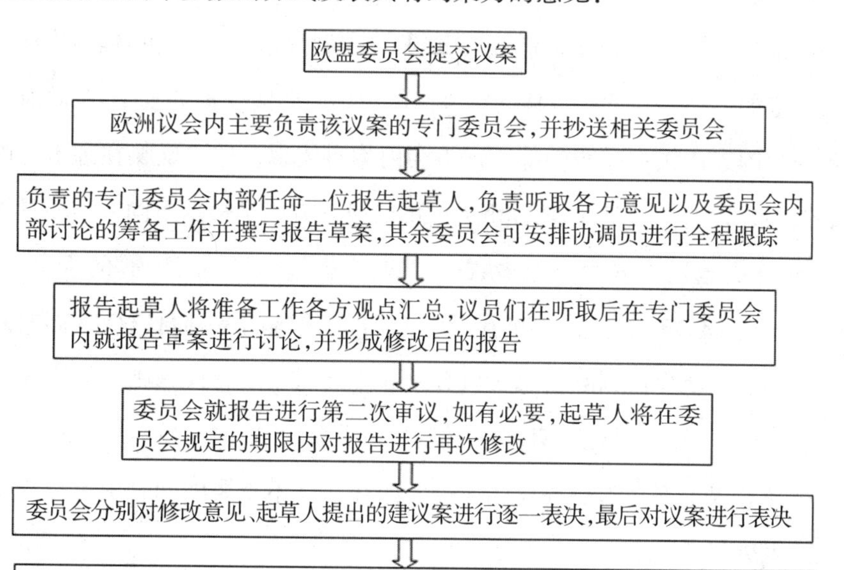

图9 欧洲议会内部决策程序

部长理事会也会对欧盟委员会提交的提案内容进行审议和讨论，理事会内部的决策程序如图10所示，其中，部长级会议掌握了理事会内部的最终表决权，而常驻代表委员会则承担了针对具体内容进行的谈判工作。虽然自《马斯特里赫特条约》以来，欧盟一直致力于提高决策过程中的透明度，并实际采取了一系列措施，比如对议案讨论进行电视转播、保证立法议案的审议及投票程序的公开性等，但是实际上，部长理事会在处理一些敏感议题尤其是涉及共同决策的法案展开的关键讨论依然是以保密的形式存在的，往往被限制在常驻代表委员会等非公开的场合进行讨论。[①]提案内容会被划分为A、B两种类型，其中A项内容往往是比较普遍性的问题，已经在常驻代表委员会达成一致，只需交由部长理事会通过即可；B项内容则会涉及一些敏感的议题领域，常驻代表委员会讨论后仍需要交由部长理事会进行进一步的谈判，之后再进行表决，决定是否通过。

在表决规则方面，在欧洲一体化的发展过程中，一直以来，围绕部长理事会内部投票方式的选择和票数权重的分配都是成员国争论的焦点，甚至引发了诸如"空椅子"危机这样的事件。由于部门职能安排的复杂性，政府间逻辑与超国家逻辑在欧盟的部长理事会内均有体现，这也反映在理事会内部的投票方式中。目前，部长理事会内部的投票方式是根据不同领域而具体确定的，最普遍的方式为有效多数通过，其中根据《里斯本条约》的规定，自2014年11月起，有效多数意味着至少15个成员国同意，而且这15国的总人口数还需要至少占到欧盟总人口数的65%。对于敏感议题则需要全体一致通过，这种一致通过往往会同欧洲理事会采取的"反向一致"一样，即便成员国选择弃权也不会影响决议的通过。而在一些不重要的问题上可以简单多数的表决方式通过。

---

① ［法］奥利维耶·科斯塔、娜塔莉·布拉克：《欧盟是怎么运作的》（第二版增补修订版），潘革平译，社会科学文献出版社，2010年，第128页。

虽然成员国围绕投票方式与权重分配展开了激烈的争论,但实际上,部长理事会内部很少通过投票的方式来进行日常决策。这一方面是因为,轮值主席国通常会确保议案得到足够多的成员国支持,如果做不到则该议案往往会被搁置;另一方面,在部长理事会普遍使用的有效多数表决机制的影响下,成员国会倾向于采用结盟的方式来保证某项提案内容的达成,长此以往,成员国之间往往会逐渐向共同立场靠拢,而放弃一些极端立场,这也有助于共同利益的培育,推动谈判中妥协的达成。[①]成员国在部长理事会中的讨价还价过程也有助于欧盟决策避免出现成员国内部僵化的限制。有学者对部长理事会在欧盟决策中的作用做了一系列分析[②](具体的工作流程如图10所示)。在欧盟决策过程中,每一读涉及部长理事会的工作都需要经过理事会内部工作小组、常驻代表委员会及专家委员会的共同努力才能进行。

① Ole Elgström, Bo Bjurulf, Jonas Johansson, Anders Sannerstedt, "Coalitions in European Union Negotiations", in *Scandinavian Political Studies*, 2001, Vol.24, No.2, pp.111-128.

② Andreas Warntjen, "Between bargaining and deliberation: decision-making in the Council of the European Union", in *Journal of European Public Policy*, 2010, Vol.17, No.5, pp.665-679. Andreas Warntjen, "The Council Presidency Power Broker or Burden? An Empirical Analysis", in *European Union Politics*, 2008, Vol.9, No.3, pp.315-338.

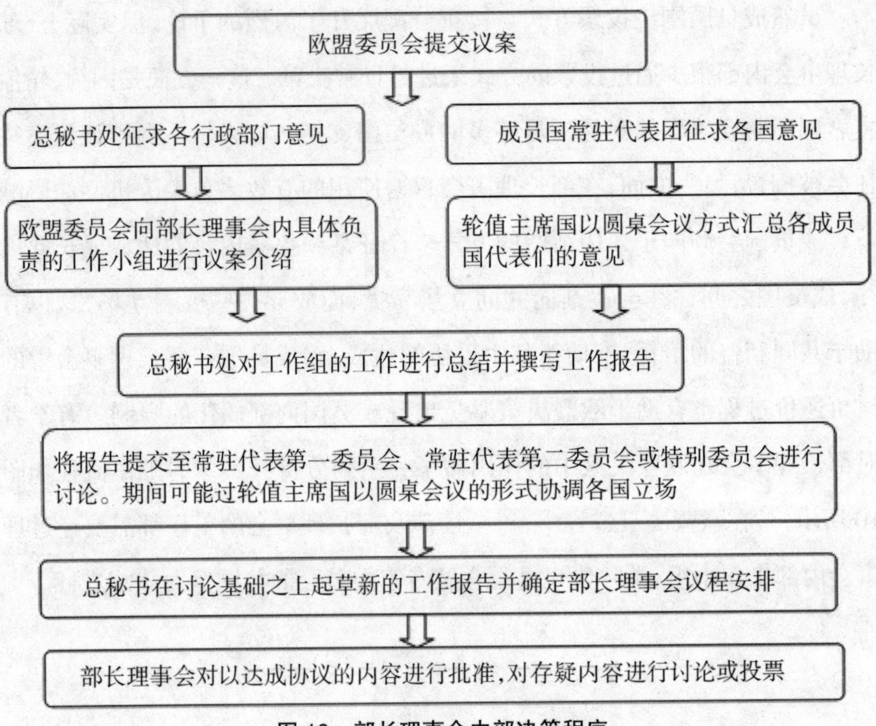

图 10　部长理事会内部决策程序

对于欧洲议会的立场,部长理事会如果以有效多数表决同意,则该法案直接获得通过;如果部长理事会不同意欧洲议会的立场,那么需要形成自己的立场并提交给欧洲议会,进入二读程序。在二读程序中,首先欧洲议会必须在3个月内对部长理事会的共同立场进行审议并形成自己的立场。欧洲议会的立场有以下三种可能:

第一种可能是,欧洲议会以简单多数通过部长理事会达成的共同立场,或对此不发表意见,则该议案即可依据部长理事会已达成的共同立场获得通过。第二种可能是,欧洲议会以绝对多数的方式拒绝部长理事会达成的共同立场,部长理事会可以召集部长理事会成员与欧洲议员代表组成的“调解委员会”,在调解委员会中双方人数相同,并能够就具体问题进一步阐述各自立场,进行协商。经过调解,如果欧洲议会仍然坚持以绝对多数的方式拒绝部长理事会的共同立场,则该立法议案就被搁置。第三种可能是,欧洲议会以绝对多数的方式拒绝部长理事会达成的共同立场,同样组成如上所述的"调解委员会"进行调解,调解后,如果欧洲议会以绝对多数的方式对部长理事会的共同立场提出修订意见,那么修订意见将被同时通报给欧盟委员会和部长理事会。此时,欧盟委员会需要在1个月内对提案进行重新审议,同时对欧洲议会的建议发表意见,而部长理事会也有3个月的时间对欧洲议会的修订内容进行审议。如果欧盟委员会同意欧洲议会的修订内容,那么部长理事会则以有效多数的方式对修正案进行表决。如果欧盟委员会不同意欧洲议会提出的修改意见,那么部长理事会必须以全体一致通过的方式做出表决,或者批准欧洲议会的修改意见,则法案通过;或者不批准欧洲议会全部的修改意见,则部长理事会主席与欧洲议会议长将会共同组织"调解委员会"(conciliation committee),并在欧盟委员会代表的参与下对该提案进行共同修改,通常这样的会议也被称为"三方会谈"。如果调解委员会在6周之内未能促成各方就提案达成妥协,则该提案被视为未通过。

如果调解委员会在6周之内能够就提案内容达成妥协,使部长理事会以有效多数、欧洲议会成员以简单多数的方式就提案达成共同修改意见,那么这一妥协后的提案将被再次提交至欧洲议会和部长理事会进行三读。在三读程序中,欧洲议会和部长理事会将各有6周时间批准通过该妥协文本,其中欧洲议会需要遵循绝对多数原则、部长理事会需要遵循有效多数原则来通过该提案。如果未能达到各自表决通过的要求,那么该提案依旧视为未通过。

2."特殊立法程序"

在欧盟气候政策决策中涉及的"特殊立法程序"有咨询程序和同意程序。

(1)咨询程序

在《里斯本条约》确立"普通立法程序"之前,咨询程序一直是欧盟决策中最主要的决策程序之一，也是欧洲议会参与决策的唯一途径。《里斯本条约》中将咨询程序确定为欧盟决策"特殊立法程序"的一种，表现为在部长理事会对欧盟委员会或其他机构的提案进行决定时需要向部分欧盟机构进行咨询、进行协商。进行咨询的机构包括欧洲议会、欧洲经济和社会委员会、欧盟地区事务委员会，部分情况下会涉及欧洲央行或者欧盟委员会。咨询过程本身并不会对部长理事会的决定带来任何强制性的影响，但是按照欧盟法律规定，在咨询程序决策中，咨询过程是需要强制执行的，即欧洲法院可以废止任何未经咨询的立法。咨询程序涉及的主要是对于成员国来说比较敏感的政策领域，带有较为浓厚的"政府间主义"色彩，成员国不希望通过"普通立法程序"来解决问题。

自《里斯本条约》以来，在气候政策中涉及咨询程序进行决策的立法并不多，2011 年 4 月 13 日，欧盟委员会向部长理事会提交了一份提案，内容是提议部长理事会通过对 2003/96/EC 指令进行修订、重构欧盟能源产品及电力税收框架的指令。同时，向欧洲议会及欧洲经济和社会委员会提交该提案进行咨询。[①]这份指令是在部长理事会的要求下做出的，2008 年 3 月，部长理事会曾表示希望欧盟委员会对能源税收指令进行修正，以使其更加符合欧盟能源与气候政策目标的需要。根据"特殊立法程序"中咨询程序的规定，部长理事会需要在向欧洲议会进行咨询后以全体一致的方式通过。10 月 27 日，经济和社会委员会发表意见，指出了提案中存在的部分问题。比如，关于重构能源税收指令的部分并不具有野心也缺乏连贯性。欧盟成员国有极大可能会对此表示沉默甚至是反对，欧盟委员会应该更加明确地论述在遇到成员国反对时的应对措施，同时采取措施向成员国强调欧盟能源目标实现

① European Commission, Proposal for a COUNCIL DIRECTIVE amending Directive 2003/96/EC restructuring the Community framework for the taxation of energy products and electricity, http://ec.europa.eu/transparency/regdoc/rep/1/2011/EN/1-2011-169-EN-F1-1.Pdf.

对于成员国就业增加、经济可持续发展、生活水平提高等方面带来的好处。[①] 4月19日,欧洲议会经过一读程序通过了对提案的修正案。对于欧洲议会的立场,部长理事会表示部分赞同。6月22日,部长理事会召开3178次会议,就提案中的B类项目进行了讨论。10月14日,部长理事会内部进行了再次讨论,达成一份妥协草案,其中绝大多数成员国表达了对于能源税收方面保有灵活性的要求,但在关于征税结构、最低征税率等方面存在明显分歧。[②]最终,2015年3月7日,欧盟委员会撤回了该提案。[③]

(2)同意程序

同意程序意味着在欧盟委员会向部长理事会提出立法提案后，欧洲议会可以对立法草案进行审议，虽然无权进行修改但可以用绝对多数的方式否决该草案,且欧洲议会的决定对于部长理事会来说具有约束力。同意程序是部长理事会与欧洲议会之间进行权力制衡的一种途径。对于部长理事会来说,欧洲议会的审议通过可以提升理事会立法的合法性,但是也不希望欧洲议会拥有修改提案的权力。对于欧洲议会来说,这可以帮助它获得在处理国际协定、欧盟预算等问题上的权力。在欧盟气候政策领域,涉及同意程序的主要是欧盟多年度财政框架的批准。比如,2011年6月29日,欧盟委员会向部长理事会提出制定2014—2020年财政框架的条例提案,其中需要向欧

---

① European Economic and Social Committee, Opinion of the European Economic and Social Committee on the 'Proposal for a Council directive amending Directive 2003/96/EC restructuring the Community framework for the taxation of energy products and electricity' COM (2011)169 final-2011/0092 (CNS)and the 'Communication from the Commission to the European Parliament, the Council and the European Economic and Social Committee on Smarter energy taxation for the EU: proposal for a revision of the Energy Taxation Directive' COM(2011)168 final, http://eur-lex.europa.eu/legal-content/EN/AUTO/?uri=celex:52011AE1586.

② Council of the European Union, http://register.consilium.europa.eu/doc/srv?l=EN&f=ST%2013814%202014%20INIT.

③ EU, Withdrawal of Commission proposals, http://eur-lex.europa.eu/legal-content/EN/TXT/?uri=celex:52015XC0307(02).

洲议会进行强制咨询，向地区委员会、经济和社会委员会进行选择性咨询。部长理事会先后进行了多次讨论，其间经济和社会委员会及地区事务委员会也先后发表了自己的意见，2013 年 11 月 19 日，欧洲议会对条例草案表示支持，在之后的 12 月 2 日，部长理事会正式通过了该条例。①

（三）政策实施和评估：跨层次的博弈与制衡

作为欧盟与成员国权能共享领域的议题，欧盟气候政策的制定本身就是在欧盟利益与成员国利益博弈，以及不同成员国之间协商、妥协最终达成一致的情况下完成的。同时，大多数欧盟政策在欧盟层面通过后，都需要经过成员国政府转化为国内法后才能在国内实行。因此，无论是欧盟气候政策的制定过程还是后续的实施都需要成员国的配合。

欧盟在气候变化领域的多数指令并不能自动成为成员国国家法律的一部分，②实际中，为了使法律更具可操作性，欧盟指令往往需要主管部门和当地政府将其转化为国内法再加以实施。欧盟指令更多的是为气候行动设立一个宽泛的目标和任务，而如何实现这些目标及更加具体的措施则交予成员国根据各自国情进行裁定。

欧盟委员会在政策实施评估中扮演着最重要的角色，需要对欧盟成员国是否按照要求将欧盟法律转化为国内法进行监管。具体来说，欧盟委员会根据自己的调查或参考公众、企业及其他利益相关方的投诉，认为欧盟法律实施过程中可能存在侵权行为。对此，欧盟委员会首先寻求与相关成员国就

① Procedure 2011/0177/APP，COM(2011)398：Proposal for a COUNCIL REGULATION laying down the multiannual financial framework for the years 2014–2020，http://eur-lex.europa.eu/legal-content/EN/HIS/?uri=CELEX:52012AP0360&qid=1481252576611.

② Harold K. Jacobson and Edith B. Weiss，"Assessing the Record and Designing Strategies to Engage Countries"，in eds. by Edith B. Weiss and Harold K. Jacobson，*Engaging Countries：Strengthening Compliance with International Environmental Accords*，London：MIT Press，1998，pp.511–554.

解决问题进行非正式的沟通，成员国可以向欧盟委员会提出没有违反欧盟法律的事实和法律信息。这一过程旨在找到一个遵循欧盟法律要求的快速解决方案,避免将事情拖入“侵权程序”中。如果成员国未能传达已将欧盟指令转化为国内法的信息,或是对涉嫌违反欧盟法律的行为未加整顿,那么欧盟委员会可以开启一个正式的“侵权程序”。根据欧盟条约要求,“侵权程序”分为以下步骤,每一个步骤都会达成一份正式决定,其流程如图 11 所示：

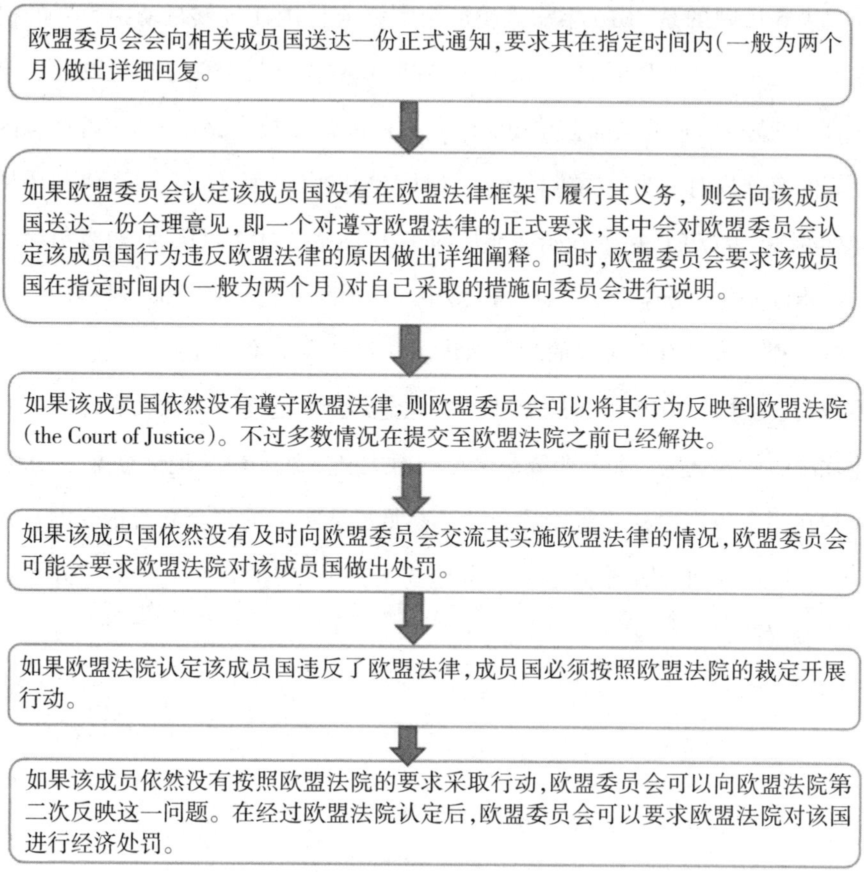

欧盟委员会会向相关成员国送达一份正式通知,要求其在指定时间内(一般为两个月)做出详细回复。

如果欧盟委员会认定该成员国没有在欧盟法律框架下履行其义务，则会向该成员国送达一份合理意见,即一个对遵守欧盟法律的正式要求,其中会对欧盟委员会认定该成员国行为违反欧盟法律的原因做出详细阐释。同时,欧盟委员会要求该成员国在指定时间内(一般为两个月)对自己采取的措施向委员会进行说明。

如果该成员国依然没有遵守欧盟法律,则欧盟委员会可以将其行为反映到欧盟法院(the Court of Justice)。不过多数情况在提交至欧盟法院之前已经解决。

如果该成员国依然没有及时向欧盟委员会交流其实施欧盟法律的情况,欧盟委员会可能会要求欧盟法院对该成员国做出处罚。

如果欧盟法院认定该成员国违反了欧盟法律,成员国必须按照欧盟法院的裁定开展行动。

如果该成员依然没有按照欧盟法院的要求采取行动,欧盟委员会可以向欧盟法院第二次反映这一问题。在经过欧盟法院认定后,欧盟委员会可以要求欧盟法院对该国进行经济处罚。

图 11 “侵权程序”流程图

资料来源:European Commission,Infringement procedure,https://ec.europa.eu/info/infringement-procedure_en.

以 2014—2016 年欧盟委员会进行的侵权调查为例,欧盟委员会一共进行了 47 项侵权调查，其中，绝大多数侵权行为是成员国未能按时向欧盟委员会就欧盟政策的实施情况进行说明，共计 36 例；其余则主要为成员国对于欧盟政策的不当实施。在这 47 起调查中，意大利、法国、瑞典、塞浦路斯、葡萄牙、比利时、匈牙利各有 3 例，波兰有 11 例，英国、罗马尼亚、卢森堡、立陶宛、斯洛文尼亚各有 2 例，奥地利、爱尔兰、比利时、荷兰、德国、希腊各 1 例。[①]

表 5 反映的是 2016 年欧盟委员会围绕成员国在气候行动中开展的侵权调查。从表中可以看出，一般来说，在收到欧盟委员会关于违反欧盟法律内容的通知后，成员国都会在规定时间内向欧盟委员会做出回应，解释国内政策的实施或对不当行为进行改正。比如，2015 年 6 月 11 日，关于燃料质量标准的 2014/77/EU 指令开始在成员国正式实施；7 月 22 日，欧盟委员会围绕该指令实施情况就波兰、意大利、法国、英国和罗马尼亚开展侵权调查，只有意大利一国没有在规定的时间内将国内对指令标准的实施情况告知欧盟委员会，因此在 2016 年 2 月 25 日，欧盟委员会决定终止除意大利之外的其他几国的侵权调查。而欧盟委员会则向意大利发送一份合理化意见，要求意大利在两个月内通知欧盟委员会已经参照意见实施了符合欧盟指令的具体措施。在意大利按照要求完成后，欧盟委员会于 2016 年 7 月 22 日终止了对它的侵权调查。

① European Commission, Infringement decisions, http://ec.europa.eu/atwork/applying-eu-law/infringements-proceedings/infringement_decisions/index.cfm?lang_code=EN&r_dossier=&noncom=0&decision_date_from=&decision_date_to=&active_only=0&DG=CLIM&title=&submit=Search.

表5　2016年欧盟委员会侵权调查

成员国	不当行为(括号内为侵权调查程序编号)	欧盟委员会的决定
波兰	对欧盟关于二氧化碳储存指令的不当实施(20144088),违反欧盟关于制冷、空调和热泵设备条例(20122063),未就本国实施情况向欧盟委员会提供说明(20150327)	调查终止
意大利	未就本国实施情况向欧盟委员会提供说明(20150307),在规定时间内未向欧盟委员会就后续采取措施进行汇报	发送合理意见，要求意大利在两个月内采取措施并告知欧盟委员会;完成后,调查终止
法国	未就本国实施情况向欧盟委员会提供说明(20150293)	调查终止
英国	未就本国实施情况向欧盟委员会提供说明(20150350)	调查终止
罗马尼亚	未就本国实施情况向欧盟委员会提供说明(20150336)	调查终止

来源:European Commission, Infringement decisions, http://ec.europa.eu/atwork/applying-eu-law/infringements-proceedings/infringement_decisions/index.cfm?lang_code=EN&r_dossier=&noncom=0&decision_date_from=&decision_date_to=&active_only=0&DG=CLIM&title=&submit=Search.

在某些特定条件下，欧盟委员会可以要求成员国保持或引入更加严格的环境政策措施。当一个成员国授权时,欧盟委员会应立即检查是否对其提出一个新的适应措施。对于企业来说则必须遵守欧盟竞争法,否则欧盟委员会也可以对企业的违法行为进行调查并处以罚金。另一方面,欧盟委员会会对欧盟政策和法律的实施进行持续性的评估，以确保欧盟目标能够以最为高效的方式实现。同时,欧盟委员会也会在评估过程中加强与公众的联系,以便为接下来新的倡议做规划和准备。在欧盟政策实施期间,公众如果认为成员国或企业的行为不当,没有正确地遵守欧盟法律,那么可以向欧盟委员会和欧洲议会提交投诉。在欧盟委员会和欧洲议会的官方网站上提供了多种联系方式,方便公众表达自己的意见或提出具体问题。①

另外,考虑到约有70%的欧盟政策需要在地区或地方层面实施,而部分成员国的地区议会同样需要将欧盟指令转化为本国的法律，因此欧盟地区事务委员会在欧盟政策实施过程中也扮演了重要角色。一方面,当已经通过

① European Commission, http://ec.europa.eu/competition/contacts/index_en.html. European Parliament, Petitions, http://www.europarl.europa.eu/atyourservice/en/20150201PVL00037/Petitions.

的欧盟立法依然不能充分满足辅助性原则的要求时，欧盟地区事务委员会可以直接向欧盟法院就侵权程序提起诉讼。另一方面，欧盟地区事务委员会也会就欧盟法规在地区或地方层面的转化及实施进行监管。

四、本章小结

欧盟气候政策决策过程中呈现的特点就是多层次、多样化行为体的互动，在协商谈判中进行博弈与制衡，围绕解决问题这一目标推动妥协达成。为了确保整个体系的正常运作和政策的顺利通过，在具体的决策程序设计中，欧盟一直致力于推动欧盟决策过程的简化和高效。

（一）参与方式的多样性

为了满足多层治理框架下来自不同层次、多样化的行为体表达各自利益诉求的需要，欧盟在机制建设方面采取了诸多措施，以丰富不同行为体参与决策的机会，同时对它们的参与途径进行制度保障，从而推动欧盟决策过程向更具包容性和开放性的模式发展。

在“普通立法程序”中，虽然欧洲议会和部长理事会在提案的讨论通过阶段扮演着最重要的角色，但这一过程依然可以体现出欧盟多层次、多样化行为体参与的特点。其中，由于“三方会谈”机制在欧盟决策中的作用日益凸显，欧盟委员会在欧盟提案的讨论阶段也发挥了不可忽视的作用，这一方面体现在在普通立法程序过程中，欧盟委员会需要促进决策进程的发展，调解欧盟机构之间的矛盾分歧。另一方面，根据《里斯本条约》的规定，欧盟委员会也可以在欧洲议会或部长理事会的授权下拥有通过两种非立法法案(non-legislative acts)的权力，一种是实施法案(implementing acts)，即介绍实施方法从而确保欧盟法律在成员国内得到同样的实施，这一法案主要适用于欧盟共同政策领域，比如内部市场、农业等；另一种是授权法案(delegated acts)，即对现存法律(不包含重要内容)部分进行修改和补充，尤其是在处理一些不是十分重要的规则方面，可以通过委托条款交予欧盟委员会负责，欧盟委员会也可以被授权采取行动来保证法律的顺利实施。[①]在“实施法案”的准备和决策过程中，欧盟委员会需要向所有成员国进行咨询和沟通，同时，成员国也可以依靠部长理事会内的专家委员会对欧盟委员会的决策过程进行监督和建议。在“授权法案”的准备和决策过程中，欧洲议会和部长理事会必须对授权的目的、内容和范围作出明确规定，欧盟委员会则必须向相关议题领域的来自各成员国的专家组进行咨询，而法案通过后，欧洲议会和部长理事会仍有两个月的时间对其提出反对意见。在这两个决策过程中，公众和利益相关者都可以依据欧盟委员会的“优化立法议程”，对欧盟委员会提出的草案提交反馈意见。

欧盟委员会还可以采用“非立法程序”的方式参与到欧盟气候政策决策中，即提交关于代表欧盟签订国际气候变化协定的部长理事会决定的提案。[②]《巴黎协定》的通过程序就体现了这一方法。由于《巴黎协定》是一份混合型协定，部分内容需要由欧盟负责，而成员国也会负担其余内容，因此需要欧盟和成员国共同批准。2016 年 6 月 10 日，欧盟委员会通过了一份提案，关于

① European Commission, Commission adopts, http://ec.europa.eu/info/law/law-making-process/overview-law-making-process/adopting-eu-law_en.

② 详细内容可以参见欧盟网站的统计，http://eur-lex.europa.eu/search.html?textScope1=ti&textScope0=ti&qid = 1481165313809&DTS_DOM = LEGAL_PROCEDURE&orText1 = energy&type = advanced&lang = en&andText0=climate&SUBDOM_INIT=LEGAL_PROCEDURE&DTS_SUBDOM=LEGAL_PROCEDURE&LP_INTER_CODE_TYPE_CODED=NLE. 在 2009 至 2016 年间，在气候变化和能源领域，欧盟委员会共通过这种“非立法程序”先后 59 次提交部长理事会决定的提案。其中，多数提案直接提交至部长理事会，经其通过即可。

在《框架公约》下部长理事会代表欧盟通过巴黎气候协定。[①] 6月20日，部长理事会召开3476次会议，讨论欧盟委员会提交的提案内容，并就巴黎协定批准发表理事会声明。[②] 9月30日，部长理事会召开3486次会议，同意加速巴黎协定的批准程序，同时督促成员国尽快通过国内程序批准这一协定。部长理事会还将向欧洲议会征求同意。10月4日，欧洲议会批准部长理事会的协定，该协定批准的欧盟政治程序就此完成，随即部长理事会正式通过该协定。[③]

对于欧盟决策中的咨询机构——欧洲经济和社会委员会、欧盟地区事务委员会来说，《里斯本条约》也为它们提供了更多参与欧盟决策的空间。图13展示了欧盟地区事务委员会在欧盟决策的不同阶段发挥的作用。同样，根据辅助性原则，成员国议会也能够参与到欧盟决策过程中，它们会与欧洲议会和部长理事会同时收到一份来自欧盟委员会的立法提案的草案，使得它们也能够有机会发表对这一政策的看法，对政策是否能在成员国或地方层面上得到有效开展表达自己的观点。

除此之外，在欧盟"优化立法战略"中特别强调了立法追踪(track law-making)这一目标，即希望通过公众和利益相关方对于欧盟委员会倡议的提出过程和整个决策过程进行监督，同时表达各自的利益诉求、提出意见和建议。[④]为此，欧盟委员会提供了多种机会供多层次的行为体参与到欧盟决策程序中，比如，"欧洲气候变化项目"和REFIT项目。在"欧洲气候变化项目"

---

① European Commission, Proposal for a COUNCIL DECISION on the conclusion on behalf of the European Union of the Paris Agreement adopted under the United Nations Framework Convention on Climate Change, http://eur-lex.europa.eu/legal-content/EN/TXT/?uri=COM:2016:0395:FIN.

② Council of the European Union, Outcome of the Council Meeting 3476th Council meeting, http://data.consilium.europa.eu/doc/document/ST-10444-2016-INIT/en/pdf.

③ European Commission, Paris Agreement to enter into force as EU agrees ratification, http://europa.eu/rapid/press-release_IP-16-3284_en.htm?locale=en.

④ European Commission, Track law-making, http://ec.europa.eu/info/law/law-making-process/track-law-making_en.

中，涉及一个“多方利益相关者咨询程序”（multi-stakeholder consultative process），这个程序为欧盟机构、成员国政府、地区或地方政府、环保非政府组织、利益集团、企业和专家学者等提供了一个开放的讨论交流平台，由欧盟委员会下设的欧洲气候变化项目委员会统一领导，并根据具体议题领域的不同划分为不同的工作小组。在多方利益相关者的参与下，这一项目取得了丰厚的成果，不仅完成了预期的落实《议定书》目标的基本需求，还提出了碳排放交易体系这样建设性的议案。而 2012 年确立的 REFIT 项目（Regulatory Fitness and Performance Programme）则是旨在简化欧盟法律，同时降低实施成本。在这一项目中来自不同层次的行为体，包括欧盟委员会、欧洲议会、部长理事会及成员国政府和其他利益相关方共同参与，对如何减少欧盟法律开展的行政负担提出建议，同时对欧洲议会和部长理事会对欧盟委员会的提案进行修改的过程进行监督。[1]

---

① European Commission, REFIT, http://ec.europa.eu/info/law-making-process/evaluating-and-improving-existing-laws/refit-making-eu-law-simpler-and-less_en.

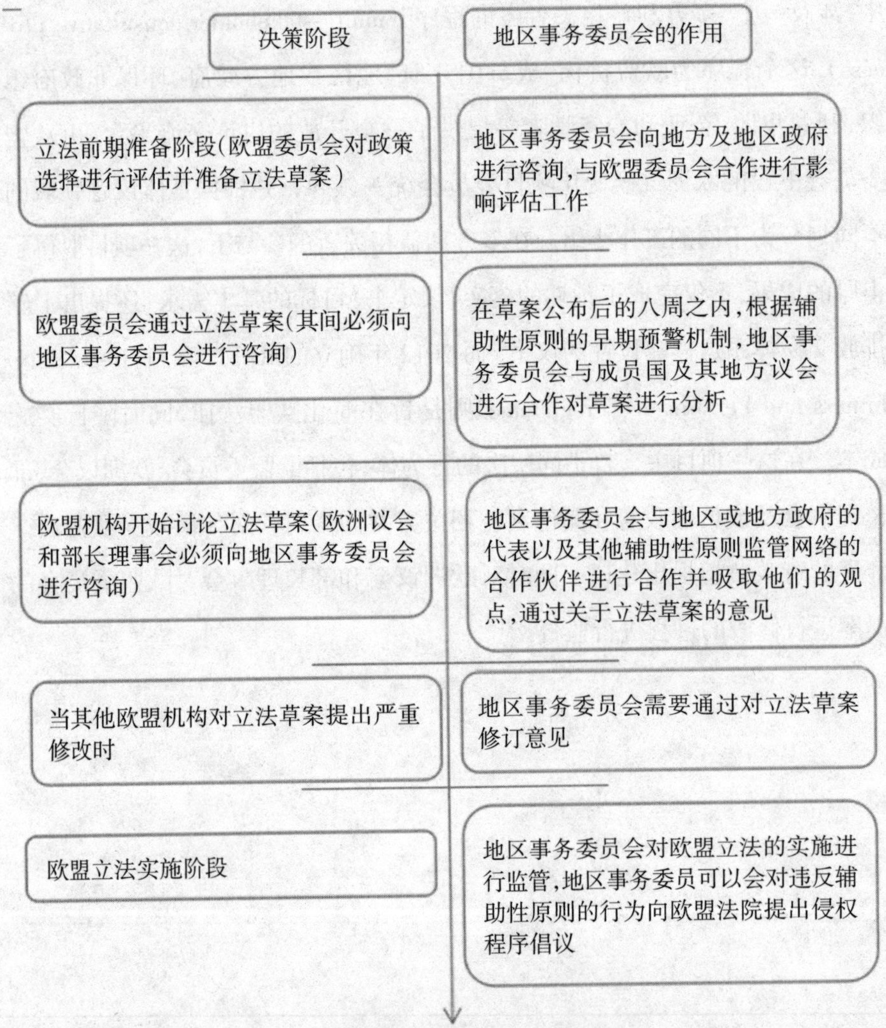

决策阶段	地区事务委员会的作用
立法前期准备阶段（欧盟委员会对政策选择进行评估并准备立法草案）	地区事务委员会向地方及地区政府进行咨询，与欧盟委员会合作进行影响评估工作
欧盟委员会通过立法草案（其间必须向地区事务委员会进行咨询）	在草案公布后的八周之内，根据辅助性原则的早期预警机制，地区事务委员会与成员国及其地方议会进行合作对草案进行分析
欧盟机构开始讨论立法草案（欧洲议会和部长理事会必须向地区事务委员会进行咨询）	地区事务委员会与地区或地方政府的代表以及其他辅助性原则监管网络的合作伙伴进行合作并吸取他们的观点，通过关于立法草案的意见
当其他欧盟机构对立法草案提出严重修改时	地区事务委员会需要通过对立法草案修订意见
欧盟立法实施阶段	地区事务委员会对欧盟立法的实施进行监管，地区事务委员可以会对违反辅助性原则的行为向欧盟法院提出侵权程序倡议

图12　欧盟地区事务委员会作用示意图

来源：Committee of Regions, A new treaty: a new role for regions and local authorities, http://101.96.10.61/cor.europa.eu/en/documentation/brochures/Documents/84fa6e84-0373-42a2-a801-c8ea83a24a72.pdf.

（二）不同利益诉求的博弈与制衡

欧盟气候政策决策过程本质上就是不同行为体或某一行为体内部进行博弈与制衡的过程。在职权分配上，只有委员会首先提出议案，部长理事会才能做出决定,即委员会不仅拥有提案创制权,而且还垄断了这个权力。与政治色彩更加鲜明的理事会和欧洲议会相比,赋予欧盟委员会在提案阶段的重要作用,目的是为了防止日后各国政府一致决定在一体化的道路上向后倒退。但是理事会可以建议委员会就某项议题开展工作,对于委员会的提案,理事会也能够以有效多数的方式表达自己的立场,并以一致通过的方式进行修改。这样的制度安排,一方面是遵循这一原则,及特殊利益诉求只能寄希望在委员会的建议中得到考虑,而且必须与多数意见相互调适方能进行谈判;从另一方面来看,理事会对委员会的立场进行修改,也体现了不允许任何技术官僚机构阻碍成员国实现其意志这一原则。[①]

在决策过程中表现出的影响力上,虽然一直以来共同体的气候政策或是与之相关的环境多在欧盟层面制定,但是成员国在决策制定和具体实践过程中依然占据了主导地位,无论是排放标准的制定还是欧盟参与国际气候谈判的目标立场都反映出这一点。欧盟反复强调将用"一个声音"说话,然而这只是欧盟官方文件上的说法,更确切地说,应该被视为一个努力的目标。因为事实上,欧盟成员国之间在欧盟气候计划上,尤其是在涉及经济问题时——每个成员国需要付出多少来应对气候变化的挑战,存在不少的分歧甚至是冲突。虽然近几年欧盟的治理方式发生了一定的转变,但就目前来说,成员国在决策制定实施中的主导地位始终没有改变。

(三)以协商谈判的方式解决问题

在欧盟决策过程中,强调的是通过谈判、劝说与相互学习来达成目标。在决策过程中,为了尽可能减少欧盟机构间的冲突,推动政策结果的达成,

---

① [德]米歇尔·克诺特、托马斯·康策尔曼、贝亚特·科勒-科赫:《欧洲一体化与欧盟治理》,顾俊礼等译,中国社会科学出版社,2004年,第101页。

采取了多种措施。在运作方式上,“委员会治理”(governance by committees)[①]在欧盟决策中承担了最为繁重的工作。从以上对于欧盟机构的介绍中也可以看出,不论是欧盟委员会中的协商委员会、欧洲议会中的专门委员会,还是欧洲理事会中的委员会和工作小组,它们都在维持机构运作中发挥了重要作用。同时,在欧盟决策过程中,可以看到欧盟相关机构通过发表通信、公函(note)、框架协议、联合声明、主席声明、秘书长决定等政策文件来表达自己的态度,同时与其他机构进行沟通协调,这些方式也体现了欧盟机构为达成一致做出的努力。[②]

随着欧洲一体化深入发展,涉及的议题领域增多,议题敏感性增强,而适时建立和发展起来的欧盟委员会、部长理事会和欧洲议会的“三方会谈”机制,现在已经成为协调欧盟主要决策机构的重要方式。作为欧盟决策中的三个主要机构,三方早在1994年就开始寻求在欧盟决策过程中加强合作的机会,[③]但是一直未能在实际中落实,尤其是部长理事会并没有表示出积极的态度,这种情况直到《阿姆斯特丹条约》后才有所改善。1998年,三方通过机构间协定,强调了三个机构对于提高共同体立法草案质量的作用。[④]在2001年和2007年,三方又先后就决策程序中的实际问题达成了合作意向,并

---

① Morten Egeberg,“An organisational approach to European Integration-What organisations tells us about system transformation,committee governance and Commission decision making”,in *European Journal of Political Research*,2004,Vol.43,No.2,pp.199-219.

② Sonja Puntscher Riekmann,“The cocoon of power:Democratic implications of interinstitutional agreements”,in *European Law Journal*,2007,Vol.13,No.1,pp.4-19.

③ The European Parliament,the Council of the European Union and European Commission,Accelerated working method for official codification of legislative texts(96/C 102/02),http://eur-lex.europa.eu/legal-content/EN/TXT/?uri=uriserv:OJ.C_.1996.102.01.0002.01.ENG&toc=OJ:C:1996:102:TOC.

④ The European Parliament,the Council of the European Union and European Commission,Interinstitutional agreement on common guidelines for the quality of drafting of Community legislation(1999/C 73/01),http://eur-lex.europa.eu/legal-content/EN/TXT/?uri=uriserv:OJ.C.1999.073.01.0001.01.ENG&toc=OJ:C:1999:073:TOC.

于2011年10月27日发表联合政治宣言。[①] 2016年4月,欧洲议会、部长理事会和欧盟委员会就优化立法程序达成的协议正式生效，三方将在整个决策周期进行坦率的合作。[②]目前,这三个主要的欧盟机构之间不仅在决策过程中以“三方会谈”机制进行协商,而且从决策开始阶段就着手对相关问题交换意见，这样的合作模式也有助于欧盟决策过程以一种更加高效和可预期的状态发展。反映在实际中,近年来,由于这三个主要机构之间的沟通日趋频繁,能够在前期的协商中就提案中的内容达成非正式协议。因此,许多提案在一读之后便可获得通过,需要调解委员会介入的决策过程与20世纪90年代相比大幅减少。[③]

(四)保证民主性的同时对于有效性的追求

欧盟气候政策决策过程本身体现出的就是偏好影响制度，制度又塑造新的偏好这样的一个过程。随着一体化的深入,既有的管制性措施实施的有

---

① The European Parliament, the Council of the European Union and European Commission, Interinstitutional Agreement of 28 November 2001 on a more structured use of the recasting technique for legal acts(2002/C 77/01), http://eur-lex.europa.eu/legal-content/EN/TXT/?uri=uriserv:OJ.C.2002.077.01.0001.01.ENG&toc=OJ:C:2002:077:TOC; Joint declaration on practical arrangements for the codecision procedure (2007/C 145/02), http://eur-lex.europa.eu/legal-content/EN/TXT/?uri=uriserv:OJ.C.2007.145.01.0005.01.ENG&toc=OJ:C:2007:145:TOC; Joint Political Declaration of 27 October 2011 of the European Parliament, the Council and the Commission on explanatory documents(2011/C 369/03), http://eur-lex.europa.eu/legal-content/EN/TXT/?uri=uriserv:OJ.C.2011.369.01.0015.01.ENG&toc=OJ:C:2011:369:TOC.

② The European Parliament, the Council of the European Union and European Commission, Interinstitutional Agreement between the European Parliament, the Council of the European Union and the European Commission on Better Law-Making, http://eur-lex.europa.eu/legal-content/EN/TXT/PDF/?uri=CELEX:32016Q0512(01)&from=EN.

③ Farrell, Henry, and Adrienne Héritier. “Interorganizational Negotiation and Intraorganizational Power in Shared Decision Making Early Agreements Under Codecision and Their Impact on the European Parliament and Council.” Comparative political studies 37.10(2004):1184-1212. [法]奥利维耶·科斯塔、娜塔莉·布拉克:《欧盟是怎么运作的》(第二版增补修订版),潘革平译,社会科学文献出版社,2010年,第226、301~303页。

效性问题日益凸显，随之而来的还有民众对于欧洲一体化发展的信任度和期望值的降低。为了更好地应对欧盟"民主赤字"和"执行赤字"的问题，欧盟力图通过调整治理模式，采用新的治理工具，来了解更广泛行为体的利益诉求，吸引更多的利益相关方参与到欧盟决策中来，同时为它们参与决策的途径和机会提供保障。这在欧盟气候政策决策过程中也得到了明显体现。在欧盟2050低碳经济路线图中将欧盟治理优化作为一项重要内容，更加强调协商、非等级制的特点，并重视非强制性的软性立法在实施欧盟政策目标中的作用。新的治理方式对于欧盟决策来说并非是一种替代，而应被视为对现有治理方式的一种补充。①

同时，考虑到与参与行为体增加相对应的除了决策过程的民主性提高之外，还有决策过程的复杂性和不确定性的增长，行为体之间在决策过程中的地位和影响力也存在着竞争。为了确保整个体系的正常运作和政策的顺利通过，在具体的决策程序设计中，欧盟一直致力于推动欧盟决策过程的简化和高效，这一目标也在欧盟政策的实践发展中得到了体现。在《阿姆斯特丹条约》中欧盟明确提出，欧盟所有机构应当努力推动立法过程的尽快完成。为了保证这一目标的实现，在《里斯本条约》中指出欧盟委员会、欧洲议会与部长理事会应当就提案内容进行协商，在条约规定框架下通过达成机构间协议的方式促成提案的通过，从而推动欧盟立法进程。在由欧盟委员会提出的"优化立法战略"中，描述了以一种透明的方式对欧盟政策和法律进行设计和评估，其间，证据充足并且充分体现了公众及利益相关者观点的欧盟决策程序。②这一战略涵盖了欧盟所有的政策领域，针对需求实施有目的的监

① Rüdiger KW Wurzel, Anthony R. Zito and Andrew J. Jordan, Environmental governance in Europe: A comparative analysis of the use of new environmental policy instruments, Cheltenham: Edward Elgar Publishing, 2013, pp.23-46.

② European Commission, better regulation: why and how, http://ec.europa.eu/info/strategy/better-regulation-why-and-how_en.

管,以最低的成本实现政策目标并获得收益,是欧盟未来决策过程的发展目标。为了得到更优化的政策结果,欧盟委员会致力于提升欧盟决策过程的公开性,并倾听来自更广泛群体的意见和建议,而“优化立法战略”目标的实现依赖于一个透明的决策过程,以及公众和利益相关者的广泛参与。但这并不意味着欧盟机构在欧盟决策过程中作用的弱化，欧盟委员会将重点关注那些亟待欧盟解决的问题,并保证提案能在各机构得到妥善的处理。另外,为达到更加优化的结果，欧盟还需要在决策初期就对政策结果可能带来的影响进行一个长远的、全面的分析,欧盟委员会需要提供充分的证据来支持其提案内容的可行性和有效性。

总之，在欧盟决策过程中充分体现出欧盟机构之间及不同层面之间行为体的互动关系,反映出不同行为体对同一议题的不同观点。这些观点往往不单纯建立在单一议题内容基础上，还会反映行为体对欧洲一体化的态度倾向,以及在欧盟决策过程中对自身权力的诉求。因此,在对欧盟决策过程的理解中,需要考虑到的是不同诉求之间的平衡,其中主要集中在对于一体化目标的追求、成员国国内的偏好、政治约束、对于决策有效性和专业性的追求中,而与之相对应的也反映在欧盟机构、成员国,以及包括利益集团、专家等在内的次国家行为体所构成的多层结构的互动过程之中。

第五章
欧盟2020、2030、2050气候政策决策的比较分析

在气候变化领域,欧盟先后提出了 2020 气候与能源一揽子政策(以下简称 2020 一揽子政策)、2050 能源路线图与低碳经济路线图(以下简称 2050 路线图)和 2030 气候和能源政策框架(以下简称 2030 框架),分别对应着欧盟短期、长期和中期的气候政策及能源政策目标，其中 2020 一揽子政策和 2030 框架已经由欧洲议会和部长理事会批准立法。本章将对上述三项政策的决策背景进行比较分析,说明来自不同层面的影响因素是如何推动欧盟气候政策决策进行的。对三项政策框架的决策过程分别进行梳理,说明从准备工作开始到批准通过这一过程中,不同层次行为体代表的利益偏好、发挥的作用,以及在此基础上展开的同一层面和跨层面的互动。同时,不同的政策结果说明多种利益诉求在欧盟气候政策决策过程中达成了不同程度的妥协。

一、决策动力:多重情境因素对多层次行为体的影响

在多层治理视角下,对三项气候政策的决策背景进行比较分析,可以从

两方面进行解读。一方面,可以对欧盟气候政策决策的情境因素进行多层次的分析,主要体现为全球层面上国际形势的影响、欧盟层面上对于规范原则的追求、国家及次国家层面上政策实践的推动。另一方面,上述这些情境因素又分别作用于不同的行为体中,欧盟气候政策决策也就体现为不同行为体对于这些情境因素做出的回应。从这一角度来看,欧盟气候政策决策一般是在规范性因素与实际的利益因素共同推动下做出的,体现了欧盟内部不同层次行为体对自身气候治理经验的总结和反思,同时也体现出不同层次行为体对国际气候谈判形势的认识。

(一)国际形势的影响

国际形势的影响主要反映为,全球气候治理的新形势和国际气候谈判中的新变化为欧盟决策行为体带来的压力。国际环境中的重要改变将会带动欧盟不同层次行为体在利益诉求方面的调整,进而影响到欧盟决策的目标设定、议题设置等内容。

1.哥本哈根气候大会背景下的欧盟2020一揽子政策

随着气候变化引起的问题频发,国际社会对这一议题的重视程度显著提升。尤其是随着科学技术的进步以及数据积累的增多,人类活动作为引起气候变化的主要来源已成为公认的事实。在这一背景下,公众对于气候变化的危害有了更加清晰的认识,对于应对气候变化的行动也提出了迫切需求。气候保护非政府组织、利益集团、智库等社会力量在推动更有效的气候行动中扮演了促进者或先锋的角色,而来自欧盟的气候保护社会力量在其中的表现格外积极,这在一定程度上为欧盟确立一个有约束力的、有影响力的气候政策起到了重要的推动作用。

作为《议定书》制定和执行过程中领导者,也是全球气候治理中领先者的欧盟,在应对气候变化上也投入了更多关注。2008年,联合国气候变化大会在哥本哈根举行，这也被欧盟视为一个重新证明自己在全球气候治理中领导者地位的绝佳机会。为此，欧盟明确表示要以身作则，为全球气候变化的领导角色做好充分的准备，[①]其中就包括通过一项具有约束力的欧盟气候政策发展规划。

对于欧盟成员国来说，在气候变化领域本身拥有着一定的物质、技术基础，与其他国际行为体相比具有先发的优势。以气候变化为突破口推动联盟在经济发展模式上的转变，不仅与里斯本战略中增加就业与发展的目标相一致，还能够与国际社会中的其他伙伴达成新的合作关系。从这一角度出发，多数成员国对于欧盟在哥本哈根气候大会前确立一个未来短期的气候规划持支持态度。

因此，在多层次行为体的共同推动下，欧盟内部达成了一个基本共识，即气候政策以及成为欧盟政治规划中的中心议题。欧洲理事会在 2005 年 10 月召开的秋季峰会上强调了应对气候变化挑战的必要性，同时也要求欧盟委员会着手制定与之相配套的长期且连贯的欧盟能源政策。2007 年被认为是欧盟气候与能源政策的转折点，欧盟内部将气候变化问题提升到了一个新的高度，将应对气候变化问题与能源的可持续、有竞争力且安全的发展相结合，同时希望以此为契机推动欧盟经济在 21 世纪的经济可持续发展。

2.欧债危机背景下的 2050 路线图

制定低碳经济路线图和能源路线图也是对国际形势，尤其是应对国际气候谈判做出的回应。哥本哈根气候大会上的失败表现在很大程度上挫伤了欧盟在国际气候谈判中扮演领导角色的积极性，也极大地打击了气候保护中的社会力量对于欧盟领导全球气候治理的信心。哥本哈根气候大会上

① European Commission, COM(2008)30–Communication from the Commission: 20 20 by 2020–Europe's climate change opportunity, http://eur-lex.europa.eu/legal-content/EN/TXT/?uri=CELEX:52008DC0030.

的失意使得欧盟不得不重新审视国际气候谈判的新格局。尤其是在 2010 年的坎昆气候大会上，低碳经济发展战略是应对气候变化措施中不可缺少的一环，而新兴经济体对于低碳经济投资的持续增长也给欧盟带来了极大的外部压力。在这种背景下，欧盟如果再不及时采取行动，其在全球气候治理中的行为体角色将会受到进一步的削弱。

而欧债危机的爆发则为欧盟气候政策发展带来了更严重的打击。在这一背景下，气候变化已经不再作为欧盟及其成员国日常讨论的优先议题，如何恢复和发展经济、尽快摆脱欧债危机的泥潭才是欧盟及其成员国考虑的首要任务。从这一角度出发，欧盟制定了 2050 年长期发展规划，为欧盟确立向具有竞争力的低碳经济转型这一发展方向，不仅有助于欧盟在国际社会中保持长久、可持续的竞争力，也有助于欧盟在国际气候谈判中提高影响力，重塑领导者角色。

3.乌克兰危机背景下的 2030 框架

自欧盟 2020 一揽子政策制定以来，欧盟面对的国际环境发生了诸多变化，欧债危机的阴霾并没有散去，恢复和发展国内经济对于成员国来说是绝对的优先诉求。乌克兰危机的爆发使得欧盟及其成员国又不得不去重新审视既有的能源政策。在 2014 年 5 月出台的《欧盟能源安全战略》(European Energy Security Strategy)[①]中指出，欧盟能源高度依赖于进口，而俄罗斯正是其主要出口商，尤其是对于南欧和东欧国家来说更为明显，同时，俄罗斯还是欧盟内部 6 个成员国的唯一的天然气提供者。乌克兰危机爆发后，欧盟为了显示自己的政治态度表示对俄罗斯进行能源等领域的制裁，其中俄罗斯能源领域的三大巨头——俄罗斯石油公司、俄罗斯石油运输公司和俄罗斯

① European Commission, European Energy Security Strategy, http://eur-lex.europa.eu/legal-content/EN/TXT/PDF/?uri=CELEX:52014DC0330&from=EN.

天然气公司成为制裁的主要目标。[①]俄罗斯对此制裁的回应不可避免地对欧盟成员国产生了影响,双方在建的合作项目也成为制裁的筹码,比如南流管道项目建设已经基本暂停。在这一背景下,乌克兰危机带给欧盟的警醒是巨大的,欧盟及其成员国不得不将能源安全放置于一个异常重要的位置,也促使欧盟更加重视对内部能源市场的开发和培育。

另一方面,在国际气候谈判中,欧盟的行为体角色仍然没能摆脱哥本哈根气候大会留下的阴影,而新兴国家集团对于气候变化议题的重视程度日益提升并且在全球气候治理中发挥了愈发积极的作用,美国奥巴马政府时期也将气候变化作为一项重要议题给予了特别关注。考虑到欧盟 2020 一揽子政策的目标并不足以施展充分的"榜样的力量",2050 路线图目标又相对遥远,作为确定下阶段国际气候机制关键会议的 2015 年巴黎气候大会对于欧盟来说就显得格外重要。因此,欧盟迫切需要通过自身有说服力的优秀表现来赢得国际社会的认可与支持。在这种背景下,欧盟对 2020 一揽子政策进行了深入评估,并充分考虑到达成 2050 路线图目标的需要,着手设计欧盟 2030 框架目标。

(二)欧盟对于规范的追求

在对欧盟气候政策决策进行分析时,规范考虑和理性考量是同时存在的,二者共同作用于政策结果。[②]尤其是考虑到在全球气候治理中,欧盟往往被视为"榜样的力量",这不仅反映在欧盟在实践中的优秀表现,还体现为欧盟一直寻求在实践中遵循可持续发展、良好治理、多边主义及法治等规范性

---

① EU sanctions against Russia over Ukraine crisis, http://europa.eu/newsroom/highlights/special-coverage/eu_sanctions/index_en.htm#3.

② 贺之杲、巩潇泫:《规范性外交与欧盟气候外交政策》,《教学与研究》2015 年第 6 期。

原则，并希望通过自身的优秀表现将这些规范性原则向世界范围推广。[①]正因为这样，气候领域也成为欧盟施展其规范性力量的重要场所，积极领导并开展气候行动也被欧盟视为实践其规范性力量的重要途径。因此，在欧盟气候政策决策中，规范性原则的作用不可忽视。

一方面，在欧盟气候政策决策过程中，实现可持续发展是欧盟及其成员国的根本目标之一，决策过程遵循了法治原则。另外，欧盟也在通过对决策程序的优化完善在实现良好治理的同时，增强欧盟决策过程的民主性。在上述规范的影响推动下，欧盟一直在寻求优化决策模式，提供更加丰富多样的途径鼓励更多的行为体参与到欧盟决策过程中。同时，在实践中总结经验，尝试通过对欧盟机构权力分配的调整来保证不同类型利益诉求的充分体现，最典型的例子是，为了保证决策能够更加高效的推进，欧盟采用"三方会谈"等形式增加机构之间的沟通协调。

另一方面，在对外气候政策的决策过程中，欧盟则一直强调为国际社会确立一个普遍性的高标准。如前文所述，欧盟一直以来积极参与全球气候谈判、推动内部成员国节能减排，一个重要原因在于欧盟致力于将"欧洲规范"推广至全球。尤其是在2020一揽子政策中，欧盟充分表达了对于自身减排和适应气候变化经验的自信，并期待将欧盟经验推广到其他国际行为体的实践中。即便是在国际气候谈判受挫、全球治理领导者角色受到明显挑战的情况下，在欧盟2050路线图和2030框架的官方文件中依然可以看到有关于制定高标准的气候政策目标、巩固其全球气候治理领导者角色需求的描述。

虽然欧盟三项气候政策的主要决策时间是在巴黎气候大会召开之前，但是政策的具体落实以及评估修订仍需欧盟根据实际变化不断做出调整。欧盟对于规范本身的追求以及由此衍生的对于"规范性力量"的追求，在美

① Ian Manners, "Normative Power Europe: A Contradiction in Terms?", in *JCMS: Journal of Common Market Studies*, 2002, Vol.40, No.2, pp.235-258.

国进入特朗普政府时期之后表现得更加明显。在竞选时期,特朗普就明确表达了自己不同于奥巴马政府在气候与能源政策领域中的立场观点。他对气候变化问题本身的科学性就持有怀疑甚至是否定态度,在推特上特朗普曾表示气候变化本身就是一场“骗局”,其被创造出来就是用于打击美国制造业的竞争力。当选后,特朗普对气候变化的立场也并未因来自各方面的质疑而发生改变,反倒是在人事任命与机构调整、政策制定等方面践行他的立场,反对接受《巴黎协定》的限制,支持传统能源行业的发展。2017 年 6 月 1 日,美国正式宣布退出《巴黎协定》。不管美国政府怎样解释以后仍有重返协定的可能性,这一做法无疑会对国际社会深化全球气候治理的信心造成严重的挫败。对于特朗普政府的这一决定欧盟及其成员国也表示了明确的反对。在 2017 年春季于德国汉堡召开的 20 国集团峰会上,德法等国就曾在气候变化议题上向美国施压,虽然最后的文件结果中美国仍然保留了原有的消极态度,但是“19:1”的情况也传达了其他国家对美国这一态度的反对情绪。在美国正式宣布退出协定之后,欧盟迅速表态将加强与中国的合作,以“最高政治承诺”来保证《巴黎协定》的顺利实施,同时也表明了自己期待承担起全球气候治理领导者的意愿。①

(三)成员国政策实践的推动

欧盟气候政策的内容设定一定程度上是基于对既有政策的实践情况进行总结反思后做出的。一方面,欧盟需要对现有政策中不利于实现欧盟长期目标的方式和内容进行调整,比如对诸如碳排放交易体系等具体措施进行修改和完善;另一方面,欧盟也需要通过新的政策措施来强调实现长期减排目标的意义,督促成员国能够认真履约、积极开展气候行动。

---

① 联合早报:《欧盟和中国决定联手落实〈巴黎协定〉》,http://www.zaobao.com/news/world/story20170602-767204。

欧盟确立 2050 路线图的初衷之一仍然是为了保证 2℃温控的实现。根据数据显示，在缺乏强有力的国际行动去应对气候变化的情况下，到 2050 年温度可能会升高 2℃以上，而 2010 年可能会达到 4℃以上。[①]在这种情况下，实现 2℃温控这一目标，需要每个成员国展开切实有效的行动，而发达国家在其中必须发挥带头作用，到 2050 年实现 80%~95%的减排。为了实现这一深度减排目标，欧盟必须要进行经济方式的转变，向气候友好型的低碳经济发展。

同时，欧盟 2050 路线图可以被视为欧盟 2020 一揽子计划中建设“资源有效欧洲”这一旗舰倡议的关键性的组成部分，有利于实现欧盟智慧型、可持续且包容性的发展。保持其在低碳技术的开发和创新领域的领先地位，有助于欧盟获得新的经济增长点、保护就业并创造新的就业机会。建立低碳经济也会减少未来欧盟面对潜在的石油危机和其他能源安全问题时的脆弱性，大大减少能源进口花费，同时降低空气污染及其治理需要的相关成本。欧盟 2020 一揽子政策已经为欧盟未来气候行动的开展奠定了良好的开端，欧盟需要在此基础之上，为长期的气候行动制定规划，更加明确欧盟长远发展的目标。

欧盟 2030 框架是作为一个欧盟的中期发展规划被提出的，起到承上启下的作用，目的之一在于督促欧盟成员国能够认真履行 2020 一揽子政策，同时推动成员国采取更加积极有效的措施实现 2050 路线图。首先，欧盟内部部分行为体对于欧盟 2020 一揽子政策的目标存在质疑。比如，欧洲议会早在 2012 年表决通过欧盟委员会提出的 2050 路线图时，就曾再一次表达过对欧盟 2020 一揽子政策中设定的 20%这一减排目标的不满，并要求欧盟委员会就提高减排目标、实施更多的减排措施以提升欧盟竞争力等方面的

① 2050 low-carbon economy，http://ec.europa.eu/clima/policies/strategies/2050_en#tab-0-3.

内容进行研究并提出进一步的立法建议。而在实际中(如表6所示),根据2014年欧盟在温室气体排放、可再生能源发展及节省能耗方面的表现,欧盟确实需要对2020一揽子政策中的措施进行评估,并进行适时的调整,才能在保证2020一揽子政策目标完成的同时,进一步提升自己在减缓和适应气候变化方面的行动能力。

表6 2014年欧盟对2020一揽子政策完成情况预期表

	2020目标	预计2020年实现情况	达标情况
温室气体排放量	减少20%	减少24%	已达标
可再生能源份额	提升20%	提升21%	已达标
能源消耗	减少20%	减少17%	尚未达标

资料来源:European Commission, Climate and energy priorities for Europe: the way forward, http://ec.europa.eu/clima/policies/strategies/2030/docs/climate_energy_priorities_en.pdf.

在欧盟所有减排措施中,排放交易体系被认为是最重要的减排工具。但是在实践中,该体系逐渐暴露出的一些问题对于欧盟未来减排目标的实现造成了一定的阻碍,迫切需要重新审视并做出适时调整。尤其是在欧债危机影响下,欧盟内部碳配额的供需关系中出现了结构性失衡,导致交易市场出现大量多余配额,对欧盟排放交易市场的正常运作带来极大的消极影响。为此,2012年7月、12月以及2013年3月,欧盟委员会先后对现行排放交易体系的具体内容和改革方法进行了咨询,邀请欧盟内部利益相关方和相关国家发表意见和建议。这也为欧盟在2030框架中对排放交易机制做出调整打下了基础。

另外,对于欧盟2050路线图,欧洲议会和部长理事会在表达了支持的同时也都提出希望欧盟委员会能就路线图中的具体内容,比如能源内部市场、能源效率、碳捕捉与储存、能源技术发展等内容进行进一步的说明,对具体工作如何开展、如何通过立法保证目标实现等内容进行更加深入的分析。这也推动了欧盟委员会制定一份着眼于中期的政策框架,以此来保证2050路线图这一目标的实现。

在对国际层面、欧盟层面和成员国层面的作用分析完之后,可以进行一个简单的小结。后议定书时期，围绕新的国际气候协议展开的竞争愈发激烈,欧盟也希望在这一过程中有所表现,能够巩固或继续维持其在全球气候治理中的领导地位。然而在对欧盟制定 2030 框架的背景及过程进行梳理分析时就可以发现，一个更富野心的气候政策并不适合当时欧盟所处的情景——当时欧盟在哥本哈根气候大会上策略的失败,领导力受损,从规范性角度出发追寻一个雄心勃勃的温室气体减排目标变得更加困难。而欧元危机及诸如碳捕捉和储存技术的发展都对一个更具野心的可再生能源政策的提出带来了不利的影响，即便是可再生能源的支持者在面对电价上涨等问题时也处于一个相对被动的位置。但是国际背景对于欧盟气候与能源政策的实施带来的并不完全是消极的影响。乌克兰危机的发生迫使欧盟及其成员国更加清醒地认识到能源供应安全的重要性，这也在一定程度上推动了欧盟能源效率目标的达成,为欧盟应对气候变化解决了一大难题。对于成员国来说,除了自身发展情况和自然资源等国情存在差异之外,国际环境对于成员国立场的影响也是明显的。国际气候谈判前谈判各方需要提交的减排目标会成为推动欧盟气候政策尽快达成的一个因素，尤其是在巴黎气候大会确定了“国家自主贡献”(Intended Nationally Determined Contributions,缩写为INDC)这一原则的前提下,欧盟只有通过更有雄心的目标才能获得国际社会对其领导力的认可。但是国际社会第三方或主要经济体在减排中的表现往往被部分欧盟成员国视为自身减排的参照物，直接影响到它们在欧盟决策中的行动。比如上文提到的波兰、罗马尼亚等国在通过欧盟减排目标时的先决条件就是美国或其他主要经济体的减排承诺，其中波兰更是以美国尚未提出减排政策为由三次否决了欧盟 2030 框架议案的通过。对于次国家行为体来说，国际环境的影响则更多体现在国际合作的开展为其参与欧盟决策提供的物力、财力上的支持,能够通过国际交流了解不同地区次国家行为体参与气候政策决策的成功经验。而诸如气候保护非政府组织、利益集团等,往往也会充分利用国际气候谈判的机会将自身诉求传递到国际层面,不仅向欧盟机构也向其他国际行为体施加压力。

欧盟 2020 一揽子政策制定的背景是随着气候变化带来的问题引起了国际社会越来越多的重视，围绕后京都时代新的国际气候机制而展开的领导权、话语权争夺也愈发激烈,欧盟迫切希望可以通过制定一份富有雄心壮志的内部气候政策来向国际社会展现其在气候治理领域的优势，为其他国际行为体树立榜样。同时更重要的是,能够以此在"主场"哥本哈根气候大会上巩固并继续其在围绕后京都时期议题而进行的国际气候谈判中的领导优势。综合这些原因,欧盟 2020 一揽子政策框架的决策过程相对顺利。但是事与愿违,欧盟在哥本哈根气候大会上的失败经历大大挫伤了其积极性,加之欧债危机的爆发为欧洲经济发展带来的严重消极影响，欧盟成员国普遍选择将注意力集中于如何尽快恢复本国经济上。在这种情况下,提升欧盟经济竞争力是欧盟气候政策的核心考量，反映在欧盟长期目标即 2050 路线图上,就是通过向低碳经济转型这样一种长期的、可持续的方式,来实现欧盟气候政策的目标。然而受欧债危机影响的成员国在提高能效等方面并未取得欧盟政策预期的效果，而乌克兰危机又迫使欧盟及其成员国不得不正视能源供应安全等问题,加之巴黎气候大会即将确定一个新的国际气候协定。为此,欧盟决定通过制定 2030 框架目标来强化在减排和能源结构调整等方面的行动,对欧盟排放交易体系进行进一步改革,从而督促成员国能够重视相关问题,保证欧盟长期目标能够顺利达成。

二、决策过程:多层次行为体的参与互动

在对欧盟 2020、2050、2030 三项气候政策的决策过程进行分析时,主要

将其决策过程划分为“提案准备过程”和“提案讨论通过过程”两个阶段。

其中,“提案准备过程”阶段实质上是一个围绕议题内容向利益相关方进行广泛咨询、进行利益汇总的过程。在欧盟委员会与利益相关者的交流合作中,欧盟机构将会为欧盟的气候政策确立一个基本的发展方向,并在此基础上对涉及的具体内容确定大致的限制框架。而为了将这一框架内的目标细化,同时保证目标制定的有效性,就需要鼓励并调动广泛的利益相关者参与到政策提案的准备过程中,即邀请多层次、多元化的行为体表达自身利益诉求,并在框架范围内进行讨论协商,达成一个初步共识。期间,我们可以看到,欧盟机构对于议题设定所做的工作,以及欧盟委员会围绕着提案内容开展的多种形式的政策咨询。咨询结果往往会汇总成报告(比如对绿皮书的反馈意见报告),它也会直接影响到欧盟委员会的提案文本创作。完成的提案文本经欧盟委员会内部批准通过后,会与多方合作完成的影响评估报告一起提交至欧洲议会和部长理事会进行讨论,同时也会传递至欧洲经济和社会委员会及欧盟地区委员会进行咨询,决策过程进入下一阶段。

在“提案讨论通过过程”中,欧洲议会和部长理事会内与气候变化议题相关的主要部门,围绕提案进行具体的讨论。参与到这三项气候政策决策中的部门包括部长理事会下设的环境理事会、交通、通信和能源理事会,以及欧洲议会下设的经济与货币事务委员会、国际贸易委员会、交通与旅游委员会、农业与农村发展委员会、地区事务委员会、环境公共健康与食品安全委员会。由此可以看出,在提案讨论通过阶段,体现出的不仅是欧盟机构之间的博弈与制衡,还体现了部门之间的竞争与合作。欧盟委员会也借助“三方会谈”的途径加入到欧盟气候政策决策中来。比如,在2050路线图决策过程中,欧盟委员会在协调欧洲议会与部长理事会立场中就发挥了明显作用,推动了决策进行和妥协的达成。

（一）2020一揽子政策

1.提案准备过程

2006年，欧盟委员会发布绿皮书COM(2006)105，内容是为实现可持续、有竞争力且安全的能源提供一份欧洲战略。

2006年10月，欧盟委员会制定了一个综合性的能源效率行动计划，通过立法、政策和措施搭建的综合框架来实现提升能源效率20%的目标。

2007年1月10日，欧盟委员会通过了新的能源与气候战略，其中包括第一份欧盟能源行动计划，即可再生能源路线图，为欧盟能源发展设计了一份长期路线图。在路线图中提出了一个强制性的目标要求，即在2020年欧盟可再生能源份额占到总份额的20%，其中可再生能源的种类不做限制。还包括一份限制全球气候变化在2℃以内的通信文件，在这份文件中欧盟委员会的核心倡议是到2020年，与1990年水平相比，发达国家应减排30%，其中欧盟应当作为领导者主动承诺减少20%，并且力争实现到2050年全球温室气体排放减少至1990时的一半水平。[①]

在2007年3月欧盟春季峰会上，在欧洲议会[②]和欧盟成员国的支持下，各方就欧盟委员会提出的通过综合性的一揽子倡议应对气候变化问题的方式达成了基本共识。在此基础之上，欧洲理事会确定了这一具有法律约束力的目标，即在2020年前至少减排20%，并且表示，如果国际协议能够保证其他发达国家和经济相对发达的发展中国家根据各自的责任和能力做出相应减排的情况下，该目标可以提升至30%；可再生能源份额在2020年之前提升

① European Commission, COM(2007)2 final, http://eurlex.europa.eu/LexUriServ/site/en/com/2007/com2007_0002en01.pdf.

② European Parliament resolution on climate change adopted on 14 February 2007(P6_TA(2007)0038).

至20%，且其中需要包含10%的生物能源。为达到这一目标，欧洲理事会要求欧盟委员会在2008年前就实现2020年目标提出的欧盟应该采取的一揽子措施。

2007年9月，欧盟委员会提出进一步实现欧盟能源市场自由化的倡议，旨在推动欧盟气电市场的一体化进程。倡议中包含了三个具体的指令，分别是关于增加可再生能源使用的指令2009/28/EC、关于排放交易体系的指令2009/29/EC及包括非排放交易体系部分减排责任分摊的指令406/2009/EC。这一倡议经过“普通立法程序”后，于2009年7月获得欧洲议会和部长理事会的批准通过。

2008年1月23日，欧盟委员会在与其他欧盟机构及相关利益行为体磋商之后，发表了向欧洲议会、部长理事会、欧洲经济和社会委员会、地区委员会的通信文件，提交了欧盟“能源与气候变化”一揽子立法提案，其中也包含欧盟到2020年需要实现的气候与能源政策目标。[①]该提案是根据欧洲理事会2007年3月确立的两大目标做出的，旨在将欧盟的政治目标转化为行动，为欧盟向低碳经济转型提供一条连贯且综合的路径，同时表达了欧盟在应对气候变化问题、实现能源安全和欧盟竞争力方面的信心。

该一揽子提案中包含四项主要措施：一是对2003年欧盟排放贸易指令进行修改，尤其重视成员国之间的分配公平和自主性；[②]二是对非欧盟排放贸易体系涵盖部门进行减排责任分摊；三是确立新的更加全面的可再生能

① European Commission, COM(2008)30-Communication from the Commission: 20 20 by 2020-Europe's climate change opportunity, http://eur-lex.europa.eu/legal-content/EN/TXT/?uri=CELEX:52008DC0030.

② European Commission, SEC(2007)52 Proposal for a DIRECTIVE OF THE EUROPEAN PARLIAMENT AND OF THE COUNCIL amending Directive 2003/87/EC so as to improve and extend the EU greenhouse gas emission allowance trading system, http://www.europarl.europa.eu/RegData/docs_autres_institutions/commission_europeenne/sec/2008/0052/COM_SEC(2008)0052_EN.pdf.

源指令；[①]四是提高能源效率，发展碳捕捉与储存技术。[②]上述措施通过具体的立法提案得到体现，具体包括一份旨在完善和扩大欧盟的排放交易体系、对2003/87/EC指令进行修订的指令提案，一份关于成员国减排责任的决定提案，一份促进可再生能源资源使用的指令提案，以及一份关于二氧化碳地质储存的指令提案，与之同时提交的还有一份针对三项具体提案所做的影响评估工作文件。[③]

在完善和扩大欧盟排放交易体系、修订2003/87/EC指令的指令提案中，明确了排放交易体系作为欧盟实现减排目标的最重要手段之一。排放交易体系覆盖了约45%的欧盟温室气体排放量，到2020年，交易体系内的部门排放需要实现较2005年相比下降21%。指令提案中提出了三点主要目标：一是充分开发欧盟排放交易体系的潜力以保证欧盟通过经济高效方式实现减排承诺；二是根据实践经验对现有的排放交易体系进行改革；三是推动欧洲向低温室气体排放经济转型，通过增强一个清晰、明确、长期的碳价格信号来激励低碳投资。

在成员国减排责任的决定提案中，主要涉及的是欧盟排放交易体系外部门的减排内容，这些部门（比如住房、农业、废弃物、航空业及国际海上运输外的交通部门等）温室气体排放量占到了总量的55%左右，成员国需要在

---

① European Commission，2008/0016（COD）Proposal for a Directive of the European Parliament and of the Council on the promotion of the use of energy from renewable sources，http://www.europarl.europa.eu/registre/docs_autres_institutions/commission_europeenne/com/2008/0019/COM_COM（2008）0019_EN.pdf.

② European Commission，Proposal for a DIRECTIVE OF THE EUROPEAN PARLIAMENT AND OF THE COUNCIL on the geological storage of carbon dioxide and amending Council Directives 85/337/EEC，96/61/EC，Directives 2000/60/EC，2001/80/EC，2004/35/EC，2006/12/EC and Regulation（EC）No 1013/2006，http://register.consilium.europa.eu/doc/srv?l=EN&f=ST%205835%202008%20INIT.

③ European Commission，SEC（2008）85 C6-0041/08 Impact Assessment Document accompanying the Package of Implementation measures for the EU's objectives on climate change and renewable energy for 2020，http://www.europarl.europa.eu/RegData/docs_autres_institutions/commission_europeenne/sec/2008/0085/COM_SEC（2008）0085_EN.pdf.

“负担共享决定”下针对这些部门制定有约束力的年度减排目标。

在促进可再生能源使用的指令提案中，对于成员国各自的可再生能源份额目标做出了规定(如表 7 所示)。不难发现,欧盟是针对具体国家的实际情况制定出了有区别的目标标准。对于马耳他、卢森堡这样几乎没有利用可再生能源的国家,欧盟能够照顾到它们国内能源结构的情况,制定一个相对较低的目标;而在对捷克和比利时的目标比较中,又可以发现欧盟在发展可再生能源的目标制定时是充分考虑到成员国实际经济发展状况的。在此基础之上,提案的另一项重要内容就是要求成员国制定各自的国家行动计划。在行动计划中,成员国需要明确各自在交通、电力等领域到 2020 年时可再生能源所占份额的目标,并确定为了实现这一目标采取的措施。为了保证能够平稳实现 2020 年可再生能源占有率达到 20%的目标,提案中设立了一系列过渡时期目标,也被称为“指示轨迹”(indicative trajectories),国家行动计划需要根据“指示轨迹”做出,并在 2010 年 3 月 31 日之前提交至欧盟委员会。

在二氧化碳的地质储存指令提案中，欧盟委员会提出需要对理事会之前做出 85/337/EEC、96/61/EC 指令,2000/60/EC、2001/80/EC、2004/35/EC、2006/12/EC 指令以(EC)No1013/2006 条例进行修订,同时指出,虽然提高能源效率和发展可再生能源是应对气候变化、实现能源安全最可持续的解决措施,但是如果不能对碳排放进行有效的捕获和储存,也很难实现欧盟 2050 年减排 50%的长期目标。为此,提案建议在 96/61/EC 指令下进行二氧化碳捕获工作,同时在 85/337/EEC 指令下进行碳捕获和管道运输工作,消除现存立法中不利于实现碳储存的内容。选择通过指令的方式对成员国进行约束,可以保证成员国行动的灵活性。

表 7　欧盟成员国可再生能源发展目标示意图

成员国	2005 年终端能源消费中可再生能源所占份额(%)	2020 年终端能源消费中可再生能源所占份额目标(%)
比利时	2.2	13
保加利亚	9.4	16
捷克	6.1	13
丹麦	17	30
德国	5.8	18
爱沙尼亚	18	25
爱尔兰	3.1	16
希腊	6.9	18
西班牙	8.7	20
法国	10.3	23
意大利	5.2	17
塞浦路斯	2.9	13
拉脱维亚	34.9	42
立陶宛	15	23
卢森堡	0.9	11
匈牙利	4.3	13
马耳他	0	10
荷兰	2.4	14
奥地利	23.3	34
波兰	7.2	15
葡萄牙	20.5	31
罗马尼亚	17.8	24
斯洛文尼亚	16	25
斯洛伐克	6.7	14
芬兰	28.5	38
瑞典	39.8	49
英国	1.3	15

资料来源:European Commission,2008/0016(COD)Proposal for a Directive of the European Parliament and of the Council on the promotion of the use of energy from renewable sources, http://www.europarl.europa.eu/registre/docs_autres_institutions/commission_europeenne/com/2008/0019/COM_COM(2008)0019_EN.pdf.

2.提案讨论通过过程

2008 年 2 月 28 日,部长理事会下设的交通、通信和能源理事会召开第 2854 次会议，其间通过了关于 2007 年 11 月欧盟委员会提出战略能源技术(Strategic Energy Technology,缩写为 SET)规划的理事会结论,并就欧盟委员会提交的一揽子立法提案进行公众政策讨论，重点讨论促进可再生能源使用的指令提案。[①]讨论结果反映代表们对于通过发展可再生能源实现气候与能源政策目标这一思路表示普遍的欢迎，部分代表敦促立法尽快通过。但是在成员国责任分担的目标制定中存在较大分歧，部分成员国表示目标“过于富有野心”，因此理事会希望通过更加灵活的手段实现目标、提高对于可再生能源的公众支持、确定支持机制，确保欧盟内部的团结一致，在竞争力、能源安全和可持续发展三者中维持平衡，同时还要强调能源效率提高对实现目标的重要性。考虑到一揽子政策中涉及气候与能源两个紧密联系的平行问题，提案还会交予环境理事会进行讨论。

2008 年 3 月 3 日和 6 月 5 日，部长理事会下设的环境理事会就欧盟委员会提交的一揽子立法提案进行讨论，讨论重点仍集中在目标设定及可持续标准评判两方面。[②]讨论中部长们特别强调了公平和团结在欧盟排放交易体系设计中的重要性，指出提高能效、发展碳捕获和储存技术对于欧盟实现目标的意义。6 月 6 日，交通、通信和能源理事会召开第 2854 次会议，其间能源与环境理事会合作就一揽子提案的立法进度做了报告，并重点对促进可再生能源发展的指令提案进行了深入讨论，讨论中仍存在部分问题，如温室气体减排的计算、第二阶段的标准和实践等，需要理事会在接下来的工作中继续深入讨论。[③]

自 2008 年 5 月 13 日开始，欧洲议会内部经济与货币事务委员会、国际贸易委员会、交通与旅游委员会、农业与农村发展委员会、地区事务委员会、

① Council of the European Union, 2854th Council meeting Transport, Telecommunications and Energy, Brussels, 28 February 2008, http://europa.eu/rapid/press-release_PRES-08-45_en.htm?locale=en.

② Council of the European Union, 2856th Council meeting Environment, Brussels, 3 March 2008, http://europa.eu/rapid/press-release_PRES-08-50_en.htm?locale=en. 2874th Council Meeting Environment Luxembourg, 5 June 2008, http://europa.eu/rapid/press-release_PRES-08-149_en.htm?locale=en.

③ Council of the European Union, 2875th Council meeting Transport, Telecommunications and Energy, Luxembourg, 6 June 2008, http://europa.eu/rapid/press-release_PRES-08-162_en.htm?locale=en.

环境公共健康与食品安全委员会先后就欧盟委员会提交的一揽子立法提案发表意见。9月26日,欧洲议会就欧盟委员会提出的2020一揽子政策立法提案开始一读程序。[①]

2008年7月9日和9月17日,欧盟经济和社会委员会先后就欧盟委员会提出的修订2003/87/EC指令发展并扩大欧盟排放交易体系配额的立法提案、关于成员国减排贡献的立法提案、关于可再生能源发展指令的立法提案发布意见报告。[②]

2008年10月9日,欧盟地区事务委员会就改革排放交易体系的提案内容发布意见报告。[③]

2008年10月10日、10月20日、12月4日、12月8日,部长理事会下的环境理事会和交通、通信及能源理事会先后召开会议,就可再生能源发展指令的立法提案进行讨论。[④]其间围绕目标制定和配额分配等问题进行了讨

---

① European Parliament, http://www.europarl.europa.eu/sides/getDoc.do?type =REPORT&mode = XML&reference=A6-2008-369&language=EN.

② the European Economic and Social Committee, OPINION of the European Economic and Social Committee on the Proposal for a directive of the European Parliament and of the Council amending Directive 2003/87/EC so as to improve and extend the greenhouse gas emission allowance trading system of the Community COM (2008)16 final-2008/0013 COD OPINION of the European Economic and Social Committee on the Proposal for a directive of the European Parliament and of the Council on the promotion of the use of energy from renewable sources COM(2008)19 final-2008/0016(COD). OPINION of the European Economic and Social Committee on the Communication from the Commission to the Council and the European Parliament on a first assessment of national energy efficiency action plans as required by Directive 2006/32/EC on energy end-use efficiency and energy services-Moving forward together on energy efficiency COM(2008)11 final.

③ Committee of the Regions, DEVE-IV-028 OPINION of the Committee of the Regions on EMISSION ALLOWANCE TRADING.

④ Council of the European Union, 2898th meeting of the COUNCIL OF THE EUROPEAN UNION (Environment), http://data.consilium.europa.eu/doc/document/ST-14158-2008-INIT/en/pdf. 2913th meeting of the COUNCIL OF THE EUROPAN UNION (TRANSPORT, TELECOMMUNICATIONS AND ENERGY, http://data.consilium.europa.eu/doc/document/ST-16649-2008-COR-1/en/pdf.

论,部分成员国还是希望以自愿承诺的方式来处理配额拍卖等问题,指出目前欧盟层面尚不足以形成一个一体化性质的能源政策。理事会也表示会对发展碳储存等内容上的多种选择进行检验,希望通过国家与欧盟的资金支持补充私人部门在这些领域的贡献。

2008 年 11 月 13 日,欧盟委员会发布第二份战略能源审查(Second Strategic Energy Review)[①],为增强欧盟能源安全作出行动规划。文件中强调了基础设施建设和成员国团结合作对提升能源安全的重要性,同时还介绍了欧盟 2050 年实现低碳经济转型的可行性。这份文件也为欧盟后续作出 2050 路线图长期规划打下了基础。

2008 年 12 月 12 日,部长理事会内部就一揽子立法提案达成政治妥协。[②]妥协内容中对未受到碳泄漏影响的工业部门在排放交易市场的拍卖活动进行了要求,对碳排放造成影响的工业部门可能受到的冲击进行了说明,并要求欧盟委员会做出更加深入的分析。对成员国的份额分配做出了划分,主要分为以下三类:份额总量的 88%,按照欧盟 2005 年排放交易体系确定的份额进行分配;份额总量的 10%则根据共同体团结与发展的原则在部分成员国内进行分配;另外,份额总量的 2%将在 2005 年已经实现至少减排 20%的成员国[③]之间进行分配。根据成员国的责任分摊原则对成员国的排放量做出修正。在充分考虑公平原则的前提下,向碳捕捉和储存技术及可再生能源资

① European Commission,Communication from the Commission to the European Parliament,the Council,the European Economic and Social Committee and the Committee of the Regions-Second Strategic Energy Review:an EU energy security and solidarity action plan{SEC(2008)2870}{SEC(2008)2871}{SEC(2008)2872} /* COM/2008/0781 final*/,http://eur-lex.europa.eu/legal-content/EN/TXT/?uri=CELEX:52008DC0781.

② Council of the European Union,Energy and climate change-Elements of the final compromise,http://www.consilium.europa.eu/uedocs/cmsUpload/st17215.en08.pdf.

③ 在这一部分成员国中,具体划分如下:保加利亚 15%、捷克 4%、爱沙尼亚 6%、匈牙利 5%、拉脱维亚 4%、立陶宛 7%、波兰 27%、罗马尼亚 29%、斯洛伐克 3%。

源的发展提供资金，共同实施清洁发展机制与责任分摊原则。

2008年12月17日，欧洲议会以635票赞成、25票反对、25票弃权这样一个多数赞同的结果提出了提案的修正案。[①]欧盟委员会对欧洲议会提出的修正案表示赞同。同时，欧洲议会表示支持欧洲理事会提出的目标，将推动欧洲向低碳经济发展及加强欧洲的能源安全。

2009年4月6日，部长理事会正式通过了经欧洲议会修改后的2020一揽子政策提案。[②]其中包括关于修订2003/87/EC指令、发展并扩大欧盟排放交易体系配额的指令、关于成员国减排贡献的决定、关于碳储存的指令及修订85/337/EEC、2000/60/EC、2001/80/EC、2004/35/EC、2006/12/EC指令和1013/2006条例、关于可再生能源发展的指令、关于为机动车设定碳排放标准的条例、关于修订98/70/EC和1999/32/EC指令并废除93/12/EEC指令的立法提案。

2009年4月，欧盟委员会发布关于适应气候变化的欧盟行动框架的白皮书。这份白皮书建立在对欧盟委员会去年发布的关于适应气候变化绿皮书的广泛咨询的基础之上。在白皮书中，针对气候变化对欧盟的影响，以及欧盟需要开展适应气候变化行动的原因和具体措施，进行了说明，为减少欧盟应对气候变化的脆弱性搭建了一个政策框架。[③]

2009年4月23日，欧盟委员会提交的一揽子政策提案通过共同决策程序获得通过，成为具有约束力的综合性法规。一揽子政策提案中包含了五项

① European Parliament, 2008/0016(COD)-17/12/2008 Text adopted by Parliament, 1st reading/single reading, http://www.europarl.europa.eu/oeil/popups/summary.do?id=1061500&t=d&l=en.

② Council of the European Union, 2936th meeting of the COUNCIL OF THE EUROPEAN UNION (Justice and Home Affairs) Climate/ Energy Package, http://data.consilium.europa.eu/doc/document/ST-8331-2009-INIT/en/pdf.

③ European Commission, White paper-Adapting to climate change: towards a European framework for action, COM/2009/0147 final, http://eur-lex.europa.eu/legal-content/EN/TXT/?uri=CELEX:52009DC0147.

具体立法，[1]涉及排放交易机制、减排责任分担、可再生能源发展、碳捕捉与碳储存技术、乘车用二氧化碳排放标准及燃料质量标准五方面内容。提案通过也意味着欧盟 2020 年“20、20、20”这一气候政策发展目标的确立。目标包括：一是到2020 年，欧盟单方面承诺温室气体排放总量在 1990 年基础上减少 20%，而且准备根据新的全球气候变化协议把温室气体排放的水平降低 30%，前提是只要其他发达国家付出相应的减排努力；二是可再生能源在欧盟能源供应中的比例达到 20%，包括生物能源的使用至少达到 10%；三是能源效率提高 20%。“20、20、20”政策也设定了生物燃料必须满足的可持续性标准，并寻求促进对碳捕获与碳储存的开发与安全利用，碳捕获与碳储存是将通过工业程序排放的二氧化碳被捕获及储存于地底下，使之不能导致全球气候变暖的一套技术组合。新的可再生能源指令为实现欧盟 2020 一揽子政策目标，尤其是可再生能源发展方面的目标，做出了进一步的指导和要求，特别是为每一个成员国设立了各自的可再生能源发展目标。

2009 年 10 月 7 日，欧盟委员会发表关于投资低碳技术发展的通信文件，其中的核心内容在于提出了“战略能源技术计划”（Strategic Energy Technology Plan，缩写为 SET-Plan），该计划旨在促进低碳技术的发展和使用，促进欧盟成员国、企业、研究机构的合作。[2] 12 月 7 日，部长理事会下的交通、通讯和能源理事会就提案进行了讨论。2010 年 3 月 12 日，部长理事会召开

① EU，Official Journal of the European Union，L 140，05 June 2009，http://eur-lex.europa.eu/legal-content/EN/TXT/?uri=OJ:L:2009:140:TOC.

② European Commission，Communication from the Commission to the European Parliament，the Council，the European Economic and Social Committee and the Committee of the Regions-Investing in the Development of Low Carbon Technologies(SET-Plan){SEC(2009)1295} {SEC(2009)1296} {SEC(2009)1297} {SEC(2009)1298} /* COM/2009/0519 final */，http://eur-lex.europa.eu/legal-content/EN/TXT/?uri=celex:52009DC0519.

3001 次会议,通过理事会对 SET-Plan 的结论。[①]

2010 年 3 月 3 日,欧盟委员会发布通讯文件,提出欧洲 2020 战略,即实现智能的(smart)、可持续的(sustainable)和包容性的(inclusive)增长。[②]总体战略内容和目标分别交由欧洲议会和欧洲理事会于 2010 年 3 月和 6 月进行讨论。在这份文件中,欧盟委员会将"20、20、20"气候变化和能源目标纳入到欧盟 2020 战略中,并提出七大旗舰创议(flagship initiative)。其中就包括"资源有效欧洲"(Resource efficient Europe)这一创议,旨在通过经济脱碳化、提高可再生资源使用率、促进交通领域现代化和提升能源利用效率的方式,实现经济增长与资源消耗相分离。在"全球化时代的工业政策"(An industrial policy for the globalisation era)这一创议中,指出了在经济发展的同时着重强调了环境保护的重要性,指出一个强有力的、可持续性的工业基础对于在全球市场中掌握竞争力的重要意义。

在战略文件中特别指出了多样化行为体在战略实施过程中需要发挥的作用。[③]欧洲理事会在欧盟 2020 一揽子政策中扮演的是一个纵览全局的推动力角色,以确保一体化政策的顺利实施,加强欧盟机构与成员国之间的相互依赖。与此同时,欧洲理事会还需要特别关注研发、创新和技术领域,为战略实施提供必要的指导和推动作用,明确欧盟的基本价值观。部长理事会中各个具体领域的对应部门需要承担起各自的责任,确保本领域的目标实现。根据战略要求,部长理事会还应当为成员国政府提供沟通交流的机会,以促

① 3001st Council meeting Transport, Telecommunications and Energy, Brussels, 11-12 March 2010, http://europa.eu/rapid/press-release_PRES-10-55_en.htm?locale=en.

② European Commission, Communication from the Commission Europe 2020 A strategy for smart, sustainable and inclusive growth, http://eur-lex.europa.eu/LexUriServ/LexUriServ.do?uri=COM:2010:2020:FIN:EN:PDF.

③ European Commission, http://ec.europa.eu/europe2020/who-does-what/eu-institutions/index_en.htm.

进优秀经验和政策信息在成员国之间的传递。欧盟委员会以每年一次的方式对战略进程进行监管并做出年度报告，在报告中欧盟委员会会通过具体指标来评估欧盟经济是否在向着智能的、绿色的和具有包容性的方向发展，同时还要保证就业率、生产水平与社会稳定。在这一过程中，欧盟委员会还可以提出政策建议或警告，为具体战略目标的实现提出政策倡议。欧洲议会在欧盟 2020 一揽子政策中也发挥了重要作用，不仅体现在它作为一个共同立法者的角色，还表现在它调动公民和成员国议会时扮演的驱动力角色。国家和次国家政府及社会行为体也发挥重要的参与作用。他们是欧盟拉近与民众距离的有效途径，可以将欧盟 2020 一揽子政策诉求更好地传达。而欧盟经济和社会委员会与地区委员会将建立愈发紧密的联系，从而更加有效地推动优秀经验的交流、设立目标基准、推动政策网络发展。

2010 年 11 月 10 日，欧盟发布"能源 2020"战略，为欧盟确立一个有竞争性的、可持续的、安全的能源战略，也为未来十年欧盟能源领域的发展确立了几个优先发展方向。[①]欧盟"能源 2020"战略的提出是对欧盟 2020 智慧型、可持续的、包容性的发展战略的补充，并希望以此来保证欧盟 2020 一揽子政策目标的实现。在战略中指出能源节约、泛欧能源市场及配套基础设施的一体化建设、能源技术创新，以及安全、有保障、可负担的能源是欧盟未来十年能源领域的重点关注内容。其中，交通和建筑领域将是开展能源节约的主要部门，欧盟委员会将在接下去的工作中提出具体的行动倡议和财政工具支持计划，以保证节能措施的顺利实施。除了在内部加速推进能源市场，尤其是配套基础设施的建设之外，欧盟努力寻求尽快实现在国际社会上与第三方在能源议题领域进行交往时，所有成员国也能做到"一个声音说话"。同时，欧盟再次强调了能源技术发展及创新的重要性，在战略中提出了四项

① Energy:Commission presents its new strategy towards 2020, http://eeas.europa.eu/archives/delegations/india/press_corner/all_news/news/2010/20101110_en.htm.

相关计划来促进欧盟竞争力的提升，比如，实施“智慧城市”(smart cities)计划、发展新的智能电网和电力储存技术等。

(二)2050路线图

1.提案准备过程

2010年5月26日，欧盟委员会发表致欧洲议会、部长理事会、欧洲经济与社会委员会、地区事务委员会的通讯，内容是关于20%和30%减排目标的分析和碳泄漏危害的评估。[①]这份文件是在欧债危机背景下对欧盟气候政策做出的分析，是对于利益相关方表现出的强有力的减排政策会影响欧盟经济发展这种顾虑的回应。在这份文件中，欧盟委员会对于实现20%这一减排目标的可行性和必要性做了分析，并在此基础上重点分析了欧盟争取实现30%这一减排目标的可行路径以及可能面临的挑战。同时，欧盟委员会也指出，减排政策的实施是推动欧盟经济现代化的关键动力，也有助于拉动对相关部门的直接投资和技术创新，从而收获丰富的就业机会。通过这份文件，欧盟委员会表达了对于实现一个更高标准减排目标的决心。

2010年11月17日，欧盟委员会再次向欧洲议会、部长理事会、欧洲经济与社会委员会、地区事务委员会发表通讯，内容在于为2020年及未来的综合性的欧盟能源网络规划一个蓝图，确立能源基础设施建设的优先发展。[②]文件重申了欧盟能源政策的核心目标，即增强能源的竞争力、可持续性和供应安全，而充分的、综合性的和可靠的能源网络则是欧盟能源政策甚至是

① European Commission，CCOM(2010)265：ommunication“Analysis of options to move beyond 20% greenhouse gas emission reductions and assessing the risk of carbon leakage”，http://eur-lex.europa.eu/legal-content/FR/TXT/?uri=CELEX:52010DC0265.

② European Commission，COM(2010)677：Communication“Energy infrastructure priorities for 2020 and beyond-A blueprint for an integrated European energy network”，http://eur-lex.europa.eu/legal-content/EN/TXT/PDF/?uri=CELEX:52010DC0677&from=EN.

欧盟经济战略得以实现的重要前提。在此基础上,分析了目前欧盟能源基础设施建设中存在的问题,指出了从长远角度出发,开展迫切行动的必要性。从这一角度出发,欧盟委员会的 2050 路线图将为欧盟能源基础设施建设提供一个深远的指导,也可以在新方式的指导下为其作出长远的战略规划。欧盟接下来 20 年所需的基础设施建设应当是从欧盟整体利益出发,着眼于重点项目,以灵活方式建立地区合作,并且借助于包括区域合作、建立更加快捷和透明的审批流程、为参与决策者提供更加充分的信息、建立稳定的财政框架等多种工具,共同推动政策实施。

2011 年 2 月 4 日,欧洲理事会发表结论文件,对能源及创新这两个影响未来欧盟发展和繁荣的关键领域进行了分析。[①]在文件中要求成员国和欧盟相关机构都对可再生能源以及低碳技术进行投入,邀请欧盟委员会对能源基础设施建设、智能电网,包括能源储存、生物能源使用及城市能源节约等内容提出新的倡议,同时邀请委员会对即将提出的新的能源效率计划进行审查。另外,欧洲理事会还特别强调要在保证欧盟与能源生产国、传输国和消费国关系一致性和连贯性的前提下,妥善协调欧盟与成员国的活动。成员国可以向欧盟委员会提交本国与第三方签订的双边能源协议,在确保敏感信息得到保护的条件下,欧盟委员会将这些协议以一个恰当的方式传递给其他成员国。欧盟外交事务高级代表也被邀请参与欧盟能源安全方面的工作。

从 2010 年 12 月 20 日起到 2011 年 3 月 7 日,欧盟委员会就 2050 路线图的制定展开了咨询工作,并收到了近 400 份反馈信息,其中组织和个人基本各占一半,有 6 个成员国向公开咨询提交了正式回应。[②]在这些回应中,参

① European Council,European Council on energy,Presidency conclusions,http://www.consilium.europa.eu/uedocs/cms_data/docs/pressdata/en/ec/119175.pdf.

② Results of the public consultation on the Energy Roadmap 2050[SEC(2011)1569/3],https://ec.europa.eu/energy/sites/ener/files/documents/sec_2011_1569_3.pdf.

与者围绕欧盟层面政策发展、政策实施的可信度和可能遇到的挑战、未来欧盟能源结构的调整动力及欧盟在全球政策中采取的立场等问题发表了自己的看法。基于上述咨询工作，欧盟委员会力求在这份能源路线图中为欧盟2050年能源政策确定发展目标,既要满足可持续发展的要求,也要保证人民生活的基本需要,同时积极研发低碳技术,到2050年实现在1990年碳排放基础上减排80%~95%的目标。这一目标是与欧盟减排目标以及提供工业竞争力和能源供应安全这三大目标相辅相成的。路线图还指出,提高能源效率、发展可再生能源、发展安全核能、发展碳捕捉与储存技术是帮助欧盟在2050年发展一个更加可持续的、有竞争力的、安全的能源体系的主要路径。

在对上述几种路径进行多种组合排列和研究分析后,欧盟对2050年的发展前景做出了以下判断：能源系统的去碳化在技术层面和经济层面来说都是可行的,从长远来看,实现减排目标所需的成本低于延续现行政策的投入。能源结构中可再生能源比重的提升及能源效率的提高是十分必要的。目前欧盟需要对已经出现老旧状况的基础设施进行更新，加之早期对于基础设施的投入也不够，因此欧盟应当尽快用低碳的替代品来取代不符合今后可持续发展需求的基础设施,以避免将来更大的成本投入。与单个成员国的国家机制相比,欧盟方法将能够保证更低的成本以及更安全的能源供应。一个共同的能源市场是非常必要的，因为它能保证能源在最低价的地方生产并被送到最需要的地方去。[①]

2.2050路线图的讨论通过过程

2011年3月8日,欧盟委员会发布了“2050迈向有竞争力的低碳经济

① European Commission, Energy Roadmap, http://ec.europa.eu/energy/en/topics/energy-strategy/2050-energy-strategy.

路线图”(Roadmap for moving to a competitive low carbon economy in 2050)。[①]该路线图主要由欧盟委员会下属的气候行动总司负责并通过。与路线图共同提交至部长理事会、欧洲议会以及地区事务委员会和欧洲经济和社会委员会的还包括一份由欧盟委员会下设的气候行动总司、能源总司和移动与交通总司共同撰写的影响评估报告,[②]以及一份对利益相关 者进行网上咨询的评估报告。[③]

这份路线图是在广泛咨询利益相关方的意见和建议的情况下做出的。欧盟委员会在倡议的准备过程中以网上问卷的形式进行了咨询工作，共收到了281 份回应。在这些回应中,其中约半数的回应来自企业,另外专家团体和相关非政府组织也提出了较多的意见和建议；从成员国的分部来看,法国、波兰、英国、比利时、奥地利和德国表现最为积极。[④]通过这些回应,欧盟委员会可以对这些利益相关方的偏好有个大致的了解,比如与减少浪费、对资源进行循环使用相比，参与者并不乐于使用生物能源或购买碳补偿(carbon offsets)。从这些回应来看,对于使用化石燃料的补贴以及缺乏技术支持和发展低碳经济的资金投入是欧盟减排目标实现的最大阻碍，而碳排放交易体系仍被绝大多数的参与者视为欧盟减排目标实现的最有效的工具。

在欧盟 2050 路线图中,欧盟委员会提出了到 2050 年需要在 1990 年的基础上实现减排 80%~95%这一目标,并邀请欧盟机构、成员国及其他利益相关方在制定政策时充分考虑到路线图的目标要求,以在 2050 年实现欧盟

① European Commission,COM(2011)112:A Roadmap for moving to a competitive low carbon economy in 2050,http://eur-lex.europa.eu/legal-content/EN/TXT/PDF/?uri=CELEX:52011DC0112&from=EN.

② European Commission,SEC(2011)288:Impact Assessment,http://eur-lex.europa.eu/legal-content/EN/TXT/PDF/?uri=CELEX:52011SC0288&from=EN.

③ European Commission,SEC(2011)288/FINAL:EVALUATION OF THE ONLINE STAKEHOLDER CONSULTATION,http://eur-lex.europa.eu/legal-content/EN/TXT/?uri=CELEX:52011SC0287.

④ European Commission,SEC(2011)287:Evaluation of the online stakeholder consultation,http://eur-lex.europa.eu/legal-content/EN/TXT/PDF/?uri=CELEX:52011SC0287&from=EN.

低碳经济的切实发展。同时,欧盟委员会还将这一路线图提交欧盟的国际伙伴,以推动关于应对气候变化问题的全球行动的国际协议尽快达成。这一路线图是欧盟为发展低碳经济确定的长期性战略,一方面它的规划是为了保证欧盟既有的2020目标的实现;另一方面,委员会也指出应将2030年视为一个关键点,力求在2030年实现减排40%,这也为欧盟下一步制定2030框架做了铺垫。另外,路线图为欧盟各个部门确定了减排范围,并要求尚未制定本国低碳路线图的成员国必须尽快行动,委员会将为其提供必要的工具和政策,鼓励欧盟和成员国加大在低碳技术领域的研发和投资力度。欧盟委员会在总结部分还指出,在接下去的工作中,将以2050低碳经济路线图为基础为具体部门制定发展规划,比如接下来要讨论的2050能源路线图和交通领域白皮书等。

2011年6月10日,部长理事会内部的交通、通信和能源理事会召开3097次会议,就欧盟低碳经济路线图的B项内容进行讨论。6月21日,部长理事会下设的环境部长理事会召开3103次会议,就路线图涉及到的关键问题进行了再次讨论,并发表理事会结论。[①]在结论中,理事会对欧盟委员会提出的2050低碳经济路线图表示欢迎,指出它作为欧盟2020一揽子政策有效欧洲旗舰倡议的核心部分对于实现欧盟减排目标,实现欧盟长期、低碳且高成本收益的发展战略具有重要帮助。同时,希望欧盟委员会能就成员国在实现20%减排目标的情况下对其成本收益造成的影响进行更加具体的分析,并敦促欧盟委员会尽快向部长理事会介绍下一阶段工作时间表,部长理事会将在不晚于2012年3月做出回复。

2011年9月22日,欧洲经济和社会委员会就欧盟2050低碳经济路线

① Council of the European Union, Commission Communication on a Roadmap for moving to a competitive low carbon economy in 2050-Presidency conclusions, http://register.consilium.europa.eu/doc/srv?l=EN&f=ST%2011964%202011%20INIT.

图发表意见。[①]在意见中,经济和社会委员会对低碳经济路线图表示了欢迎,并敦促所有欧盟机构以此作为行动准则以推动欧盟 2050 目标的实现。同时还表达了对于具体减排目标的观点:一方面,期望对 2020 年的减排目标进行重新考量,敦促欧盟在德班气候大会即将召开的背景下确立一个更加充满雄心的 25%的减排目标;另一方面,要求欧盟就 2030 年、2040 年确立具体减排 40%和 60%的指示性目标,并辅之以具有法律约束力的政策措施来保证目标实现。为此,经济和社会委员会建议欧盟委员会能够提出一个新的一揽子提案,提案中需要强化欧盟排放交易体系作为核心工具的作用,促进各部门能源效率的提高,提升公众使用低碳商品和服务的意识和能力,加强相关基础设施建设的投资,提升关键领域的能力建设。最后还强调了公民社会的充分参与在欧盟决策中的作用。

2012 年 3 月 9 日,部长理事会下的环境理事会召开 3152 次会议。会议审议了路线图的结论草案,尽管参会的 26 个成员国对理事会主席所做的最终妥协方案表示支持,但是仍有一国表示不能接受路线图中提出的减排里程碑目标与达成 2030 年目标需要开展的进一步工作,因此,部长理事会并未达成最终结论,26 个成员国表示会支持工作继续开展,理事会会将具体情况向欧洲理事会做汇报。[②]最终,3 月 14 日,部长理事会达成最终的主席结论。[③]

2012 年 3 月 15 日,欧洲议会就欧盟委员会提出的"2050 迈向有竞争力

① European Economic and Social Committee, Opinion of the European Economic and Social Committee on the 'Communication from the Commission to the European Parliament, the Council, the European Economic and Social Committee and the Committee of the Regions on a roadmap for moving to a competitive low carbon economy in 2050' COM(2011)112 final, http://eur-lex.europa.eu/legal-content/EN/AUTO/?uri=celex:52011AE1389.

② 3152nd Council meeting Environment, Brussels, 9 March 2012, http://europa.eu/rapid/press-release_PRES-12-99_en.htm?locale=en.

③ Council of the European Union, A Roadmap for moving to a competitive low-carbon economy in 2050 -Presidency conclusions, http://register.consilium.europa.eu/doc/srv?l=EN&f=ST%206842%202012%20INIT.

的低碳经济路线图”发表议会决议。[1]在决议中，欧洲议会从国际维度、排放交易体系、碳泄漏、能源效率、可再生能源、研发、碳捕捉与储存、国家和具体部门的路线图、发电、工业、交通、农业、财政等具体问题发表了自己的立场。欧洲议会表示支持欧盟委员会提出的路线图及其轨迹目标[2]、部门目标，希望委员会可以将2030年、2040年目标确定下来，并提供一个富有雄心的时间表和部门目标，支持将这些目标作为欧盟经济和气候领域立法倡议的基础。欧洲议会也希望欧盟委员会可以在未来两年内，根据成员国的各自能力和潜力以及国际气候谈判的进展，制定达成2030年目标的具体措施，这些措施应该体现合作、高效、高收益的特点。另外，欧洲议会表示为了实现路线图的目标，欧盟委员会应保持项目和政策的连贯性和一致性，强调低碳经济在创造就业的同时保证欧盟经济安全且具有竞争力的发展的重要性，指出向清洁技术转型对于减少污染、保护环境的重要性，并期待在坎昆会议时欧盟能够提出一个2020年实现减排超过20%的目标。

3.2050路线图的讨论通过过程

2011年3月8日，在2050路线图提出的当天，欧盟委员会还向欧洲议会、部长理事会、欧洲经济与社会委员会、地区事务委员会发表了主题为欧盟“2011年能源效率计划”(Energy Efficiency Plan 2011)的通讯。[3]在文件中对于提高能源效率提出了多种措施，旨在实现欧盟20%能源节约的目标，同时帮助欧盟能够实现2050年预期的低碳经济的发展和资源的有效利用，减少能源依赖、实现能源供应安全。对于文件中涉及的具体倡议还需要在接下

① European Parliament, P7_TA (2012)0086 European Parliament resolution of 15 March 2012 on a Roadmap for moving to a competitive low carbon economy in 2050(2011/2095(INI))2013/C 251 E/13, http://eur-lex.europa.eu/legal-content/EN/TXT/?uri=celex:52012IP0086.

② 这里的轨迹目标即2030、2040、2050分别实现减排40%、60%和80%。

③ European Commission, COM(2011)109: Energy Efficiency Plan 2011, http://ec.europa.eu/clima/policies/strategies/2050/docs/efficiency_plan_en.pdf.

来的工作中进行推进。

2011年6月22日,欧盟委员会通过并向欧洲议会和部长理事会提交了关于能源效率及废除2004/8/EC和2006/32/EC两份指令的指令提案。[①]这份提案是建立在欧盟委员会对2020一揽子政策下为成员国确立的国家能源效率目标进行分析的基础之上的,经过分析,按照现有目标,欧盟在2020年可能只能实现一般的能效目标。为此,欧洲议会EUCO 2/1/11和部长理事会2010/2107(INI)分别敦促欧盟委员会就提高能效、确保2020目标的实现制订更具野心的新战略。在这一背景下,欧盟委员会提出并通过了这份指令提案,将3月8日提出的能源效率计划中的部分内容转化为有约束力的措施,以期通过立法工具实现一个高于20%的能源目标并寻求在2020年建立一个提高能源的欧盟共同框架,同时对现行的关于能源以及电热领域的2006/32/EC、2004/8/EC指令进行了修订。与提案一同被提交至欧洲议会和部长理事会的还有影响评估报告,[②]欧盟委员会也将提案内容交予欧洲经济和社会委员会、欧盟地区事务委员会进行咨询。

2011年9月26日,欧盟委员会下设的能源总司邀请能源领域的专业学者召开会议,对欧盟复杂的能源系统所适用的PRIMES模型从专业和技术的角度进行了评估,对欧盟现阶段的能源政策进行了分析,为欧盟2050路线图做了技术上的准备。[③]

2011年10月21日,欧盟委员会按照欧洲理事会在2月份做出的指示,

① Proposal for a DIRECTIVE OF THE EUROPEAN PARLIAMENT AND OF THE COUNCIL on energy efficiency and repealing Directives 2004/8/EC and 2006/32/EC/* COM/2011/0370 final-COD 2011/0172*/, http://eur-lex.europa.eu/legal-content/EN/TXT/?uri=celex:52011PC0370.

② COMMISSION STAFF WORKING PAPER EXECUTIVE SUMMARY OF THE IMPACT ASSESSMENT /* SEC/2011/0780 final-COD 2011/0172*/, http://eur-lex.europa.eu/legal-content/EN/TXT/?uri=celex:52011SC0780.

③ Summary record of the PRIMES Peer review Meeting[SEC(2011)1569/2], https://ec.europa.eu/energy/sites/ener/files/documents/sec_2011_1569_2.pdf.

向欧洲议会和部长理事会提交制定泛欧洲能源基础设施建设指导原则以及废除1364/2006/EC决定的条例草案。[①]新的条例草案是建立在欧盟委员会发表的关于2020年之后能源基础设施优先权这份通信文件的基础之上的,该文件已经在2010年11月17日获得通过。新的条例草案旨在在欧洲大陆范围内进一步协调和优化能源网络的发展，也指出了对现有的泛欧能源网络政策及资金框架进行重新审核的必要性。同时,欧盟委员会还向欧洲议会和部长理事会提交了关于建立欧洲设备连接的条例提案。[②]

2011年10月26日，欧盟经济与地区事务委员会就欧盟委员会提交的能源效率指令及其相关内容提案发表意见。[③]在意见中特别强调,欧盟委员会需要对20%这一能效目标进行进一步评估以确定其是否能够实现，同时向欧盟委员会提出以下建议：包括公布成员国在提高能源方面已经取得的进展,尤其是介绍、推广优秀经验;寻求更多的欧盟资金以确保指令目标的实现以及相关措施的推行;对有效资源利用率低的原因进行进一步分析,同时审核资金规则是否合理;对工业等领域潜在的能源效率进行评估,分析确定何种程度的标杆管理工具可以用于指令中以激励各部门提高能效；确立一个涵盖多层次、多样化行为体的治理体系框架;鉴于消费者是减少能源消费的关键行为体，欧盟委员会必须在指令中通过多种手段鼓励消费者培养提高能效的意识。

---

① Proposal for a REGULATION OF THE EUROPEAN PARLIAMENT AND OF THE COUNCIL on guidelines for trans-European energy infrastructure and repealing Decision No 1364/2006/EC/* COM/2011/0658 final-2011/0300(COD)*/, http://eur-lex.europa.eu/legal-content/EN/TXT/?uri=CELEX:52011PC0658.

② http://register.consilium.europa.eu/doc/srv?l=EN&f=ST%2016176%202011%20INIT.

③ Opinion of the European Economic and Social Committee on the 'Proposal for a directive of the European Parliament and of the Council on energy efficiency and repealing Directives 2004/8/EC and 2006/32/EC' COM(2011)370 final—2011/0172(COD), http://eur-lex.europa.eu/legal-content/EN/TXT/?uri=celex:52011AE1610.

2011年11月24日，部长理事会召开3124次会议，就欧盟委员会提出的能源效率指令及相关指令修订的提案、关于能源基础设施建设的条例提案和关于近海石油及天然气活动的条例提案中B类条目进行了讨论。[①]

2011年12月14日，地区事务委员会就能源效率指令及相关指令废除的提案发表意见。[②]在意见中，地区事务委员会强烈建议欧盟委员会提出一个共同方案，为成员国确立有约束力的国家目标，而这一目标也要考虑成员国的经济表现以及前期工作等具体情况。意见中还特别强调了辅助性原则在能源效率指令中的运用，指出应充分发挥不同层次行为体在其中的作用。同时，还指出了这样提案中的不足之处，包括涉及领域有限、地区和地方政府在其中被分配到的任务有限、缺少培养公众意识的措施。另外，地区事务委员会对关于公共部门被要求每年更新3%的建筑设施以及应当购买高能效表现的产品、服务和建筑设施的提案内容表示了明确反对。

2011年12月13日，欧盟委员会特设咨询小组向欧盟委员会提交了关于2050路线图的最终报告。[③]在报告中，特设咨询小组给出了自己的建议，包括在路线图中明确可行过渡路径的多样性以及在技术选择中的灵活性，将交通等相关领域部门的影响考虑进来，确保路线图的透明度并鼓励公众参与，重点解决碳泄漏等关键问题（手段包括进行定期评估、征税或补偿等），每年对路线图的执行情况进行审查并汇报进程，发展欧盟能源网络，确立一个中期的“2030减排目标”等。

---

① Council of the European Union，3127th MEETING OF THE COUNCIL OF THE EUROPEAN UNION（TRANSPORT，TELECOMMUNICATIONS AND ENERGY），Brussels on 24 November 2011，http://data.consilium.europa.eu/doc/document/ST-17577-2011-ADD-1/en/pdf.

② Committee of Regions，Opinion of the Committee of the Regions on 'Energy efficiency'，http://eur-lex.europa.eu/legal-content/EN/TXT/?uri=celex:52011AR0188.

③ Final report of the Advisory Group on the Energy Roadmap 2050[SEC(2011)1569/1]，http://ec.europa.eu/energy/sites/ener/files/documents/sec_2011_1569_1_0.pdf.

2011 年 12 月 15 日,欧盟委员会发布“欧盟 2050 能源战略路线图”(Energy Roadmap 2050),将其作为欧盟 2050 年低碳经济路线图的一个补充,旨在保证欧盟工业竞争力和能源安全的同时,推动欧盟能源领域去碳化的发展。[①]同时发布的还有一个为欧盟能源基础设施优先权实施确立指导原则的条例提案,[②]以及对于路线图的影响评估文件和咨询小组的建议文件。[③]欧盟委员会将上述文件分别提交给部长理事会和欧洲议会,并向欧洲经济和社会委员会以及欧盟地区事务委员会进行咨询。

2012 年 2 月 1 日,欧盟委员会发布工作文件,基于成员国做出的超过 20% 减排的选择分析。[④] 2012 年 3 月 15 日,欧洲议会在斯特拉斯堡通过决议,支持欧盟委员会提出的 2050 路线图,以此表达对欧盟逐步减少对化石燃料的依赖、实现向低碳经济转型这一目标的支持。

2012 年 3 月,欧洲气候适应平台(European climate adaptation platform,简称为 Climate-ADAPT)建立,该平台旨在为欧盟气候政策决策提供相关的

---

① COM/2011/885:Energy Roadmap 2050,http://eur -lex.europa.eu/legal -content/EN/ALL/;ELX_SESSIONID =pXNYJKSFbLwdq5JBWQ9CvYWyJxD9RF4mnS3ctywT2xXmFYhlnlW1! -868768807?uri=CELEX:52011DC0885.

② European Commission,Proposal for a REGULATION OF THE EUROPEAN PARLIAMENT AND OF THE COUNCIL on guidelines for trans-European energy infrastructure and repealing Decision No 1364/2006/EC /* COM/2011/0658 final-2011/0300 (COD)*/,http://eur-lex.europa.eu/legal-content/EN/TXT/?uri=CELEX:52011PC0658.

③ European Commission,Impact Assessment SEC/2011/1565 final,http://eur-lex.europa.eu/legal-content/EN/TXT/?uri=CELEX:52011SC1565. COMMISSION STAFF WORKING PAPER Final report of the Advisory Group on the Energy Roadmap 2050Summary record of the PRIMES Peer review Meeting Results of the public consultation on the Energy Roadmap 2050Accompanying the document COMMUNICATION FROM THE COMMISSION TO THE EUROPEAN PARLIAMENT,THE COUNCIL,THE EUROPEAN ECONOMIC AND SOCIAL COMMITTEE AND THE COMMITTEE OF THE REGIONSEnergy Roadmap 2050,SEC/2011/1569 final,http://eur-lex.europa.eu/legal-content/EN/TXT/?uri=celex:52011SC1569.

④ European Commission,Commission Staff Working Paper:Analysis of options beyond 20% GHG emission reductions:Member State results,http://ec.europa.eu/clima/policies/strategies/2020/docs/swd_2012_5_en.pdf.

有效资源，比如为适应规划提供“工具箱”、为具体项目研究提供数据库、为欧盟内部各个层次上的适应行动提供信息。[①]

2012 年 4 月 19 日，欧盟能源部长理事会召开非正式会议，研究讨论落实欧盟 2050 路线图的具体行动计划等相关事宜。在能源多元化和积极应对气候变化的大原则下，欧盟各成员国能源部长围绕欧盟 2050 路线图建议的五条主要实现路径展开激烈辩论，并达成基本的一致。理事会达成共同一致的主要方面：增加研发创新投入，集中力量提高能效，加速可再生能源发展和引导全社会投资低碳经济基础设施（包括科研基础设施）。对会议结果，欧盟委员会在表示支持的同时，还强调成员国需要在加强技术研发的基础上自主选择本国未来的清洁能源结构。但欧盟能源事务专员冈瑟·奥廷格（Guenther Oettinger）本人对部分成员国要求增加核电技术公共财政投入持保留态度，认为可再生能源技术也应该由市场主导，逐步取消公共财政补贴。[②]

2012 年 5 月 23 日和 10 月 10 日，欧洲经济与社会委员会及欧盟地区事务委员会分别就欧盟委员会提出的能源路线图发表意见。[③]二者在肯定了欧盟 2050 路线图对于欧盟应对气候变化、提升能源安全的作用的同时，强调了政策实施过程中确保欧盟内部各层次行为体都能够参与其中的重要性。

2012 年 6 月 13 日，部长理事会与欧洲议会在同欧盟委员会进行的“三方会谈”后就能源效率指令达成一致。

---

① European Commission, Adaptation actions, http://ec.europa.eu/clima/policies/adaptation/what/index_en.htm.

② http://www.most.gov.cn/gnwkjdt/201205/t20120516_94413.htm.

③ the European Economic and Social Committee, Opinion of the European Economic and Social Committee on the‘Communication from the Commission to the European Parliament, the Council, the European Economic and Social Committee and the Committee of the Regions—Energy Roadmap 2050’COM (2011) 885 final, http://eur-lex.europa.eu/legal-content/EN/AUTO/?uri=celex:52012AE1315. the Committee of the Regions, Opinion of the Committee of the Regions on‘Energy roadmap 2050, http://eur-lex.europa.eu/legal-content/EN/TXT/?uri=celex:52012AR0088.

2012年6月15日，部长理事会召开3175次会议，在对路线图决定草案进行验证后，部长理事会发布了关于2050路线图的主席结论。[①]在结论中强调了路线图作为指导原则对发展一个低碳的、可持续的、有竞争力的、可负担的、安全的，而又长期、稳定的能源政策框架的重要性，同时也邀请欧盟委员会对2050路线图已经开展的政策和立法进行监督，对目前的2020一揽子政策实施现状进行持续研究并以此制定一份2030框架提案。

2012年9月11日，欧洲议会就能源效率指令及相关内容进行一读并通过提案修正案。同日，欧盟委员会就欧洲议会的提案修正案表示同意。[②]

2012年10月4日，部长理事会召开3188次会议，在芬兰代表弃权、西班牙和葡萄牙代表反对的情况下，表示支持欧洲议会一读后的立场，通过能源效率指令以及废除2004/8/EC和2006/32/EC两份指令的提案。[③]

2012年10月25日，欧洲议会主席和部长理事会主席共同签署关于能源效率以及对指令2004/8/EC和2006/32/EC进行废除的指令。[④]这份指令作为最低要求，成员国需要根据指令结合本国实际转化为国内法，欧盟鼓励成员国制定更加严格的法律措施。成员国将指令转化为国内法的进度和实施情况需要向欧盟委员会进行说明。

2013年3月14日，欧洲议会通过关于2050路线图的决议文件，肯定了

---

① Council of the European Union, PRESS RELEASE 3175th Council meeting, Luxembourg, 15 June 2012, http://europa.eu/rapid/press-release_PRES-12-259_en.htm?locale=en.

② European Parliament, European Parliament legislative resolution of 11 September 2012 on the proposal for a directive of the European Parliament and of the Council on energy efficiency and repealing Directives 2004/8/EC and 2006/32/EC(COM(2011)0370-C7-0168/2011-2011/0172(COD)), http://eur-lex.europa.eu/legal-content/EN/AUTO/?uri=celex:52012AP0306.

③ Council of the European Union, The Council adopts energy efficiency directive, http://www.consilium.europa.eu/uedocs/cms_data/docs/pressdata/en/trans/132717.pdf.

④ Directive 2012/27/EU of the European Parliament and of the Council of 25 October 2012 on energy efficiency, amending Directives 2009/125/EC and 2010/30/EU and repealing Directives 2004/8/EC and 2006/32/EC, http://eur-lex.europa.eu/legal-content/EN/TXT/?uri=celex:32012L0027.

欧盟委员会为欧盟制定长期发展路线图的重要性，同时也表示希望欧盟委员会可以在碳捕捉和储存、内部市场、能源效率以及能源技术等具体内容方面进行进一步的明晰。[①]

（三）2030框架

1.提案准备过程

2013年2月，欧盟委员会正式启动制定2030框架的相关工作。欧盟委员会内部联络小组（Interservice Group，缩写为ISG）具体负责准备工作，并于3月27日发布了第一份关于2030框架的绿皮书。绿皮书的发布意味着欧盟委员会咨询工作的开始，这一过程持续到2013年7月2日。[②]这也可以被理解为2030框架决策过程中的凝聚共识阶段，其间欧盟成员国、欧盟其他机构及利益相关者都对2030框架内容表达了自己的意见和建议。

图14展示了欧盟委员会的绿皮书发布之后收到的反馈信息来源，这份图是基于557份绿皮书反馈结果做出的。可以看出，工业联合会和企业在其中的参与占了相当大的比重，能源及其相关企业也对欧盟在减排的目标和具体措施方面表示了十分的关注。因为欧盟政策目标的确定与企业的前期投资和就业机会直接相关。对于钢铁、化工等企业来说，欧盟的政策目标更是直接影响到其竞争力，甚至有企业明确表示欧洲不应当再单方面实施减排目标了。[③]与此同时，公民社会组织也积极参与到欧盟2030框架的决策中

---

① European Parliament，European Parliament resolution of 14 March 2013 on the Energy roadmap 2050，a future with energy（2012/2103（INI）），http://eur-lex.europa.eu/procedure/EN/201207.

② European Commission，Commission moves forward on climate and energy towards 2030，http://ec.europa.eu/clima/news/articles/news_2013032701_en.htm.

③ 欧盟拟今年10月前敲定2030年气候与能源目标，http://www.chinanews.com/ny/2014/03-24/5987009.shtml。

来。先后有 15 个成员国向欧盟委员会提供了官方声明,[①]其中,德国和北欧国家(芬兰、丹麦、瑞典)对欧盟气候治理中的领先者表现非常积极,给出的反馈分别占到成员国反馈总数的 12%和 9%。另外,波兰作为欧盟气候领域的落后代表也表达了对于欧盟减排措施的关注,反馈数同样占到了成员国总数的 4%。

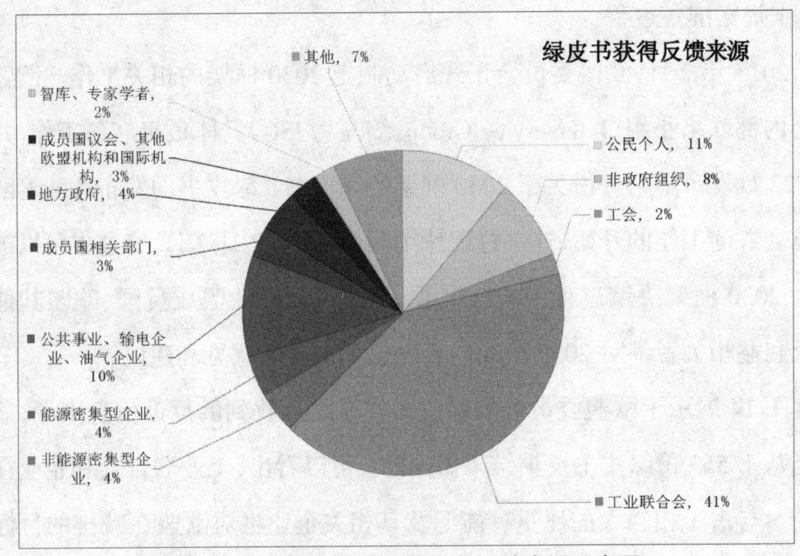

图 13　欧盟委员会绿皮书获得反馈来源示意图

注:基于 557 份绿皮书反馈结果做出,资料来源:European Commission,Commission moves forward on climate and energy towards 2030,http://ec.europa.eu/clima/news/articles/news_2013032701_en.htm.

与此同时,欧盟委员会还采取了其他方式倾听和汇聚各利益相关方的利益诉求。比如,2013 年 6 月 19 日,欧盟委员会专门组织了一个针对 2030 框架内容的全天高级别会议,旨在为相关的委员会部门和公众提供一个能够展开建设性讨论并且进行多方互动的平台。能源总司、气候行动总司、爱尔兰政府代表以及欧洲议会中工业和能源委员会的负责人均发表了演讲。

① 成员国声明既包括成员国政府发布的,也包括成员国内具体负责部门发布的。部分成员国对此做出了额外的说明,表示现阶段的声明不能完全反映成员国最终立场。

会议的第一部分由欧洲环境署主持,内容是关于欧盟 2020 目标已经取得的成果以及 2030 目标的设计,欧洲电力(Eurelectric)、气候行动网络欧洲、欧洲商会(Business Europe)、欧洲可再生能源理事会(European Renewable Energy Council)等社会组织参与了讨论。会议的第二部分由能源总司主持,主要内容是关于竞争力和供应安全,化工企业陶氏化学(Dow Benelux B.V)、风电企业丹麦东能源公司(Dong Energy)、欧洲节能联盟(European Alliance to Save Energy)、欧洲气候基金会(European Climate Foundation)等参加了讨论。会议的第三部分由气候行动总司主持,讨论内容主要关于政策工具和责任分摊部分,欧洲政策研究中心(the Centre for European Policy Studies)、法国生态、可持续发展和能源部、(French Ministry for Ecology,Sustainable Development and Energy)、意大利经济发展部(the Italian Ministry of Economic Development)、立陶宛能源部(the Energy Ministry of Lithuania)参与了具体讨论。欧盟气候行动专员科尼·赫则高(Connie Hedegaard)和欧盟能源事务专员冈瑟·奥廷格为会议做了总结发言。这次会议全程进行了网上直播,因此民众也可以通过观看会议讨论了解到有关欧盟 2030 框架的更多信息。从这次会议讨论的参与者就可以看出,欧盟委员会在咨询阶段力求获得尽可能广泛的代表的意见,其中不仅包括欧盟气候政策的相关机构,还包括成员国的相关部门、企业、专家团体以及非政府组织等各个层面的行为体。

公共咨询过程也为欧盟委员会最终框架的提出打下了基础。经过公共咨询,欧盟委员会总结了以下反映较多的建议:许多利益相关者表示,期望欧盟通过 2030 框架的提出来减少投资者、政府与公民之间的不确定性。成员国尤其强调了能源政策领域的三个优先目标:竞争性、供应安全与可持续性。在框架目标方面,不同参与者就需要一个新的减排目标这一点达成了广泛的共识,而在减排目标的具体方案中则存在分歧,这种分歧同样也出现在对于可再生能源和能源节约的目标当中。在工具选择方面,大多数利益相关方表示支持欧盟排放交易机制继续作为欧盟实现向低碳经济转变的核心工具。但是对于现行机制的改革,参与各方仍表达了有差别的观点,尤其是针对非排放交易体系部门,部分参与者认为需要制定政策并采用相关手段对这些领域实施减排措施。另外,受到欧债危机的影响以及国际局势的变化,参与各方对于提升欧盟竞争力表示了更多的关注。由于内部能源市场被视为保证价格竞争力和供应安全的关键所在,因此有很多参与者认为工作重点应放在在欧洲范围内创设一种公平竞争环境。成员国之间联系能力的提升也有助于欧盟气候与能源目标的达成。参与各方还就创新在欧盟能源体系中提升其灵活性和安全性的重要作用达成一致。在责任分摊部分,非排放交易体系部门中的公平分配是必要的,成员国之间在地理条件和社会经济方面的差异也必须考虑进去,财政工具将在其中扮演重要角色。

2013 年 4 月 16 日,欧盟委员会提出了关于欧盟适应气候变化战略(EU Adaptation Strategy)的一揽子政策,其中包括发展适应战略的指导纲领、具体的技术指导、与其他政策领域的合作以及目前气候变化带来的影响评估等内容,并提交至欧洲议会、部长理事会、欧洲经济和社会委员会以及欧盟地区事务委员会。[①]该战略是在欧盟成员国的支持下做出的,旨在增强欧盟对于气候变化问题带来的影响的适应能力,具体反映为三个目标:一是推动成员国的气候行动,增强其适应能力;二是推动优化欧盟气候政策决策,在欧盟决策中体现更多适应气候变化问题的考量;三是提高农业、渔业等关键而脆弱行业的气候变化适应能力。这一战略为欧盟委员会在接下来通过资金以及技术支持来推动欧盟适应气候变化的行动提供了指导。

2013 年 5 月,欧洲理事会要求欧盟委员会对欧洲能源价格及成本的发展进行深入分析。

① European Commission,The EU Strategy on adaptation to climate change,http://ec.europa.eu/clima/publications/docs/eu_strategy_en.pdf.

2013年5月,欧盟委员会就2030框架具体内容向欧盟经济和社会委员会进行咨询。[①]

2013年6月18日,部长理事会通过关于欧盟气候适应战略的决定。[②]

2013年10月18日,根据绿皮书反馈得来的意见和欧洲理事会的要求,第一份影响评估草案被制定并提交至委员会内部联络小组。

2013年12月,欧盟委员会发布2013年度参考方案(EU Reference Scenario 2013),[③]分析评估了欧盟在能源、交通、温室气体排放方面到2050年间的变化趋势,为2030框架具体目标制定和措施安排奠定了基础。参考方案中提供了关于减排目标、可再生能源和提高能效政策的多种实施方案、框架目标对于欧盟、成员国及不同经济体可能带来的成本和收益、框架目标对环境和欧盟能源依赖、竞争力、发展及就业的影响。根据欧盟委员会的分析,到2030年实现40%的减排目标是可以负担的,但是需要大量的投入;对于工业竞争力的影响是可以接受的;与2005年相比,减排43%通过排放交易机制内的部门实现,30%通过非排放交易机制部门实现;对于欧盟内收入较低的成员国来说,与其国内生产总值发展相比,欧盟框架可能会要求他们投入相对较多的成本。

2014年1月8日,欧盟委员会下设的能源、交通和气候变化总司联合发布《2050年欧盟能源、交通及温室气体排放趋势》研究报告,对碳减排、清洁能源发展和非常规能源发展等方面的发展趋势提出预测。[④]

---

① http://eur-lex.europa.eu/legal-content/EN/TXT/?qid=1476853625618&uri=CELEX:52014AE0917.

② The Council of the European Union, Council conclusions on the EU Adaptation Strategy, http://register.consilium.europa.eu/doc/srv?l=EN&f=ST%2011151%202013%20INIT.

③ Euroepan Commission, EU Reference Scenario 2013, http://ec.europa.eu/clima/policies/strategies/2030/docs/eu_trends_2050_en.pdf.

④ 中国气候变化信息网,欧委会发布2050年欧盟气变及能源趋势研究报告,http://www.ccchina.gov.cn/Detail.aspx?newsId=42738.

2014年1月22日,欧盟委员会发布致欧洲议会、部长理事会、经济和社会委员会以及地区委员会的通信文件,[①]提出了欧盟2020—2030年阶段气候与能源的政策框架草案。在欧盟2030框架中,欧盟在气候领域和能源领域的政策目标依然以一揽子的形式呈现出来,主要包括以下因素:一是确定温室气体排放目标。其中以碳减排为核心,以排放交易机制为中心手段,要求欧盟成员国在2030年之前达到相较于1990年温室气体排放量减少40%的目标。二是确定欧盟层面的可再生能源目标,即在欧盟能源结构中可再生能源所占份额不低于27%。三是提高能源利用效率。关于能源节约目标方面,欧盟委员会会在对现行政策的实施进行审查评估后,在不晚于2014年末时提出。四是对现行的排放交易机制进行改革,明确其在欧盟减排中扮演的主要角色。五是确保能源的竞争力和可负担性,提升能源供应安全。六是提出了一种基于国家计划的新型治理框架,以确保能源安全、富有竞争力且可负担。根据委员会提出的指导原则,成员国应按照共同方法准备国家计划,以保证投资者拥有更强的确定性和更高的透明度,提高欧盟协调、监督能力和一致性。框架还提到了四个关键的补充政策:交通、农业与土地使用、碳捕捉与储存、创新与财政。

基于2020—2030气候与能源政策框架提案,欧盟委员会还向欧洲议会和部长理事会提出了具体倡议,同时也将会提交至欧盟经济与社会委员会进行咨询。其中包括一个关于修改2003/87/EC指令、建立和运作市场稳定储备的倡议,[②]这项倡议主要是为了对欧盟现行的排放交易体系进行全面的审查,旨在确保它在未来十年内仍是最为有效和高性价比的减排方式。同时,

---

① European Commission, http://eur-lex.europa.eu/legal-content/EN/TXT/PDF/?uri=CELEX:52014SC0015&qid=1476853625618&from=EN.

② European Commission, http://register.consilium.europa.eu/doc/srv?l=EN&f=ST%205654%202014%20INIT.

倡议还提出建立一个市场稳定储备机制,并于 2021 年 1 月 1 日投入运行。这是欧盟为实现 2030 年减排 40%目标所做出的第一个具体立法行动,这一倡议的提出也意味着普通立法程序的开始。①

2.提案讨论通过过程

2014 年 3 月 3 日,部长理事会下设的环境理事会召开会议,就欧盟委员会提交的有关 2030 框架通信文件进行公开讨论。②会上强调了为一个新的全球气候变化协议做出充分准备的必要性。对于框架中涉及的实现环境可持续发展、保持竞争力以及实现能源供应安全这三大目标,成员国对追求三者均衡发展这一倡议表示了赞同,同时指出,三者的均衡发展需要一个综合性的方法和政策一致性做保障,关系到能源价格的降低,需要依靠欧盟竞争力来维持。成员国普遍将温室气体减排视为框架的核心内容,并指出有必要对排放交易体系外的部门减排进行进一步的讨论。成员国也表达了对于责任分担原则的支持,并期待欧盟层面能充分考虑成员国各自国情,允许成员国在减排措施的选择和实施中保有灵活性和自主性。但是在看待灵活性的程度中存在不小的分歧,尤其是在可再生能源发展这一问题中表现得格外明显。与此同时,成员国的分歧还表现在减排目标的性质和数值及决策时间规划上。

具体来看,成员国就框架中的减排、发展可再生能源和提高能效三大目标表达了各自立场。在减排目标方面,所有参与到关于欧盟 2030 框架咨询过程中的成员国均表达了对温室气体减排的支持,但也分别从各自角度出发提出了自己认可的减排目标与减排条件。丹麦、法国、英国、西班牙支持一

① Council of the European Union, EU ETS and its reform, http://www.consilium.europa.eu/en/policies/climate-change/.

② Council of the European Union, 2030 framework for climate and energy policies, http://www.consilium.europa.eu/en/meetings/env/2014/03/03/.

个有约束力的40%的减排目标。其中,英国提出了一个双重减排目标,即在一个令人满意的国际协议达成的前提下,英国认可50%的减排目标,与英国持相同观点的还有芬兰。而波兰则认为2015年之前不应当对2030目标作出规划。捷克表示只有在一个全球性协议达成的前提下才愿意接受一个更富野心的目标。罗马尼亚也表达了类似的观点,即要求第三方做出切实行动的前提下欧盟再考虑自己的2030目标。立陶宛则希望欧盟目标制定需要考虑其他国际主要经济体的目标。塞浦路斯希望达成一个较少约束力的目标。马耳他认可按照2050路线图制定的减排目标,但也重申需要考虑国际气候谈判的结果。

在发展可再生能源发展方面,丹麦对欧盟委员会提出的2030目标表示支持。立陶宛在对发展可再生能源目标表示支持的同时,也强调了这一目标的制定应建立在一个对每个成员国及工业部门的完整深入的评估基础之上。芬兰表达了对于一个指示性的或适度的有约束力的目标的期待。法国表示应当在做出可再生能源发展的目标后，充分考虑如何解决配套技术支持的问题,以及如何将这一目标统一在欧盟能源政策体系中。葡萄牙并未对目标做出明确表态,但是表达了对增加合作机制作用的期待。爱沙尼亚表示如果欧盟层面的行动能够通过成本效益分析等方式提供实质性的附加值,则会支持欧盟委员会提出的发展可再生能源的目标。罗马尼亚则提议由成员国来确定可再生能源发展的目标。马耳他根据人均国内生产总值提供了一个可再生能源资源投入的目标。英国和捷克则对设立一个可再生能源目标表示了强烈的反对。

在提高能源效率方面,丹麦和葡萄牙对欧盟委员会的2030框架表示了支持。爱沙尼亚和立陶宛在对待这一目标的态度上与它们对待可再生能源发展目标时的态度相似，即要求欧盟机构对目标可能带来的影响做出更加详细的说明,并且对相关部门进行更加全面的评估。法国未对这一目标做出明确表态，但要求欧盟委员会对能源密集度（energy intensity）给出一个新的定义。芬兰倾向于接受一个有指示性的欧盟能效目标。罗马尼亚表示将会对一个富有雄心的总体目标持开放态度。马耳他并未明确涉及提高能效的部分，但是强调了成员国应当在决定如何实现减排的措施中保有灵活性。奥地利和塞浦路斯希望将关于能源效率的讨论推迟到 2014 年之后。英国和捷克对强制性的能效目标依然表示了明确的反对态度。另外，奥地利和罗马尼亚对于能源安全表达了强烈关注，并指出在欧盟气候与能源政策中要充分考虑到社会维度。立陶宛要求欧盟就能源基础设施建设、研究及试验发展方面的内容作出恰当的指示。西班牙提出了一个有约束力的 10%的互联目标。

2014 年 3 月 18 日，部长理事会召开总务理事会会议，为即将召开的欧盟春季峰会做准备工作。[①]在会上讨论了有关欧盟新的气候与能源框架和工业竞争力之间的关系，并对如何保证一个可负担的能源价格以提升竞争力和促进经济可持续发展的政策措施进行了讨论。同时，由于乌克兰危机的影响，理事会还重点关注了能源安全、能源来源多样化，以及降低对第三方能源依赖的问题。

2014 年 3 月 21 日，欧洲理事会发表决议文件，对下一阶段欧盟 2030 框架的工作进行了指导，并为框架确立了几点基本原则。[②]在其中涉及气候与能源政策的部分中，欧洲理事会肯定了在减排、可再生能源和能源效率方面，欧盟 2020 计划确立的目标已经取得实质性进展。同时为欧盟接下来的工作提出了几点要求：一是，根据 2014 年 9 月联合国气候峰会（UN Climate Summit）时的要求，欧盟 2030 框架应当与欧盟 2050 路线图相吻合，一个富

---

① Council of the European Union，Spring European Council to focus on Ukraine，industry competitiveness and energy，http://www.consilium.europa.eu/en/meetings/gac/2014/03/18/.

② European Council，Conclusions 20/21 March 2014，http://www.consilium.europa.eu/uedocs/cms_Data/docs/pressdata/en/ec/141749.pdf.

有凝聚力的欧盟气候与能源政策必须保证能源价格的可负担性、工业的竞争力、能源的安全供应以及气候和环境目标的可实现。二是，在具体的减排目标、可再生能源份额和提高能效方面的目标应根据欧盟委员会提交的通信文件做出尽可能详细的阐释，以为利益相关方提供必要的可预见性和稳定性支持。三是，承诺欧盟将在不晚于 2015 年第一季度时提交贡献文件，为巴黎气候大会做好准备。同时提出欧盟气候与能源政策框架的制定应当充分满足欧盟在全球气候治理中角色的需要。

欧洲理事会在这份决议中为欧盟 2030 气候与能源政策框架确立了以下基本原则：一是在 2030 框架中，以高性价比（cost-effective）的措施深入强化减排、提高能效与可再生能源份额三大目标之间的凝聚力，并将排放交易体系改革视为重中之重。二是 2030 框架应当既保证可再生能源利用的提升，又能兼顾欧盟的国际竞争力。三是框架应当保证基本的能源供应安全，同时又确保能源价格可负担且具有竞争力。四是框架应当为充分反映成员国国内环境并据此为成员国承诺的提出提供灵活性安排，同时尊重成员国自主决定能源结构的要求。

同时，欧洲理事会邀请部长理事会和欧盟委员会就 2030 框架中如下的具体内容进行更加深入的分析并加速做出改进：一是分析欧盟委员会提出的议案中，欧盟在减排和可再生能源份额中确立的目标对于每个成员国的影响。二是对实现整体公平的责任分担机制和能源行业现代化的培育机制进行更加详尽的阐述。三是对防止潜在碳泄漏的措施进行进一步阐述，对工业投资安全做出长期规划以保证欧盟能源密集型产业的竞争力。四是对能源效率指令（Energy Efficiency Directive）做出适时审视，并据此提出一个合理的能源效率政策框架。欧洲理事会将在 6 月的会议上，基于与成员国的协商对上述问题的进展进行评估，并表示期待尽快（至少不晚于 2014 年 10月）达成最终决议。对于欧盟委员会接下来的工作欧洲理事会还提出了两点要求：

一是需要欧盟委员会对欧盟能源安全进行深入研究，并在 6 月前提交一份降低欧盟能源依赖的综合规划；二是需要欧盟委员会在 6 月前就欧盟 2030 年需要达成的内部天然气和电力互联目标作出具体倡议，以完善欧盟内部能源市场。欧洲理事会还号召在成员国之间和跨部门之间进行必要的协商以保证欧盟层面目标的顺利达成，同时要求成员国对本国能源政策实践进行评估。

2014 年 6 月，欧盟委员会召开第一次利益相关方咨询会议，就排放交易体系及碳泄漏等具体问题进行咨询讨论。会议的准备工作从 2014 年 5 月起已经开始进行，[①]并在 7 月和 9 月的两次咨询会议上对会议内容更加深入的讨论。讨论结果最终将呈现在欧洲理事会 10 月份召开的就 2030 框架的讨论会议中。[②]

2014 年 6 月 4 日至 5 日，欧盟经济与社会委员会召开会议，以 167 票赞成，2 票反对，10 票弃权，达成了对欧盟委员会提出的 2030 框架的意见。在关于建立和运作市场稳定储备机制及修改 2003/87/EC 指令部分，经济和社会委员会做出如下决定和建议：[③]

一是经济与社会委员会认可欧盟排放交易体系是欧盟气候与能源政策中实现减排的中心手段。因此，需要通过有效的改革以保证欧盟 2020、2030 目标的实现和工业竞争力，同时避免投资流失。二是支持在欧盟排放交易体

① European Commission, Consultation on Emission Trading System (ETS) post-2020 carbon leakage provisions, http://ec.europa.eu/clima/consultations/articles/0023_en.htm.

② European Commission, Commission launches stakeholder consultations on post-2020 carbon leakage provisions, http://ec.europa.eu/clima/news/articles/news_2014041501_en.htm.

③ European Economic and Social Committee, Opinion of the European Economic and Social Committee on the 'Proposal for a Decision of the European Parliament and of the Council concerning the establishment and operation of a market stability reserve for the Union greenhouse gas emission trading scheme and amending Directive 2003/87/EC'—COM (2014) 20 final—2014/0011 (COD), http://eur-lex.europa.eu/legal-content/EN/TXT/?uri=uriserv:OJ.C_.2014.424.01.0046.01.ENG&toc=OJ:C:2014:424:TOC.

系下一个交易阶段即2021年起建立市场稳定储备机制，以应对2020年后排放交易体系价格波动。三是强调要响应欧洲理事会之前提出的号召,即对因欧盟气候政策而主动或被动增加成本的部门进行补偿以应对国际竞争，直至一个全面的国际气候协议达成能够为欧盟工业提供良好发展环境为止。四是经济与社会委员会在事先确定的自动调整机制、体系的透明性、可预见性及简易性、有限的转换成本、投资前景的可预见性、长期稳定目标、用拍卖所得收益支持企业向低碳经济转型、发展和使用清洁技术、对能源密集型制造业部门进行适当的创新性的支持、明晰欧盟及其全球战略等方面提出了要求。五是在对现行排放交易体系进行修订时,充分考虑与之密切联系的部门领域在减排和降低能源成本方面的要求。六是强调排放交易体系在提升公众支持低碳经济转型这一意识的作用。七是强调欧盟排放交易体系对于全球低碳经济发展的推动作用。八是指出在对现行排放交易体系的修订中,应当充分考虑到欧盟2020地平线计划,与成员国国家项目进行充分协调。九是要求欧盟委员会、欧洲议会和部长理事会制定一个更加详细且协调一致的行动框架,以保证欧盟碳市场更加稳定、灵活和开放,实现有竞争力的可持续发展。十是经济和社会委员会对去碳化政策在提升就业机会、改善空气治理和减排方面的积极作用进行了肯定。

2014年6月12日，环境部长理事会召开会议对2030框架草案进行进一步讨论。[①]讨论主要围绕两个议题展开:一是讨论不同经济体在减排中的作用,二是讨论框架实施所需的必要投资。

2014年6月24日,欧盟经济与社会委员会对欧盟委员会的通信文件发

① Council of the European Union, 2030 framework, http://www.consilium.europa.eu/en/meetings/env/2014/06/12/.

表了观点意见。[1]欧盟经济与社会委员会首先对欧盟委员会发布的2030 框架的草案进行了总结，指出这份文件致力于提升欧盟气候与能源政策的可预见性，并且充分考虑了欧盟 2020 一揽子政策以来的实践经验，同时对于欧盟参与国际气候谈判来说也是及时和必要的。对于框架内容，经济与社会委员会在 40%的减排目标、欧盟层面不少于 27%的可再生能源占有份额、在对现行措施进行评估后确立新的能效目标以及新的治理方式方面表示了明确的支持。但是不同于欧盟委员会的观点，对于可再生能源占有份额，经济与社会委员会认为应当为每个成员国确立个性化目标。

在此基础上，经济与社会委员会还提出建议，主要涉及以下内容：一是在实践中采用性价比最高的措施来减少有害后果、保护最为脆弱的能源使用者。二是在确立部门能效目标时，充分挖掘部门以高性价比的方式实现能源政策目标时的最大潜力。三是在制定成员国国家计划时，充分发挥公民社会的作用，同时与相关邻国进行必要的沟通和协商。四是协调各成员国计划以便发展一个真正的欧洲能源共同体，保证欧盟能源供应安全。五是推动尽快采取行动来减少欧盟对不可靠能源供应方的高度依赖，其中也包括为成员国设定各自可再生能源发展目标。六是在欧洲睦邻政策（European Neighbourhood Policy）框架下向相关国家提供援助，以更有效地推动低碳经济的发展。七是提供有关交通、农业、土地使用等非排放交易体系部门需要采取的措施的更加详细的规划。八是提供关于创造绿色就业（green jobs）所取得成就的详细信息。九是确保足够的措施用于避免能源密集型产业的碳泄漏。十是在创新科研领域采取根本行动，为解决气候变化问题提供实质性的解决

① European Economic and Social Committee, Opinion of the European Economic and Social Committee on the 'Communication from the Commission to the European Parliament, the Council, the European Economic and Social Committee and the Committee of the Regions on: A policy framework for climate and energy in the period from 2020 to 2030'—COM(2014)15 final, http://eur-lex.europa.eu/legal-content/EN/TXT/?qid=1476853625618&uri=CELEX:52014AE0917.

方案,在相关部门组织技术培训,同时发展低碳经济所必需的生产设备。十一,也是经济与社会委员会格外强调的一点是,重视国际气候政策的发展,同时注重适应气候变化的努力。在这份回应文件中，经济与社会委员会指出，欧盟新框架的一个关键目标在于确保一个雄心勃勃的国际协议的达成并能够得到有效实施。因为尽管欧盟对于气候变化问题负有历史责任,但仅凭欧盟一方努力对于将升温限制在2℃这一全球目标并没有太大意义。如果巴黎气候大会未能达成一项令人满意的国际协议，那么欧盟也可以重新考虑自己的气候政策。

2014年6月,欧洲理事会在布鲁塞尔召开的会议上发布"变革时代欧盟的战略议程"(strategic agenda for the Union in times of change)的政策文件,将气候与能源政策列为未来五年欧盟优先发展的五大领域之一,并指出要为欧盟2030年确立一个富有雄心的气候变化目标以应对气候变化带来的问题。

2014年10月8日，地区事务委员会就欧盟委员会提出的20202030气候与能源政策框架发表意见。[①]在意见中,地区事务委员会呼吁欧盟达成一个有约束力的2030气候与能源目标，具体包括相较于1990年减排50%、提升可再生能源份额40%同时反映在国家目标中,以及与2005年相比通过能源效率提高减少40%的能源消耗,这一目标同样需要反映在国家目标中,这些目标需要保证2℃温控以及欧盟2050年的长期目标的实现。在意见中特别强调了成员国需要在考虑地区和地方战略的同时，设定强制性的可再生能源份额与能源消耗目标。根据欧洲理事会2014年3月的结论,欧盟委员会目前的提案仍然缺少雄心,仅在欧盟层面上设定了需要完成的义务。地区事务委员会认为,这些目标的设定是符合技术层面的现实的,同时也有利于

① Committee of the Regions, Opinion of the Committee of the Regions—A policy framework for climate and energy in the period from 2020 to 2030, http://eur-lex.europa.eu/legal-content/EN/TXT/?uri=celex:52014IR2691.

欧盟今后的发展,是欧盟实现可持续、安全的能源未来的前提条件。基于这些考虑,欧盟应当设定一个在不激化能源匮乏的情况下到 21 世纪中叶实现零排放的目标,并为此加强相关领域的研发工作。

2014 年 10 月 22—23 日，欧洲理事会召开会议，就欧盟委员会提出的 2030 框架进行讨论。24 日,欧盟成员国政府首脑就 2030 框架的总体目标和结构框架达成一致,欧洲理事会发表了关于 2030 框架的最终结论。2030 框架的最终内容包括了一个有约束力的、至少 40%的减排目标（相较于 1990 年水平),一个有约束力的、将欧盟层面可再生能源份额至少提升 27%的目标,以及一个基于能源效率指令,经由欧洲理事会支持的、指示性的 27%的节能目标,同时注明了这一节能目标将在 2020 年进行重新审议,力争达到一个 30%的目标。在措施方面,强调了对欧盟排放交易体系进行改革和完善的必要性,指出一个运转良好的、改革后的排放交易体系争取在 2030 年时达到与 2005 年相比,欧盟排放交易体系内部门应实现 43%的减排,非排放交易体系部门实现 30%的减排。一个透明的动态的治理过程将有助于欧盟气候政策朝着一个有效的、连贯的方向发展,从而推动欧盟 2030 框架目标实现和能源联盟的建立。与此同时,2030 框架还重申了欧盟在全球应对气候变化中的领导者角色，认为框架目标的提出将是欧盟为巴黎气候大会作出的重要贡献,有助于推动一份国际气候协议的达成。

2014 年 11 月 21 日,欧洲议会下属环境、公共健康和食品安全委员会对建立运行市场稳定储备机制、修订 2003/87/EC 指令这一议案提交报告草案,对欧盟委员会提交的议案进行了部分修改,一读程序开始。[①]在修改和补充

① Euroepan Parliment, DRAFT REPORT on the proposal for a decision of the European Parliament and of the Council concerning the establishment and operation of a market stability reserve for the Union greenhouse gas emission trading scheme and amending Directive 2003/87/EC, http://www.europarl.europa.eu/sides/getDoc.do?pubRef =-% 2f% 2fEP% 2f% 2fNONSGML% 2bCOMPARL% 2bPE -541.353% 2b02%2bDOC%2bPDF%2bV0%2f%2fEN.

部分，欧洲议会重申了欧洲理事会在2014年10月结论文件中的观点，指出欧盟排放交易体系改革与稳定市场对于欧盟减排目标实现的重要性，强调要通过市场稳定储备机制为欧盟产业发展提供中期到长期的可预见性和稳定性；同时，着重强调了碳泄漏的问题，指出需要对自由份额的再分配进行更深入的讨论，欧盟委员会也需要尽快提交对欧盟排放交易体系指令的审议倡议。欧洲议会还指出，应当在议案中体现更多通过配额再分配来增加对低碳产业支持的内容。另外，由于市场稳定储备机制的运作仍存在很大的不确定性。因此欧洲议会指出，在议案中制定适时的审查机制是非常有必要的。

2014年12月9日，部长理事会就2030框架中提到的新的治理过程进行了深入讨论，表现出对于治理过程中灵活性的重视，认为新的治理模式不应为成员国增添额外的行政负担。[1]除此之外，在政策规划中的地区合作和地区协调、去碳化、碳泄漏、可负担的能源价格、实现天然气和电力的互联、推动“智能电网”发展、发展能源和气候部门吸引投资的潜力等议题都在会上进行了讨论。

2015年1月7日，欧洲议会拒绝通过关于建立运行市场稳定储备机制、修订2003/87/EC指令的立法决议草案，并对该草案提出了更加详细的修改意见。[2] 3月25日，欧洲议会发表立法决议报告，形成最终修改意见。[3]与此

① Council of the European Union, http://www.consilium.europa.eu/en/policies/climate-change/2030-climate-and-energy-framework/.

② Euroepan Parliment, AMENDMENTS 12-228-Draft report-on the proposal for a decision of the European Parliament and of the Council concerning the establishment and operation of a market stability reserve for the Union greenhouse gas emission trading scheme and amending Directive 2003/87/EC, http://www.europarl.europa.eu/sides/getDoc.do?pubRef=-%2f%2fEP%2f%2fNONSGML%2bCOMPARL%2bPE-544.331%2b02%2bDOC%2bPDF%2bV0%2f%2fEN.

③ European Parliment, REPORT on the proposal for a decision of the European Parliament and of the Council concerning the establishment and operation of a market stability reserve for the Union greenhouse gas emission trading scheme and amending Directive 2003/87/EC, http://www.europarl.europa.eu/sides/getDoc.do?pubRef=-%2f%2fEP%2f%2fNONSGML%2bREPORT%2bA8-2015-0029%2b0%2bDOC%2bPDF%2bV0%2f%2fEN.

同时，在部长理事会的准备过程中，欧盟成员国围绕如何鼓励低碳技术的投资、提高能源效率、建立稳定高效的排放交易体系以及市场稳定储备机制投入使用的时间问题进行了非常激烈的争论。以德国为代表的积极国家从议案提出伊始就主张尽早将市场稳定储备机制投入使用，并给出了本国2017年投入使用的预期。而对此提议，以波兰为代表的成员国则表示了强烈不满，甚至对于轮值主席国拉脱维亚提出的“不晚于 2021 年”这个建议也表示不能接受。在对这一议案进行了详细的技术层面的检验之后，成员国也达成了部分妥协。2015 年 3 月 25 日，部长理事会达成了如下共识：储备机制将作为 2030 框架的一部分，于 2021 年ETS 第四个交易期开始时投入使用；将“延期配额”（backloaded allowances）直接转移到市场储备中；未分配的配额则将作为对排放交易体系指令进行审查的一部分交由欧盟委员会处理。部长理事会一读程序完成，通过的共同立场被提交给欧洲议会进行二读程序。[①]

2015 年 3 月 30 日，围绕建立运行市场稳定储备机制、修订 2003/87/EC 指令的决议草案，部长理事会、欧洲议会和欧盟委员会的首次“三方会谈”召开。5 月，欧洲议会与部长理事会就议案的妥协文本达成一个非正式的协定，就市场稳定储备机制投入运行的时间及作用方式达成了一致。这其实意味着该法案只需完成程序上的工作就可以获得通过。

2015 年 5 月 13 日，部长理事会内常驻代表委员会表示支持理事会与欧洲议会就建立运行市场稳定储备机制、修订 2003/87/EC 指令达成非正式协定，这一提案的正式文本将在部长理事会的下次会议中正式通过。[②]

2015 年 7 月 8 日，欧洲议会就欧盟委员会提出的建立和运行市场稳定储备及修订 2003/7EC 指令的提案进行一读，并通过了修正案。由于双方已

---

① Council of the European Union, Market stability reserve: Council ready to negotiate with the European Parliament, http://www.consilium.europa.eu/en/press/press-releases/2015/03/25-market-stability-reserve-council-ready-negotiate-ep.

② http://www.consilium.europa.eu/en/press/press-releases/2015/05/13-market-stability-reserve/.

经达成妥协,部长理事会表示赞同欧洲议会的立场,并于9月18日正式通过为欧盟排放交易机制建立市场稳定储备机制和修订2003/87/EC指令的决定。

2015年10月6日,欧盟发布欧洲议会和部长理事会关于建立和运作市场稳定储备机制并修改2003/87/EC指令的决定文本。[①]在最终决定中,市场储备机制将于2018年建立,并与2019年1月1日投入使用;延期配额被涵盖在市场储备机制中,未分配配额将在2020年被纳入储备机制中;对2003/87/EC指令中的第10条和第13(2)条法案内容进行了调整和修订,对市场稳定储备机制中配额的使用及成员国配额拍卖做出了新的规定;对机制的审查将从机制在发展、就业、工业竞争力以及碳泄漏的风险这几方面进行评估。

2015年10月23日,欧洲经济和社会委员会对欧盟委员会提出的2030气候与能源政策框架中关于农业和林业部门的政策内容发表意见，强调成员国内农业和林业部门确立2020年后减排目标时应保有充分的灵活性,同时对将土地利用、土地利用变化及林业(LULUCF)政策纳入后2020时期政策框架中的决定仍存有质疑，指出这样的做法可能会增加农业领域的不确定性。为此,经济和社会委员会呼吁任何决定都应建立在科学评估的基础之上,还要在成员国层面对政策选择进行充分评估后才能做出,在决策过程中还要突出公民社会的参与作用。[②]

---

① Decision(EU)2015/1814 of the European Parliament and of the Council of 6 October 2015 concerning the establishment and operation of a market stability reserve for the Union greenhouse gas emission trading scheme and amending Directive 2003/87/EC, http://eur-lex.europa.eu/legal-content/EN/TXT/?uri=uriserv:OJ.L_.2015.264.01.0001.01.ENG.

② European Economic and Social Committee, OPINION of the European Economic and Social Committee on the Implications of climate and energy policy on agricultural and forestry sectors, https://dm.eesc.europa.eu/EESCDocumentSearch/Pages/opinionsresults.aspx?k =(documenttype:AC)% 20 (documentlanguage:en)%20(documentnumber:6932)%20(documentyear:2014).

三、政策结果：多种利益诉求的妥协

欧盟先后制定了 2020 一揽子政策、2050 路线图与低碳经济路线图以及 2030 框架，分别作为欧盟在 2012 年之后气候政策领域短期、长期和中期发展目标。每份政策框架下都包含了欧盟气候、能源政策的发展目标、发展方向，并为目标达成制定了具体措施，其中就包括以指令和条例形式呈现的有约束力的措施。

在 2020 一揽子政策中，欧盟确立了较 1990 年实现 20%减排、20%可再生能源份额、能源效率提高 20%的目标，并通过了有关碳储存、促进可再生能源使用、改革排放交易体系的有约束力的指令，以及关于成员国分担减排责任的有约束力的决定。[①]

在 2050 路线图中，欧盟确立了与 1990 年相比实现减排 80%~95%的目标，其中 2030 年减排 40%、2040 年减排 60%，明确所有部门都需要采取行动实现减排，实现低碳经济转型。路线图的内容带有指导性的，为欧盟设定了长期发展目标。为了实现这一目标，欧盟在交通、农业、电力、工业、农业等具体部门领域出台了一系列政策，以推动减排目标在各个部门中的落实。其中，与 1990 年相比，交通部门需要减排 60%，建筑业需要减排约 90%，能源密集型工业需要减排 80%，农业则由于全球粮食需求增加的原因可以进行适度减排。[②]在欧盟 2050 路线图的制定过程中还涉及几个具体的指令和条例的通过，内容主要是关于能源效率指令、泛欧能源基础设施建设和近海石

① 这几个指令分别是 Directive 2009/31/EC、Directive 2009/28/EC、Directive 2009/29/EC，关于成员国责任分担的决定是 Decision 406/2009/EC，See http://ec.europa.eu/clima/policies/strategies/2020_en#tab-0-1.

② European Commission，Emissions cuts by sector，http://ec.europa.eu/clima/policies/strategies/2050_en#tab-0-0.

油以及天然气活动等。

2030框架作为欧盟2020—2030年的总体气候战略，为欧盟应对气候变化规划了至少减排40%、可再生能源所占比重至少提高27%、提高至少27%的能源效率的具体目标，是欧盟共同体事务中的一部分。同时，它也可以被视作欧盟为2015年巴黎气候大会做出的立场表态和贡献展示，框架的最终内容通过欧洲理事会以总结报告的形式获得认可。在欧洲理事会的最终报告中，一方面，向欧盟委员会和部长理事会传达了下一阶段开展工作的指示；另一方面，也向国际社会传递了欧盟对于巴黎气候大会以及2020年后新的国际气候协议的基本立场。在涉及的具体措施方面，排放交易体系仍被视为欧盟实现减排的重要手段，并在框架中表达了对其作出改革和完善的要求。后续的工作主要围绕如何落实这些目标展开，欧盟委员会提出具体议案，向欧盟经济社会委员会进行咨询，交由部长理事会和欧洲议会进行讨论，最终形成立法。

对这三个气候、能源政策框架内容进行比较分析，可以发现以下特点：

一是三个气候、能源政策框架都为欧盟明确了需要实现的具体目标，但是在约束力及实现的难易程度上存在差异。2007年，欧盟委员会提出了一个有约束力的国家目标，要求到2020年可再生能源占欧盟能源消费总量的20%，但是在那之后2014年1月出台的关于欧盟2030年的目标规划提议则显得野心不足：建议的可再生能源所占的27%的份额仅略高于按现行政策实施可能达到的24.4%的预期水平，同时对于成员国来说这一目标也不具有法律约束力。在2050路线图中，也是只有部分内容以具有约束力的指令和条例的形式表现出来。

二是这三个气候与能源政策框架都具有综合性的特点，其中涉及能源、环境、交通、农业等多部门，并针对这些部门做了具体的政策安排，以推动目标的顺利达成。在政策内容方面不仅有通过减排措施减缓气候变化的内容，还包括适应气候变化的行动。

三是在欧盟的气候与能源政策框架中，以碳排放交易体系为代表的市场机制始终被视为实现欧盟气候政策目标的核心工具，政策框架的发展也体现出对排放交易体系进行适时改革的过程。

上述三个特点也能够反映出，欧盟的气候政策都是建立在多层次、多样化行为体协商妥协的结果之上的。不同行为体的利益偏好不仅影响了决策进程，也直接反映在决策结果中。由于决策背景的差异，造成了欧盟在不同的决策背景（尤其是不同的国际形势）下会有不同的侧重点，为政策框架设定不同的议题内容。由于不同成员国在自然资源和经济发展状况上存在差异，造成了不同行为体对于政策目标和目标实施方法往往也会存在不同立场。在这两方面因素的共同作用下，只能呈现一份尽可能包容更广泛行为体利益的综合性的政策结果；政策目标制定中也不得不顾及各成员国的利益诉求，在法律约束力和标准设定上有所折扣；而在政策目标的实现手段中，如何协调不同成员国之间的差异、妥善处理他们的分歧就成为最根本的考量。

四、决策比较与评价

欧盟先后制定了 2020 一揽子政策、2050 路线图以及 2030 框架，这三项政策无论是在决策过程中还是政策结果上，都反映了欧盟多层次、多样化行为体的利益诉求，体现了它们进行博弈制衡后达成的妥协，而在后续的政策实施过程中也体现出了不同层次行为体之间的互动。

无论是决策过程本身，还是决策得出的政策结果，实际上都是对欧盟决策水平的一种反映。欧盟在气候政策议程设计、目标确定以及实际运作中的表现，会直接影响到政策在成员国中的执行效果以及该项政策在国际社会收获的影响力。换句话说，政策决策过程与政策的执行效果、政策影响力是密切相关的。因此,下面就从决策过程、政策执行效果,以及政策收获的影响力三方面对欧盟2020、2050、2030气候政策的决策过程进行一个评估分析。

(一)决策过程的比较分析

在欧盟气候与能源政策框架的制定过程中,各层次、多部门行为体积极参与,在形式方面,共同的决策模式、强化的"政府间主义"模式、公开协调模式和欧盟监管模式在这一过程中均有所体现。欧盟气候政策展现出综合性的色彩,能够调动各部门为实现共同目标而努力的积极性,并能够采用多种政策工具来保障目标达成,这也是与欧盟气候政策决策中多层次行为体的参与和多议题部门的介入密不可分的。在欧盟委员会的倡议准备阶段,欧盟机构、成员国政府、企业、智库、气候保护组织能够通过多种形式表达自身利益诉求,围绕减排目标、市场稳定储备机制运行时间等具体目标,利益相关方也展开了充分的讨论协商。

虽然多层次、多样化行为体的参与能够丰富政策结果,有助于欧盟气候政策能够真正体现更广泛行为体的利益诉求,但从另一个角度看也意味着欧盟决策在整合利益诉求、推动共识达成等方面的难度加大。正如有些学者指出的,这在一定程度上,反映出的是欧盟多层治理制度本身带有的"碎片化"和"复杂性"的特点。[①]在一些学者看来,这样多层次的结构不仅会使问题处理过于复杂,同时也会在责任界定时出现模糊的局面,从而使决策过程陷入僵局。[②]尤其是体现在地方实践与欧盟目标之间的差距中,常常反映出由

① Adrienne Héritier, "The accommodation of diversity in European policy-making and its outcomes: regulatory policy as a patchwork", in *Journal of European Public Policy*, 1996, Vol.3, No.2, pp.149-167.J. J. Richardson, Policy-making in the EU: interests, ideas and garbage cans of primeval soup', in J.J. Richardson(ed.), *European Union: Power and Policy-making*, London: Routledge, 1996, pp.3-23.

② Fritz W. Scharpf, "The Joint-Decision-Trap. Lessons from German Federalism and European Integration", in *Public Administration*, 1988, Vol.66, pp.239-278.

于责任界定模糊造成的逃避责任（blame-avoidance）或推脱责任(blame-boomerangs)等问题。[①]与此同时,虽然欧盟一直致力于推动决策程序的透明化,并且通过网络直播公开讨论等形式获得了一定成效,但是对于部长理事会内设计敏感议题的讨论，以及成员国议会通过非正式途径对成员国政府施加的影响,[②]依然难以了解。

反映在2020一揽子政策的决策过程中,成员国政府在理事会中形成了强有力的联盟并且限制了委员会在决策过程中作用的发挥。[③]但是在2030框架中则体现为另一种情形,在政策起草阶段,理事会并没有表达对特定政策的支持,而委员会主席以及委员专员的“自由裁量权”(the discretion level)则获得了提升。委员会内部在决策过程中的争论有时可以成为推动欧盟决策运作的动力之一，虽然这种动力并不能保证最终能够收获一个富有雄心壮志的政策结果。比如,在一定程度上来说,委员会内部能源专员在是否对成员国制定具有法律约束力的目标这一议题上的讨价还价，直接影响到最终2030政策框架只能确立一个缺少野心的目标。以奥廷格为代表的能源专员表示支持一个35%的减排目标，并反对将可再生能源目标对成员国具有法律约束力,巴罗佐对此表示妥协,虽然保留了40%的温室气体减排目标,但放弃了这一目标对成员国的法律约束力。这在一定程度上也说明了欧盟

① Ian Bache, Ian Bartle, Matthew Flinders and Greg Marsden, “Blame Games and Climate Change: Accountability, Multi-Level Governance and Carbon Management.” In *The British Journal of Politics & International Relations*, 2015, Vol.7, No.1, pp.64-88.

② ［德］贝阿特·科勒-科赫、波特霍尔德·利特伯格:《欧盟研究中的“治理转向”》,吴志成、潘超编译,《马克思主义与现实》,2007年第4期。

③ Pierre Bocquillon and Mathias Dobbels, “An elephant on the 13th floor of the Berlaymont? European Council and Commission relations in legislative agenda setting”, in *Journal of European Public Policy*, 2014, Vol.21, No.1, pp.20-38.

委员会中专业议题领域专员的个人影响力不应被忽视。[①]

在实际中,欧盟机构之间、欧盟与成员国之间的权能划分仍需通过实践得到进一步的梳理。同时,为了提高政策的有效性、连贯性和一致性,欧盟一直在对其决策机制进行调整,力求使其以一种更加灵活、高效的方式运转,使各欧盟机构能够各司其职,使多层次的行为体利益诉求得以表达。反映在欧盟这三个气候与能源政策的决策中可以发现,欧盟机构往往不需要经过三读这样漫长的决策过程,而是可以通过欧洲议会和部长理事会的协商妥协得到一个比较满意的政策结果,"三方会谈"机制在推动决策进展时发挥了重要作用,这也反映出欧盟对于提高决策效率的追求。

(二)执行效果的比较分析

欧盟气候政策中表现出的一条突出的优点在于,能够在政策之间保持良好的一致性和连贯性。这主要是得益于欧盟气候政策的发展是建立在对于现行气候政策的反思基础之上的。目前,欧盟已经制定了一套比较完整的对成员国政策实施进行评估和管理的机制,主要由欧盟委员会负责。欧盟委员会通过开展长期监督和定期评估工作,能够及时掌握成员国或地方政府在具体政策实施中出现的问题,并进行汇总,为下一阶段新政策的制定和对现行政策进行修订提供依据。总体来说,虽然目前欧盟在减排、发展可再生能源、提高能源效率等方面取得了丰富的成果,但是无论是在气候政策决策过程中还是在政策实施过程中,还是遇到了很多阻碍。这些阻碍主要反映在两方面,一是技术上的问题,二是政治上的问题。

技术上的问题多表现在成员国与欧盟机构的沟通中出现了问题。比如,

---

① Alexander Bürgin,"National binding renewable energy targets for 2020,but not for 2030 anymore:why the European Commission developed from a supporter to a brakeman",in *Journal of European Public Policy*,2015,Vol.22,No.5,pp.690–707.

在欧盟委员会进行的侵权行为调查中不难发现，很多被欧盟委员会要求进行整改的问题，都表现为成员国没有能够与欧盟委员会进行及时有效的沟通。这样的问题只要成员国加以注意，认真执行欧盟相关规定的要求，就能够解决。

相比之下，政治上的问题则更加棘手，解决时也需要欧盟与成员国及利益相关方的共同努力。问题主要存在于成员国在本国经济社会发展的压力下，对于执行欧盟政策产生消极甚至是抵触情绪。在这种情况下，除了成员国自身思想观念的转变之外，还需要欧盟机构的支持和激励，以及其他行为体的配合和督促。比如，欧债危机带来的经济压力、成员国之间的矛盾凸显以及对现存政策措施有效性的质疑，使得舆论对于欧盟气候政策的进一步发展表示了担忧。举例来说，在2015年欧盟委员会发布的对成员国国家能源效率目标及措施的评估报告中指出，虽然成员国通过国内法提高了一次能源消费中的能源效率目标，从17%提升至17.6%，但是距离2020年欧盟预期的20%的目标仍有不小差距。其中，奥地利、比利时、法国、德国、马耳他、荷兰、瑞典、英国已经各自确立了富有野心的目标；而与之相比，考虑到成员国在2014—2020阶段国内生产总值的增长预期，克罗地亚、芬兰、瑞典和罗马尼亚为本国确定的能源效率目标则显得缺乏野心和诚意。[①]对此，欧盟委员会表示将就提高能效对提升成员国能源供应安全、经济可持续发展和富有竞争力方面的影响进行进一步评估，希望通过这种方式鼓励成员国提升本国能源效率目标。

---

① European Commission, Assessment of the progress made by Member States towards the national energy efficiency targets for 2020 and towards the implementation of the Energy Efficiency Directive 2012/27/EU as required by Article 24(3)of Energy Efficiency Directive 2012/27/EU, https://ec.europa.eu/energy/sites/ener/files/documents/1_EEprogress_report.pdf.

(三)影响力的比较分析

国际影响力则与欧盟在全球气候治理中扮演的行为体角色密切相关，而行为体角色的塑造在很大程度上依赖于欧盟内部气候治理的实践。从这个角度看，欧盟气候政策收获的国际影响力也能在一定程度上反映出欧盟气候政策决策的水平。

欧盟在内部气候治理中的优秀表现已经被普遍视作国际社会学习的榜样,欧盟自身也提出"作为全球气候治理中的领导者"这一身份定位,但是在目前尤其是国际气候谈判中,欧盟并没有取得预期的成果。作为内部气候政策的延伸，欧盟的外部气候政策或者具体到欧盟在国际气候谈判中的政策立场毫无疑问是建立在内部气候政策的基础之上的,并随之发生变化。欧盟在全球气候治理中行为体角色的塑造，很大程度上依赖于欧盟内部气候治理,尤其体现在欧盟的制度安排、技术、人力和财政支持以及欧盟是否能够作为一个连贯的整体开展行动等方面。这些因素也决定了欧盟是否拥有在内部协调一致的能力,拥有充分的开展的可利用的资源。①

目前，在国际气候谈判中欧盟追求的领导者地位受到了来自美国及以中国为代表的新型经济体的诸多挑战,影响力也受到了广泛质疑,出现这种情况的原因是多方面的。尤其是考虑到,国际社会其他行为体对于气候变化问题的重视程度普遍提升,各国都认识到将气候问题与自身的经济、社会利益和安全问题相联系是十分必要的，在国际气候谈判中对于话语权和议程设定的权力争夺也日渐激烈。然而面对这种严峻的国际形势,欧盟并没有做出令其他行为体信服的表现。其中,欧盟自身存在的问题极大地影响了其在国际气候谈判中的影响力的发挥，最突出的问题就表现在成员国之间的分

① 巩潇泫、贺之杲:《欧盟行为体角色的比较分析——以哥本哈根和巴黎气候会议为例》,《德国研究》2016年第4期。

歧使得欧盟“一致对外”的立场难以达成。另外，目前欧盟内部复杂的决策机构和决策程序实际上也影响到了欧盟对外气候政策的开展、在国际气候谈判中行为体角色的塑造。以2009年哥本哈根气候大会上的表现来对欧盟气候政策的实施效果做一个评估的话，欧盟对于气候谈判代表机制的改革效果也并未达到欧盟的预期。相反，复杂的代表机构反而使其他国际行为体对欧盟的决策方式感到更加迷惑，为其与欧盟进行交流和沟通带来了阻碍。①

从欧盟制定的短期、中期和长期目标来看，欧盟内部气候政策除了考虑目前欧盟应对气候变化已经取得的进展，还考虑到国际气候谈判尤其是推动达成一个新的有约束力的国际气候协议的需要。正如有的学者在分析欧盟“规范性力量”时提出的欧盟在预期（政策目标）和能力（实际行动）中存在差距，②欧盟在制定对外气候政策、开展气候外交或进行气候谈判时也存在这种目标与现实的差距。虽然欧盟内部的气候治理成果显著，但这些体现在制度设计、治理实践中的优秀表现并没有完全转化为在国际气候治理中的优势。在欧盟2020一揽子政策制定过程中，如何通过在欧盟内部确立一个高标准的气候政策发展目标，从而以“榜样的力量”带动全球气候治理的发展，一直是欧盟关注的重点问题之一。欧盟迫切希望可以借哥本哈根气候大会的“主场”之势巩固自己在后京都时期全球气候治理的领导者地位。但是在哥本哈根气候大会上，作为东道主的欧盟竟然被尴尬地边缘化，非但没有实现会议之前自己野心勃勃的目标，甚至连最终达成会议结果的过程都未能参与其中。欧盟气候与能源目标的确定也将直接影响到其在国际气候谈

① Sebastian Oberthür, Marc Pallemaerts, Claire Roche Kelly, The new climate policies of the European Union: internal legislation and climate diplomacy, Brussels: Brussels University Press, 2010, pp.40–41.

② Christopher Hill, “The capability-expectations gap, or conceptualizing Europe's international role”, in JCMS: Journal of Common Market Studies, 1993, Vol.31, No.3, pp.305-328; Ian Manners, “Normative power Europe: a contradiction in terms?”, in *JCMS: Journal of common market studies*, 2002, Vol.40, No.2, pp.235-258.

判中的作用发挥。就欧盟提出的2030框架来看，并没有达到国际社会对于欧盟的预期，相反国际社会普遍认为欧盟的目标制定并没有极大的诚意，就连部分欧盟成员国也认为这一减排目标达成过易，不利于欧盟在国际气候治理中领导者地位的构建。

五、本章小结

在这一章中，笔者选取了欧盟2020、2050、2030最具代表性的三项气候政策作为案例，并对其制定背景、决策过程、政策结果进行了归纳整理，对政策的执行效果和影响力进行了评估比较。这三项气候政策分别代表了欧盟在短期、长期和中期的政策规划，为欧盟在不同阶段开展气候行动提供了目标和方法支持。通过对这三项气候政策的内容进行分析，可以发现欧盟始终没有放弃对于塑造"规范性力量"、实践和推广规范性原则的坚持，也一直在寻求进一步提升欧盟在全球气候治理中的影响力和话语权。这样的目标追求除了源自欧盟自身拥有的可持续发展、法治、良好治理等理念指导外，还明显受到了国际形势的影响。其中，围绕气候谈判话语权的竞争，对后京都时期新的国际气候机制的领导权的争夺，欧债危机对欧盟成员国经济带来的消极影响，加之乌克兰危机为成员国造成的能源供应安全的恐慌，可以被视为影响欧盟气候政策最关键的几点背景因素。

在这样的背景条件下，欧盟决策中的议程设定、决策进程以及政策目标野心都受到了影响。反映在议程设定中，不难发现在乌克兰危机发生之后，欧盟成员国对于能源安全的需求显著提升，对于调整能源结构、发展可再生能源、投入技术研发、提高能源效率等这些目标的期待值明显增加，在这一背景下制定相应的政策目标，推动决策进程也会更为顺利。反映在决策过程中，主要体现为成员国出于各自利益需要，对一个高标准的欧盟气候政策持有不同态度。因此,在谈判过程中也会存在诸多分歧,决策运转难度加大,共识也难以达成。对于部分欧盟成员国来说,在欧债危机背景下,经济利益的考量要远高于对于规范性原则的推广或对于全球气候治理领导权的追求。反映在政策结果上,由于要照顾不同行为体的利益诉求,欧盟气候政策结果往往倾向于保守且致力于解决某些具体问题。如很多气候保护非政府组织指出的,欧盟气候政策目标并不能令人满意,也不符合一个"领导者"应当具有的榜样的表现。

基于上述原因,欧盟气候政策在实施过程中也会遇到成员国不遵守欧盟法律规定的情况,不过针对这一情况,欧盟目前已经制定了比较完整的监督管理机制,欧盟委员会在其中发挥了重要的监督作用。除此之外,欧盟内部纷繁复杂的行为体以及基于此建立起的复杂的决策机制,也在一定程度上影响了欧盟在全球气候治理中的国际行为体角色的塑造,从而影响了其对外气候政策的有效性和对外气候政策目标的实现。

从上述三项政策的决策过程中不难看出,欧盟致力于在多样化的利益诉求中实现平衡。然而多层治理的制度框架在为多样化行为体提供更加丰富的决策参与机会的同时,也意味着行为体将或主动或被动地接受来自不同层面的压力或影响。从理论分析的角度来看,这可能会为原本就已经很复杂的欧盟决策分析增添更多的可变性;从政策实践的角度来看,这无疑也会增加决策参与者之间共识达成的难度。总之,欧盟在积极推动更广泛的行为体参与到政策决策中的同时,也不得不面对着决策有效性大打折扣的风险。

第六章
欧盟气候政策决策对中国的启示

本书基于目前欧盟多层治理的制度框架背景，从静态的结构维度和动态的过程维度两方面对欧盟气候政策决策进行了分析。试图解决的问题是：欧盟气候政策究竟是哪些行为体，在哪些因素的影响下，通过怎样的方式制定出来的。通过对现有的关于欧盟气候政策决策的研究进行归纳总结可以发现，目前国内学术界缺少对于欧盟具体政策领域决策过程的分析。从这一角度出发，本书将多层治理分析视角与决策分析理论相结合，对欧盟气候政策决策进行一个更加全面的分析。

由于自身具有的普遍性特点，以及与安全、政治、经济、社会等领域的密切联系，气候变化已经成为国际社会关注的重点议题之一。在这一背景之下，欧盟内部各行为体都表现出对采取积极行动应对气候变化问题的意愿和诉求。在欧洲一体化过程中，气候变化议题领域一度被视为推动一体化继续深入发展的突破口。在欧盟实践中，无论是围绕着深化合作进行的制度设计，还是在气候领域中采取的合作行动，都在一定程度上推动了欧洲一体化进程的深入和发展。目前，欧盟已经建立起比较成熟的、综合性的气候政策体系。但是通过上文对欧盟气候政策决策中各行为体的表现及影响力的分析，以及参照欧盟在决策模式和决策程序中的选择，不难发现，从整体上来说，欧盟气候政策决策依然体现出强烈的“问题解决”模式的色彩。从这一角度来看，欧盟在气候政策领域中对一体化进程的追求，更为准确的理解应当是，欧盟为了更加有效便利地开展气候行动、实现气候政策目标而采取的措施之一。在未来欧盟发展走向中，气候政策领域依然可能会被视为欧盟战略发展白皮书中所述的，可以专注于“推动一体化继续深入的领域”。[①]

欧盟决策表现出的是一个多层次、多样化行为体参与其中，不同行为体在同一层次和跨层次上进行互动的过程。从结构维度来看，气候变化议题中，欧盟层面上与之相对应的超国家机构主要是欧盟委员会中的气候变化行动总司及相关委员会，它们享有排他性的提案权，需要搜集整合不同利益诉求，并在倡议提出的前期准备阶段发挥着主导作用；部长理事会中的环境部长理事会等相关部门和欧洲议会则对欧盟气候政策的最终通过发挥了决定性作用；另外，包括欧洲经济和社会委员会、欧盟地区事务委员会在内的其他欧盟机构，也是欧盟气候政策决策过程中重要的参与者，对提案内容提供咨询建议、对决策过程进行监督。欧盟气候政策的结果往往是成员国利益诉求的集中反映，无论是在政策的准备提出阶段，还是讨论过程中，成员国的利益诉求往往是欧盟机构最重视的因素；同时，一切欧盟政策在通过后，最终还是需要由成员国进行落实，因此成员国在欧盟政策决策中的作用是最为关键的。目前，欧盟成员国在如何减缓和适应气候变化这一问题上也持有不同立场，根据各自国内发展情况和对欧盟气候政策的态度可以划分为“领导者”和“落后者”这样的不同类型。[②]如何在顾及成员国不同发展状况的

---

① European Commission，White paper on the future of Europe，https://ec.europa.eu/commission/white-paper-future-europe-reflections-and-scenarios-eu27_en.

② Duncan Liefferink，Arts Bas，Kamstra Jelmer，and Jeroen Ooijevaar，“Leaders and laggards in environmental policy：a quantitative analysis of domestic policy outputs”，In *Journal of European public policy*，Vol.16，No.5，2009，pp.677-700.

同时整合各自意见并达成共识，对于欧盟气候政策的成功制定就显得格外重要。地区或地方政府及社会力量在欧盟气候政策决策中的影响力也在提升，尤其是在气候政策议题领域，与其他层次行为体相比，次国家行为体往往表现出更积极的参与兴趣。在表达特殊利益偏好、提升话题关注度、促进不同观点交流、鼓励和推动合作方面，次国家行为体也发挥了明显的作用。它们往往是受气候问题直接影响的行为体或是欧盟气候政策的直接执行者，较为开放的多层治理模式为它们提供了表达自身利益诉求的平台，它们的参与反过来也推动了欧盟决策过程中民主化程度的提高。

从过程维度分析，欧盟气候政策决策过程本质上就是不同层次行为体及同一层次不同行为体之间的互动过程，反映的是多层次、多元化行为体围绕着共同目标而进行的博弈与制衡，通过协商达成妥协，以期实现共同利益。在决策过程中，根据欧盟条约要求，欧盟机构各司其职，根据具体议题内容选择决策模式和决策程序。成员国之间的协商合作是推动欧盟决策的关键因素。而相比较其他层次的行为体，次国家行为体参与决策的途径和方式更加灵活，跨层次之间的沟通与合作也更加便利。从这一角度来看，欧洲一体化进程的深入、发展与欧盟决策机制的发展、完善是相辅相成的。

一、欧盟气候政策决策的特点

已经有学者对欧盟“治理转向”中决策模式上体现出的特点做过一个总体上的分析。[①]但是需要指出的是，考虑到欧盟目前的组织形式和角色定位，在不同政策领域中，多层治理的表现程度也是存在差异的。气候政策领域作为一个综合性极强的议题领域，从垂直视角来看，隶属于欧盟与成员国权能

① [德]贝阿特·科勒-科赫、波特霍尔德·利特伯格：《欧盟研究中的“治理转向”》，吴志成、潘超编译，《马克思主义与现实》2007年第4期。

共享的范围之下；从水平视角来说，其中又涉及多领域内容、需要多部门合作，因此能够体现出较强的多层治理的特点。具体来说，可以归纳为以下方面：

1.决策过程以问题为导向，以“问题解决”为目标

治理这一概念本身就是与“问题解决”这一原则或者说目标密切相关的。从上文的分析中可以发现，多层治理理论为欧盟提供了一种更加开放和包容性的思路，不再拘泥于传统的“超国家主义”或“政府间主义”的理解思路。传统的“超国家主义”或“政府间主义”已经很难准确地反映当前欧盟的治理模式和制度框架。一方面，欧盟层面的超国家机构在欧盟决策的讨论过程中依然只能发挥有限的作用，政府间谈判对于决策进程的影响更加明显；另一方面，随着欧盟的扩大、议题领域的扩展，成员国之间的利益偏好也愈加分散，在缺乏明确外部压力刺激或推动的情况下，政府间谈判往往更难达成共识。相比于二者取其一的制度模式，欧盟更倾向于采取一种动态的、灵活的治理方式来解决问题，[①]尤其是在处理一些综合性较强的议题时，遵循“解决问题”这一目标往往才能推动决策的顺利进行和政策结果的达成。

而欧盟目前已经形成的多层治理制度框架则为欧盟能够更有针对性地解决问题提供了多种决策模式和决策程序进行选择。需要特别指出的是，在欧盟治理实践中，成员国依然是最为关键的行为体，对于决策顺利进行起到了至关重要的作用。“问题解决”这一目标在很大程度上能够对成员国起到激励作用，因为它不仅不会带给成员国推动一体化深入发展的政治压力，还会从解决国内实际问题的角度出发，调动起成员国积极参与欧盟决策的积极性。超国家行为体和次国家行为体的参与则为“问题解决”提供了保障和支持。

① 吴志成、李客循：《欧洲联盟的多层级治理：理论及其模式分析》，《欧洲研究》2003年第6期。

2.提供多种方式鼓励多层次、多样化行为体的参与

在多层治理理论中格外强调的是政策“输入”，[①]强调欧盟机构共同参与、私人组织或团体提供协助或咨询的共同体方法决策。欧盟决策机制为不同类型的行为体提供了多种交流经验的途径。一方面，在欧盟气候政策决策中特别重视网络的作用，决策过程也呈现“网络化”的特点，这其实也是为参与行为体提供更多跨层次交流的平台，尤其是为次国家行为体提供更多参与决策的机会。我们能看到，在欧盟气候政策决策中会通过研讨会等形式，组织不同层次的行为体就政策倡议的具体内容进行交流。另一方面，学习、模仿等这些社会化机制在推动欧盟气候政策决策良好运转中扮演了重要角色，尤其是在同一层次或同一类型的行为体中得到了广泛的使用。这样做的好处在于，不仅能够提升联盟的团结和凝聚力，也有助于推动整个联盟内标准的提升。从欧盟内部各种气候保护组织、跨国城市网络等行为体的实践来看，对于一些处于弱势或新加入的行为体来说，学习和模仿是它们能够最快了解欧盟决策运转的方法，在帮助它们尽快适应欧盟规范要求的同时，也在培养它们对于组织，乃至对于联盟的认同。而在这些经验学习和交流中，欧盟或相关组织的负责机构也会为参与者设定一些优秀榜样、明确怎样的行为才是最符合欧盟和组织规范的，同时督促参与者向这些优秀榜样学习，必要时采取一些激励措施，推动参与者整体水平的提高。

3.在决策过程中，以协商谈判为推动共识的主要方式，强调决策中功能性特点的实现

在上文提到的问题导向指引下，欧盟内部普遍对合作解决问题持认可态度，并且多数情况下能够主动配合。与此同时，对于可持续发展、法治、良

① ［德］贝阿特·科勒-科赫、波特霍尔德·利特伯格：《欧盟研究中的“治理转向”》，吴志成、潘超编译，《马克思主义与现实》2007年第4期。

好治理等规范性原则的共同追求,反映出欧盟内部拥有着“相似的信念和思路”,这也有助于决策中共识和妥协的达成。[①]另外,在欧洲一体化进程中,团结和凝聚力一直是欧盟内部行为体格外重视的一项指标,这也就决定了在决策过程中,参与行为体倾向于通过协商推动决策运作,在互相让步的基础上达成妥协。具体到欧盟气候政策决策中,对于气候变化的科学性及其产生的问题,在欧盟内部本身存在的争议并不大,行为体之间在基本理念中存在广泛的共识,这也有利于欧盟决策中采取更加灵活、务实的方式实现目标。此外,欧盟在决策中还会特别关注地区发展不平衡的问题,充分考虑到不同成员国各自的发展情况和国内基础,通过财政和设定差异性目标等方式,推动一个政策结果的达成,并且为政策的有效落实提供保障。

二、欧盟气候政策决策的发展趋势

从欧洲一体化的发展过程中可以看出,不论是最初的意愿还是后续的实践,欧盟存在的意义或者说重要性主要通过其功能性体现出来,而最明显的表现就在于欧盟的决策能力。与此同时,欧盟对于决策机制的调整与欧洲一体化的深入发展又是相辅相成的。无论是决策领域的扩展,决策行为体的增加,还是对决策程序或决策模式上的调整,都是为了更好地适应欧洲一体化发展的实际需要。欧洲一体化的进程也是伴随着制度创新而不断演进的,体现出的是多元化、多层次行为体互相合作的性质。通过上文对于欧盟气候政策发展,尤其是在决策运作所做的调整进行分析,可以归纳出欧盟气候政策决策的两个主要发展趋势。

一是,虽然目前来看,欧盟气候政策的决策过程和政策结果依然体现出

---

① 赵晨:《中美欧全球治理观比较研究初探》,《国际政治研究》2012 年第 3 期。

浓厚的“政府间主义”色彩，但是随着参与行为体的增加、表达利益诉求途径的增多，这一色彩会逐渐淡化。从上文对于欧盟气候政策决策过程的梳理和分析来看，目前，欧盟政策结果主要体现的还是政府间谈判的成果；作为“政府间主义”色彩最为浓郁的欧盟机构，部长理事会在欧盟决策中仍发挥着至关重要的作用。部长理事会内部围绕欧盟委员会的立法提案进行的讨论、协商，往往是欧盟决策中最为复杂的一环。欧盟决策能否顺利进行，与政府间谈判能否为达成一致、开展有效协商密切相关。欧盟政策结果在很大程度上也是对政府间谈判结果的反映，而谈判的结果则主要取决于各成员国基于本国利益做出的考量，即便是在具体的政策实施部分也是如此。比如，以欧盟排放交易体系的运行效果为例。作为第一个大规模的国际排放交易体系，欧盟排放交易体系被视为欧盟气候政策的“基石”，但是决定该体系能否有效运作、达到欧盟预期目标的一个关键因素在于对于排放上限的划定。[①]由于在处理排放交易体系试验阶段出现问题时，集中化的治理方式取得了良好的效果，获得了成员国的认同，因而推动了这一体系向集中化的趋势发展。但不能忽略的是，欧盟委员会在处理国家分配计划时依然遭到了来自成员国的抵抗。因此，成员国的利益诉求和态度立场在理解欧盟决策过程和政策结果时仍然是最为关键的考虑因素。

尽管如此，随着欧盟多层治理的决策模式日益成熟，获得愈加广泛的接受和认可，其中体现出的诸多特点也会为欧盟决策注入新的色彩，为推动政策结果达成提供新的思路。在多层治理视角下，欧盟决策更加强调多样化行为体的参与和解决问题这一目标，二者实质上都有助于缓解“政府间主义”理解下，成员国之间围绕国家利益展开的激励竞争。从上文提到的三项欧盟气候政策的决策过程来看，欧盟希望借助来自不同层次行为体进行的互动

① Jørgen Wettestad, “The Ambiguous Prospects for EU Climate Policy–A Summary of Options”, in *Energy & Environment*, 2001, Vol.12, No.2, pp.139–165.

来加强行为体之间的协调,以实现在互动中培育共识。尤其是鼓励次国家行为体在欧盟决策中的积极参与,为次国家行为体和欧盟机构提供更多对话交流的机会。同时,借助媒体等手段进一步提升欧盟决策过程的透明度,提升欧盟机构运作时的公开性。这样做不仅有助于缓解长期以来欧盟被诟病的"民主赤字"问题,还能利用次国家行为体的参与,为欧盟内部创造更多跨层次交流与对话的机会,帮助成员国认识到"解决问题"的重要性,在一定程度上缓解成员国之间的矛盾分歧,推动欧盟决策的进行。另外,在"英国脱欧"危机、疑欧主义兴盛为欧洲一体化带来严峻挑战的背景下,欧盟决策中展现出的多层治理结构在一定程度上也有助于"欧洲认同"的培育。这些因素都有利于淡化成员国分歧对欧盟决策造成的消极影响,推动欧盟决策向着更具普遍代表性的趋势发展。

二是,欧盟会持续进行对决策程序的优化,从而实现在提升政策民主性的同时,能够兼顾政策有效性这一目标。参与行为体的增加虽然有助于欧盟决策民主性的提升,但是也不可避免地会为决策的顺利运作增加难度,也可能会出现机构臃肿、议而不决之类的问题,对决策有效性造成消极影响。通过上文对欧盟气候政策决策实践的分析可以发现,欧盟一直致力于对决策过程进行优化,寻求在保证决策民主性的同时,提高决策效率、缩短决策时间,并且保证决策的有效实施。在多层治理框架下,在结构上,欧盟一直在强调多层次、多元化行为体的参与,比如为次国家行为体中地区或地方政府及利益集团、非政府组织等社会力量提供更多参与欧盟决策的途径和方式,为其政策开展提供资金和技术的支持。在过程上,为了保证这些多元利益诉求的有效传递,要求欧盟委员会进行充分的咨询工作,并以召开研讨会等形式为多样化的行为体提供交流对话的平台;对于欧盟机构来说,欧盟委员会能够通过"三方会谈"的方式加入到欧盟决策过程中,通过欧盟条约的不断调整,欧洲议会在欧盟决策中也获得了越来越多的权重,与部长理事会共享立法权。这些设计不仅有助于保持欧盟决策过程中的一致性和连贯性,也有助于提高欧盟机构的工作效率和整个决策过程的运作效率。

三、中国的气候治理现状

随着近几年极端天气频发,气候变化不再单纯作为一个环境问题,而与政治、经济、安全等领域联系日益紧密,给人类实现美好生活和可持续发展带来了诸多挑战。应对气候变化问题对中国来说是必要且可行的。一方面,中国面临着严峻的气候变化问题。作为一个地缘广阔的国家,中国在日常天气、领土、水资源等多方面都受到气候变化的明显影响,随之而来的是经济、社会、安全问题,甚至对中国与周边国家的关系也造成了一定影响。[①]另一方面,作为世界上最大的发展中国家,同时也是温室气体排放量最大的国家,中国在应对气候变化问题上被国际社会寄予厚望。一直以来,在后京都时代的国际气候谈判中,中国应承担的减排义务都是一项重点议题。在巴黎气候大会前的准备过程中,中美两国围绕应对气候变化达成共识也被视为推动会议顺利进行、《巴黎协定》通过的重要原因之一。在上述背景下,中国政府对应对气候变化表示了高度关注,在积极参与全球气候治理的同时,在国内也开展了相应的行动,在制度建设、机构设计、项目实践方面做出了实质性的努力:发展低碳经济,推动经济发展模式向绿色经济转型,提供配套措施适应和缓解气候变化。

(一)制度建设方面

作为一个负责任的大国,中国政府非常重视气候变化领域的制度建设

---

① 吴绍洪、黄季焜、刘燕华等:《气候变化对中国的影响利弊》,《中国人口·资源与环境》2014年第1期。

和完善，这不仅体现在将国际气候协议及相关制度规划内化的过程，[①]也体现在国内各相关行业领域中针对性的制度建设。上文提到政府间气候变化专门委员会自1988年起已先后发布了五次气候变化科学评估报告，为国际社会了解气候变化问题产生的原因、危害及相关应对措施提供了重要的启示作用。2006年，中国结合自身国情发布了第一份《气候变化国家评估报告》（以下简称评估报告），并于2011年和2015年相继发布了第二次和第三次评估报告。这三份评估报告为中国的气候变化立法提供了详实的数据案例支持，同时也发挥了优秀的社会动员作用，让更多公众关注气候变化问题，为有效应对气候变化带来的危害献计献策。2007年，国务院按照《联合国气候变化框架公约》的要求，发布了首部《中国应对气候变化国家方案》，其中对当前中国所面对的气候变化问题，以及中国在应对时的指导思想、原则、目标、采取的相关政策和措施进行了分析，同时也明确了中国在一些具体问题中的基本立场和希望通过国际合作的形式应对气候变化问题的诉求。在党的十七大报告文件中进一步提出了“加强应对气候变化能力建设，为保护全球气候作出新贡献”的要求，在明确了开展气候变化行动重要性的同时，也向国际社会传递了中国作为全球气候治理中关键行为体勇于承担责任的信心和态度。2009年8月，第十一届全国人大常委会第十次会议表决通过了《全国人大常委会关于积极应对气候变化的决议》，决议中指出，气候变化不仅是环境问题，“归根到底是发展问题”，同时也强调要推动开展应对气候变化相关的立法工作。[②]

上述政策文件为接下来的气候变化立法提供了基本的方向、资料和依据。2013年，应对气候变化法律起草工作领导小组成立，其中包括国家发改

---

① 于宏源：《中国和气候变化国际制度：认知和塑造》，《国际观察》2009年第4期。

② 应对气候变化决议草案曾经过多次修改，网易财经，http://money.163.com/09/0827/17/5HO7FH1S00252G50.html。

委、全国人大环资委、外交部等在内的相关部门,正式开始《中华人民共和国应对气候变化法》的起草工作。在法案准备期间,充分体现出对科学性、严谨性的追求,举办了多次交流研讨会,鼓励相关领域的专家学者从各自的关注领域出发建言献策。比如,2015 年 5 月和 9 月,先后在成都、北京举行了《应对气候变化法(初稿)》交流研讨会;11 月,在北京召开了应对气候变化法高级别研讨会,来自相关的研究机构、企业、非政府组织、国际组织等就《应对气候变化法(初稿)》提出意见和建议,会上李高副司长介绍了应对气候变化立法的背景、进程、主要内容和下一步工作考虑,来自国家气候战略中心、中国政法大学及其他领域的相关专家结合自身工作和领域对初稿提出了具体的修改意见。[①]

(二)机构设计方面

为了保障既有的气候规章制度的有效落实,同时为了推动后续的气候立法和气候行动的开展,中国政府也认识到在应对气候变化过程中加强机构建设的重要性。这些专门性的应对气候变化机构的工作主要包括以下方面:一是对气候变化问题进行科学研究,制定符合中国国情的应对气候变化的战略、方针和政策。二是规划、组织、协调不同领域各部门的气候行动,包括在国内层面履行公约相关义务,加强减缓和适应气候变化工作,健全碳排放交易市场,开展节能减排工作;在国际层面组织参加国际气候谈判、协调开展国际气候合作等。

2007 年 6 月,国务院成立了国家应对气候变化及节能减排工作领导小组(以下简称领导小组),该领导小组成立的目的在于加强国家在应对气候变化和开展节能减排工作之间的协调,研究制定开展气候行动和国际气候

① 应对气候变化法高级别研讨会在京成功举办,2015 年 11 月 11 日,http://qhs.ndrc.gov.cn/zcfg/201511/t20151113_758549.html。

合作的战略、方针及对策，以协调合作的方式统一部署相关领域的工作，国家发改委负责承担具体的工作内容。[①]而发改委下设有专门的应对气候变化司，其中包括战略研究和规划处、国内政策和履约处、对外合作处、国际政策和谈判处和综合处等具体的职能部门。

在地方层面，气候变化及相关领域的机构建设也取得了显著发展。根据《中国应对气候变化的政策与行动2017年度报告》提供的数据，目前，全国已有30个地区成立了省级应对气候变化领导小组；29个地区在省（区、市）发改委增设或突出了应对气候变化处或应对气候变化工作办公室这样的专门性机构；包括北京、广东等在内的14个地区成立或依托相关科研机构和事业单位，设立了应对气候变化支撑机构。[②]

另外，中国也开始重视非政府行为体在气候行动中的作用。最突出的一个例子体现在成立了国家气候变化专家委员会。作为领导小组的专家咨询机构，专家委员会需要就气候变化的相关问题进行科学解答，并就我国开展气候行动时的战略、政策提出咨询意见和建议。在2016年成立的第三届气候变化专家委员会中有包括来自生态、能源、交通、经济、国际关系等专业在内的42位专家委员。

（三）项目实践方面

在国家“十一五”规划纲要中，对发展可再生能源和清洁能源、提高能源效率等方面提出了明确目标；在国家“十二五”规划纲要中设置了专门的气候变化应对部分，进一步强调了开展气候行动的必要性与紧迫性；在国家“十三五”规划纲要中指出，要充分考虑气候变化因素在城乡规划、生产力布局

① 国家应对气候变化领导小组，http://qhs.ndrc.gov.cn/ldxz/。

② 中华人民共和国国家发展和改革委员会，中国应对气候变化的政策与行动2017年度报告，2017年10月31日，http://www.ndrc.gov.cn/gzdt/201710/t20171031_866090.html。

等经济社会活动中的影响，同时深入参与全球气候治理，推动一个公平合理、合作共赢的全球气候治理体系的建立，并且制定实施了《"十三五"控制温室气体排放工作方案》。在这三个规划纲要的指导下，中国在农业、林业、城市、水资源、气象、防灾减灾等领域开展了多项工作，重点推进在能源、工业、交通等重点领域的低碳发展，并取得显著成效，同时也通过"加强基础设施建设，建立监测预警机制，提高科技能力"等措施来加强中国的适应能力建设。[①]一些既有的环保项目也与应对气候变化问题很好地结合在一起，比如在全国范围内开展的"退耕还林"计划。[②]除此之外，地方层面也逐渐认识到气候变化问题的严重性，开展了有针对性的气候行动，比如制定各地方的《"十三五"控制温室气体排放工作方案》，确定并落实碳排放强度降低目标等。

四、全方位提升中国的气候治理能力

在党的十九大报告中对应对全球气候变化、推进低碳发展提出了更高要求。中国的气候治理主要围绕以下目标展开：一是加强我国应对气候变化的能力建设，开展更加积极有效的气候行动，并在全球气候治理中发挥关键作用，贡献中国方案和中国智慧；二是遵循气候变化问题是环境问题，但归根到底是发展问题这一原则，在生态文明建设思想的指导下，在适应和减缓气候变化问题的同时，推动低碳经济发展，向绿色经济转型。从目前的实践结果来看，我国已经开始气候立法进程，并在部分领域进行了节能减排等气候行动，在国际气候谈判中的话语权显著提升，国际气候合作也稳步发展，

① 中华人民共和国国家发展和改革委员会，中国应对气候变化的政策与行动 2017 年度报告，2017 年 10 月 31 日，http://www.ndrc.gov.cn/gzdt/201710/t20171031_866090.html。

② [德]安德雷斯·奥博黑特曼、伊娃·斯腾菲尔德、侯佳儒：《中国气候政策的发展及其与后京都国际气候新体制的融合》，《马克思主义与现实》2013 年第 6 期。

但是仍然存在一些亟待解决的问题，比如在制度设计方面侧重于减缓气候变化而缺少适应气候变化问题的内容，既有的机制体制尚不健全；在全球气候治理中缺少塑造和传播中国规范的意识；在实践中具体政策的落实有待加强，缺少具有实际效果的监督管理机制；在开展国际气候合作时，范围仍有局限性且缺少灵活的策略手段。

针对上述问题，就需要中国全方位提升自己的气候治理能力，加强制度能力建设、规范能力建设、实践能力建设和外交能力建设。正如上文所述，欧盟在全球气候治理中凭借自身优秀的实践经验获得了国际社会的普遍认可，被视为这一领域“榜样的力量”，同时也通过一系列高标准塑造了气候领域的欧盟规范。以“解决问题”为导向、以协商合作为主要方式，强调多层次、多样化行为体的有效互动是欧盟气候治理（尤其是欧盟气候政策决策）中最突出的特点。以欧盟经验为借鉴，结合中国自身发展实践，中国气候治理能力的全方位提升需要做到以下方面：

一是加强制度性能力建设。欧盟气候治理的成功相当一部分需要归功于其不断发展的制度体系，这体现出的是欧盟在遵循基本原则的基础之上，根据实际情况做出的动态调整，旨在完善制度体系的民主性和合法性，发挥制度体系的最大效力，同时提升政策结果的科学性和可操作性。具体到中国的气候治理，首先需要在国家层面上细化各气候变化相关领域中的具体合作机制，与既有制度进行协调，搭建气候治理的制度网络，充分发挥多层次多渠道协调的优势，保障制度的可持续性和可依赖性。同时，继续推动应对气候变化的立法进程，完善相关领域的标准体系。另外，加强具体领域的机制建设，如进一步健全和完善国内的碳交易市场机制。

二是加强规范性能力建设。一直以来，欧盟在塑造和传播欧盟规范方面的表现都为人称道，从欧盟经验来看，成功的原因主要在于两点，即自身对高标准的坚持和使用，以及行之有效的传播。这就需要中国在气候治理中，首先能够重视对气候变化相关议题领域的行为标准和规范建设，并且认真履行规范要求；其次在加强国内部门行业行为规范的基础之上，寻求引领地区乃至全球范围内相关行业的发展，提升中国在全球气候治理中的创制权和话语权。尤其是考虑到2017年5月，我国提出了构建绿色“一带一路”的倡议，这为我国传播生态文明建设理念、传播中国的气候标准和行为规范提供了宝贵的实践平台。

三是加强实践能力建设。从欧盟的实践经验来看，除了在气候政策决策中不断提升民主性和透明度、鼓励广泛的利益相关方参与其中之外，在后续的政策实践中也能够做到监管有力、责任到位，并能够根据实践中出现的新问题对既有政策进行适时调整，保持政策的可行性和有效性。那么回归到中国的气候治理中，首先就需要首先健全国内协调机制，转变各领域各部门或各层次行为体的合作理念，采取灵活的合作策略；其次要鼓励多样化行为体参与，提供多渠道、多层次的沟通机会，提升实践的有效性；最后就是要加强实践中的培训和监管，保证政策能够得到准确的落实。

四是加强外交能力建设。欧盟在开展气候外交、参与国际气候谈判时既有成功的经验也有失败的教训，但是欧盟能够做到及时从失败的困境中找出原因所在，并在后续的外交实践中加以调整和弥补。欧盟在哥本哈根气候大会后领导力的恢复就是一个非常值得借鉴的例子。对于中国来说，外交谈判能力亟待提升，如何在国际交往中准确传递自己的意愿和诉求，如何形成稳定的伙伴关系，如何引导国际气候谈判的议题及走向，这都是需要考虑的问题。其中一个解决思路是可以在首脑外交、双边外交、多边外交之外发展公共外交，同时引导和鼓励非政府组织积极参与其中，通过多种形式来争取外交中的主动性。另一方面，也可以通过外交议题策略来提升议题界定能力，通过议题联系等策略来增加谈判筹码，增强谈判的灵活性和有效性。

总之，积极应对气候变化、开展节能减排工作、推动经济向绿色低碳方向转型是实现我国可持续发展和人民美好生活的内在要求，也是我国作为一个负责任大国的必然使命。通过研究欧盟气候政策决策、总结欧盟气候治理的实践经验，能够帮助我们扬长避短，提升国内气候治理的水平，促进生态文明建设，同时以更加积极主动的姿态参与后巴黎时期的全球气候治理，贡献中国方案和中国智慧。

参考文献

一、中文部分

(一)学术专著

1.[英]安东尼·吉登斯:《气候变化的政治》,曹荣湘译,社会科学文献出版社, 2009 年。

2.[英]巴里·布赞:《人、国家与恐惧:后冷战时代的国际安全研究议程》,闫健、李剑译,中央编译出版社,2009 年。

3.薄燕:《全球气候变化治理中中美欧三边关系》,上海人民出版社,2012 年。

4.[英]布雷恩·威廉·克拉普:《工业革命以来的英国环境史(第二辑)》,王黎译,中国环境科学出版社,2011 年。

5.程荃:《欧盟新能源法律与政策研究》,武汉大学出版社,2012 年。

6.崔宏伟:《欧盟能源安全战略研究》,知识产权出版社,2010 年。

7.[法]达里奥·巴蒂斯特拉:《国际关系理论》,潘革平译,社会科学文献出版社,2010 年。

8.戴炳然主编:《里斯本条约后的欧洲及其对外关系》,时事出版社,2010年。

9.[法]法布里斯·拉哈:《欧洲一体化史:1945—2004》,彭姝祎、陈志瑞译,中国社会科学出版社,2005年。

10.房乐宪:《欧洲政治一体化:理论与实践(当代世界中国国际战略研究丛书)》,中国人民大学出版社,2009年。

11.傅聪:《欧盟气候变化治理模式研究:实践、转型与影响》,中国人民大学出版社,2013年。

12.甘均先:《中国气候外交能力建设研究》,中国社会科学出版社,2013年。

13.高小升:《欧盟气候政策研究》,社会科学文献出版社,2014年。

14.[美]古德丹、[英]伊丽莎白·辛克莱编:《欧盟环境非政府组织推动执法手册》,高晓谊、姚玲玲译,中国环境出版社,2015年。

15.胡瑾、郇庆志、宋全成:《欧洲早期一体化思想与实践研究》,山东人民出版社,2000年。

16.金玲:《欧盟对外政策转型:务实应对挑战》,世界知识出版社,2015年。

17.李巍、王学玉:《欧洲一体化理论与历史文献选读》,山东人民出版社,2001年。

18.李严波:《欧盟可再生能源战略与政策研究》,中国税务出版社,2013年。

19.刘光华、闵凡祥、舒小昀:《运行在国家与超国家之间——欧盟的立法制度》,江西高校出版社,2006年。

20.刘文秀:《欧盟的超国家治理》,社会科学文献出版社,2009年。

21.[美]玛格丽特·E.凯克、凯瑟琳·辛金克:《超越国家的活动家——国际政治中的倡议网络》,韩召颖、孙英丽译,北京大学出版社,2005年。

22.[美]玛莎·芬尼莫尔:《国际社会中的国家利益》,袁正清译,上海人民出版社,2012年。

23.[德]米歇乐·克诺特、托马斯·康策尔曼、贝亚特·科勒-科赫:《欧洲一体化与欧盟治理》,顾俊礼等译,中国社会科学出版社,2004年。

24.[丹]欧盟环境署:《欧盟城市适应气候变化的机遇和挑战》,张明顺、冯利利、黎学琴等译,中国环境出版社,2014年。

25.饶蕾:《欧盟委员会:一个超机构国家的作用》,西南财经大学出版社,2002年。

26.王伟男:《应对气候变化:欧盟的经验》,中国环境科学出版社,2011年。

27.王学东:《气候变化问题的国际博弈与各国政策研究》,时事出版社,2014年。

28.魏一鸣、王兆华、唐葆君、廖化等主编:《气候变化智库:国外典型案例》,北京理工大学出版社,2016年。

29.徐静:《欧盟多层级治理与欧盟决策过程》,上海交通大学出版社,2015年。

30.杨烨:《欧盟一体化——结构变迁与对外政策》,华东师大出版社,2009年。

31.[比利时]尤利·德沃伊斯特:《欧洲一体化进程:欧盟的决策与对外关系》,门镜译,中国人民大学出版社,2007年。

32.俞可平主编:《全球化:全球治理》,社会科学文献出版社,2003年。

33.[美]詹姆斯·多尔蒂、小罗伯特·普法尔茨格拉尔:《争论中的国际关系理论》,阎学通、陈寒溪等译,世界知识出版社,2003年。

34.张海洋:《欧盟利益集团与欧盟决策:历史沿革、机制运作与案例比较》,社会科学文献出版社,2014年。

35.张焕波:《中国、美国和欧盟气候政策分析》,社会科学文献出版社,2010年。

36.周弘、[德]贝亚特·科勒-科赫主编:《欧盟治理模式》,社会科学文献出版社,2008年。

37.庄贵阳、陈迎:《国际气候制度与中国》,世界知识出版社,2006年。

（二）学术期刊

1.薄燕:《“京都进程”的领导者:为什么是欧盟不是美国？》,《国际论坛》2008年第5期。

2.薄燕:《全球气候变化问题上的中美欧三边关系》,《现代国际关系》2010年第4期。

3.薄燕、陈志敏:《全球气候变化治理中的中国与欧盟》,《现代国际关系》2009年第2期。

4.薄燕、陈志敏:《全球气候变化治埋中欧盟领导能力的弱化》,《国际问题研究》2011年第1期。

5.薄燕、陈志敏:《欧盟和亚洲在气候变化问题上的关系》,《国际观察》2012年第5期。

6.[德]贝娅特·科勒–科赫:《对欧盟治理的批判性评价》,金玲译,《欧洲研究》2008年第2期。

7.[德]贝阿特·科勒–科赫、波特霍尔德·利特伯格:《欧盟研究中的“治理转向”》,吴志成、潘超编译,《马克思主义与现实》2007年第4期。

8.曹德军:《嵌入式治理:欧盟气候公共产品供给的跨层次分析》,《国际政治研究》2015年第52期。

9.陈新伟、赵怀普:《欧盟气候变化政策的演变》,《国际展望》2011年第1期。

10.陈志敏:《欧盟“双重民主赤字”问题与成员国议会在欧盟决策中的参与》,《国际观察》2011年第4期。

11.戴炳然:《评欧盟阿姆斯特丹条约》,《欧洲》1998年第1期。

12.范菊华:《全球气候治理的地缘政治博弈》,《欧洲研究》2010年第6期。

13.房乐宪、张越:《当前欧盟应对气候变化政策新动向》,《国际论坛》2014年第3期。

14.方国学:《欧盟的决策机制:机构、权限与程序》,《中国行政管理》2008年第2期。

15.冯存万、朱慧:《欧盟气候外交:战略困境及政策转型》,《社会科学文摘》2016年第1期。

16.傅聪:《欧盟应对气候变化的全球治理:对外决策模式与行动动因》,《欧洲研究》2012年第1期。

17.郭关玉:《欧盟对外政策的决策机制与中欧合作》,《武汉大学学报》(哲学社会科学版)2006年第2期。

18.邝杨:《欧盟的环境合作政策》,《欧洲》1998年第4期。

19.[德]莱纳·埃辛、夏晓文:《利益集团在欧盟指令草案政策咨询中的参与分析》,《德国研究》2015年第4期。

20.[德]赖纳·艾辛、吴非、吴志成:《欧洲化和一体化:欧盟研究中的概念》,《南开学报》(哲学社会科学版)2009年第3期。

21.雷建锋:《多层治理:欧洲联盟正在成型的新型民主模式》,《世界经济与政治》2008年第2期。

22.李布:《欧盟碳排放交易体系的特征、绩效与启示》,《重庆理工大学学报》(社会科学版)2010年第3期。

23.李慧明:《欧盟在国际气候谈判中的政策立场分析》,《世界经济与政治》2010年第2期。

24.李慧明:《当代西方学术界对欧盟国际气候谈判立场的研究综述》,《欧洲研究》2010年第6期。

25.李慧明:《气候政策立场的国内经济基础——对欧盟成员国生态产业发展的比较分析》,《欧洲研究》2012年第1期。

26.李计广:《扩大后的欧盟贸易政策决策机制》,《国际经济合作》2008年第8期。

27.李靖堃:《“去议会化”还是“再议会化”?——欧盟的双重民主建构》,《欧洲研究》2014 年第 6 期。

28.李伟:《气候变化法与英国能源气候变化政策演变》,《国际展望》2010 年第 2 期。

29.廖建凯:《德国减缓气候变化的能源政策与法律措施探析》,《德国研究》2010 年第 2 期。

30.刘衡:《论欧盟关于后 2020 全球气候协议的基本设计》,《欧洲研究》2013 年第 4 期。

31.刘华:《欧盟气候变化多层治理机制——兼论与国际气候变化治理机制的比较》,《教学与研究》2013 年第 5 期。

32.刘文秀、汪曙申:《欧洲联盟多层治理的理论与实践》,《中国人民大学学报》2005 年第 4 期。

33.[法]洛朗·法比尤斯、董怍壮、吴志成:《巴黎精神永续》,《南开学报》(哲学社会科学版)2016 年第 3 期。

34.邵锋:《国际气候谈判中的国家利益与中国的方略》,《国际问题研究》2005 年第 4 期。

35.王宏禹:《政策网络与欧盟对外决策分》,《欧洲研究》2009 年第 1 期。

36.王文军:《英国应对气候变化的政策及其借鉴意义》,《现代国际关系》2009 年第 9 期。

37.王学玉:《欧洲一体化:一个进程,多种理论》,《欧洲研究》2001 年第 2 期。

38.文峰:《欧洲一体化进程中的欧盟治理》,《暨南学报》(哲学社会科学版)2010 年第 3 期。

39.吴志成:《西方治理理论述评》,《教学与研究》2004 年第 6 期。

40.吴志成、狄英娜:《欧盟的绿色外交及其决策》,《国外社会科学》2011 年第 6 期。

41.吴志成、李客循:《欧洲联盟的多层级治理:理论及其模式分析》,《欧洲研究》2003 年第 6 期。

42.吴志成、李客循:《欧盟治理与制度创新》,《马克思主义与现实》2004 年第 6 期。

43.吴志成、刘丰:《比较视角下的欧洲一体化与欧洲治理——“欧洲一体化与治理”国际学术研讨会综述》,《国外社会科学》2007 年第 2 期。

44.吴志成、王霞:《欧洲化及其对成员国政治的影响》,《欧洲研究》2007 年第 4 期。

45.吴志成、王霞:《欧洲化:研究背景、界定及其与欧洲一体化的关系》,《教学与研究》2007 年第 6 期。

46.吴志成、王天韵:《欧盟制度对政策制定谈判的影响》,《南开学报》(哲学社会科学版)2010 年第 5 期。

47.吴志成、张奕:《欧盟排放交易机制的政治分析》,《南京大学学报》(哲学·人文科学·社会科学)2012 年第 4 期。

48.谢来辉:《为什么欧盟积极领导应对气候变化?》,《世界经济与政治》2012 年第 8 期。

49.邢瑞磊:《比较视野下的欧盟政策制定与决策:理论与模式》,《欧洲研究》2014 年第 1 期。

50.徐静:《欧洲联盟多层级治理体系及主要论点》,《世界经济与政治论坛》2008 年第 5 期。

51.杨娜、吴志成:《欧盟与美国的全球治理战略比较》,《欧洲研究》2016 年第 6 期。

52.于宏源:《整合气候和经济危机的全球治理:气候谈判新发展研究》,《世界经济研究》2009 年第 7 期。

53.赵晨:《中美欧全球治理观比较研究初探》,《国际政治研究》2012 年第3期。

54.张浚:《结构基金及欧盟层面的市场干预——兼论欧盟的多层治理和欧洲化进程》,《欧洲研究》2011年第6期。

55.张健:《〈里斯本条约〉对欧盟贸易政策影响探析》,《现代国际关系》2010年第3期。

56.张磊:《欧盟共同决策程序的变革——以"三方会谈"为例》,《欧洲研究》2013年第2期。

57.张鹏:《层次分析方法:演进、不足与启示——一种基于欧盟多层治理的反思》,《欧洲研究》2011年第5期。

58.周剑、何建坤:《欧盟气候变化政策及其经济影响》,《现代国际关系》2009年第2期。

59.周建仁:《欧盟决策程序研究中的两种范式和两种方法》,《国际论坛》2003年第5期。

60.周建仁:《共同决策程序的引入对欧盟一体化的影响》,《欧洲研究》2003年第5期。

61.仲舒甲:《两种欧盟决策模型的比较研究——欧盟指令2004/17立法过程之案例分析》,《欧洲研究》2007年第2期。

62.庄贵阳、陈迎:《试析国际气候谈判中的国家集团及其影响》,《太平洋学报》2001年第2期。

63.庄贵阳:《欧盟温室气体排放贸易机制及其对中国的启示》,《欧洲研究》2006年第3期。

64.朱贵昌:《走向"多层治理"的欧洲与民族国家的未来》,《南开学报》(哲学社会科学版)2007年第1期。

65.朱仁显、唐哲文:《欧盟决策机制与欧洲一体化》,《厦门大学学报》(哲学社会科学版)2002年第6期。

二、外文部分

(一)学术专著

1.Charles O. Jones and Robert Daniel Thomas, *Public Policy Making in a Federal System*, London: Sage Publications, Inc., 1976.

2.Charlie Jeffery, ed. *The regional dimension of the European Union: towards a Third Level in Europe?*, London: Routledge, 2015.

3.Charlotte Bretherton and John Vogler, *The European Union as a Global Actor*, Hove: Psychology Press, 1999.

4.Duncan Liefferink, *Environment and the Nation State*, Manchester: Manchester University Press, 1996.

5.Edward C. Page, *People who run Europe*, Oxford: Clarendon Press, 1996.

6.Gary Marks, Fritz W.Scharpf, Philippe C. Schmitter, and Wolfgang Streeck, eds., *Governance in the European Union*, London: Sage, 1996.

7.Harold Dwight Lasswell, *Politics: Who Gets What, When, How*, New York: P. Smith, 1950.

8.Helen Wallace, William Wallace, and Mark A. Pollack, *Policy-making in the European Union.* NY: Oxford University Press, 2015.

9.Hylke Dijkstra, *Policy-making in EU Security and Defense: An Institutional Perspective.* London: Springer, 2013.

10.Jale Tosun, Sophie Biesenbender, and Kai Schulze, *Energy Policy Making in the EU.* Wiesbaden: Springer, 2015.

11.Joyeeta Gupta and Michael J. Grubb, eds. *Climate Change and Euro-*

pean Leadership: A Sustainable Role for Europe?. London: Springer Science & Business Media, 2000.

12.Kenneth Hanf, and Ben Soetendorp, *Adapting to European Integration: Small States and the European Union*. London: Routledge, 2014.

13.Kevin Featherstone and Claudio Maria Radaelli eds., *The Politics of Europeanization*, Oxford: Oxford University Press, 2003.

14.Lelieveldt H. & S. Princen, *The Politics of the European Union*, Cambridge: Cambridge University Press, 2011.

15.Leon N. Lindberg and Stuart A. Scheingold. *Europe's would-be Polity Patterns of Change in the European Community*. NJ: Prentice Hall, 1970.

16.Liesbet Hooghe, *Cohesion policy and European integration: building multi-level governance*. NY: Oxford University Press on Demand, 1996.

17.Maria Green Cowles, James A. Caporaso, eds., *Transforming Europe: Europeanization and Domestic Change*, New York: Cornell University Press, 2001.

18.Michael Barnett and Martha Finnemore, *Rules for the World: International Organizations in Global Politics*, Ithaca, NY: Cornell University Press, 2004.

19.Moravcsik A., Katzenstein P. J., *The Choice for Europe: Social Purpose and State Power from Messina to Maastricht*, Ithaca, NY: Cornell University Press, 1998.

20.Oran R. Young, *The Institutional Dimensions of Environmental Change: Fit, Interplay, and Scale*, Massachusetts: MIT Press, 2002.

21.Philip Lowe and Stephen Ward, *British Environmental Policy and Europe: Politics and Policy in Transition*. Psychology Press, 1998.

22.Rüdiger Wurzel and James Connelly, eds., *The European Union as a*

Leader in International Climate Change Politics, London: Routledge, 2010.

23.Simon Bulmer and Christian Lequesne, *The Member States of the European Union*, Oxford: Oxford University Press, 2013.

24.Sonis Mazey and Jeremy Richardson, *European Union, Power and Policy Making*, London: Routledge, 2006.

25.Susan Baker, Kousis M., Richardson D., Young S., eds., *The Politics of Sustainable Development: Theory, Policy and Practice within the European Union*, London: Routledge, 1997.

26.Thomas Risse, *A community of Euripeans? Traditional Identities and Public Spheres*, Ithaca and London: Cornell University Press, 2010.

27.Wolfgang Wessels, Andreas Maurer, and Jürgen Mittag, eds., *Fifteen into One? The European Union and its Member States.* Manchester: Manchester University Press, 2003.

(二)学术期刊

1.Andreas Warntjen, "Steering the Union. The Impact of the EU Presidency on Legislative Activity in the Council", in *JCMS: Journal of Common Market Studies*, 2007, Vol.45, No.5, pp.1135–1157.

2.Andreas Warntjen, "The elusive goal of continuity? Legislative decision-making and the council presidency before and after Lisbon", in *West European Politics*, 2013, Vol.36, No.6, pp.1239–1255.

3.Andrew Geddes and Peter Scholten, "Policy analysis and Europeanization: An analysis of EU migrant integration policymaking", in *Journal of Comparative Policy Analysis: Research and Practice*, 2015, Vol.17, No.1, pp.41–59.

4.Andrew Jordan, Van Asselt H, Berkhout F, et al., "Understanding the paradoxes of multilevel governing: climate change policy in the European Union", in *Global Environmental Politics*, 2012, Vol.12, No.2, pp.43–66.

5.Andrew Moravcsik, "Taking preferences seriously: A liberal theory of international politics", in *International Organization*, 1997, Vol.51, No.4, pp.513–553.

6.Anita Engels, Matthijs Hisschemöller and Konrad von Moltke, "When supply meets demand, yet no market emerges: the contribution of integrated environmental assessment to the rationalisation of EU environmental policy-making EU policy-making", in *Science and Public Policy?*, 2006, Vol.33, No.7, pp.519–528.

7.Arman Golrokhiana, Katherine Brownea, Rebecca Hardina, et al, "A National Adaptation Programme of Action: Ethiopia's responses to climate change", in *World Development Perspectives*, 2016, Vol.1, pp.53–57.

8.Arndt Wonka, "Decision-making dynamics in the European Commission: partisan, national or sectoral?", in *Journal of European Public Policy*, 2008, Vol.15, No.8, pp.1145–1163.

9.Arthur Benz and Burkard Eberlein. "The Europeanization of regional policies: patterns of multi-level governance", in *Journal of European Public Policy*, 1999, Vol.6, No.2, pp.329–348.

10.Arthur Benz, "Two types of multi-level governance: Intergovernmental relations in German and EU regional policy", in *Regional & Federal Studies*, 2000, Vol.10, No.3, pp.21–44.

11.Beate Kohler-Koch B. "Catching up with change: the transformation of governance in the European Union", in *Journal of european public policy*, 1996, Vol.3, No.3, pp.359–380.

12.Beate Kohler-Koch,“European networks and ideas:changing national policies?”,European Integration online Papers(EIoP),2002,Vol.6,No.6.

13.Ben Rosamond,“Conceptualizing the EU model of governance in world politics”,in *European Foreign Affairs Review*,2005,Vol.10,No.4,p.463-478.

14.Brain White and John B. Sutcliffe. “Understanding European Foreign Policy”,*International Journal*,2001,Vol.56,No.3,p. 549.

15.Cameron Hepburn and Alexander Teytelboym,“Climate change policy after Brexit”,in *Oxford Review of Economic Policy*,2017,Vol.33,pp.144-154.

16.Charlie Jeffery,“Sub-national mobilization and European integration: Does it make any difference?”,in *JCMS:Journal of Common Market Studies*, 2000,Vol.38,No.1,pp.1-23.

17.Charlotte Bretherton and John Vogler,“Conceptualizing actors and actorness”. *The European Union as a Global Actor 2*,2006,pp.12-36.

18.Christa Uusi-Rauva,“The EU energy and climate package:a showcase for European environmental leadership?”,in *Environmental Policy and Governance*,2010,Vol.20,No.2,pp.73-88.

19.Christoph Knill and Andrea Lenschow,“Compliance,competition and communication:different approaches of European governance and their impact on national institutions”,in *JCMS:Journal of Common Market Studies*,2005, Vol.43,No.3,pp.583-606.

20.Claudio M. Radaelli,“How does Europeanization produce domestic policy change? Corporate tax policy in Italy and the United Kingdom”,in *Comparative Political Studies*,1997,Vol.30,No.5,pp.553-575.

21.Daniel C. Thomas,“*Still Punching below its Weight? Actorness and Effectiveness in EU Foreign Policy*”,UACES 40th Annual Conference,2010.

22.Darryn McEvoy, Kate Lonsdale and Piotr Matczak, "Adaptation and mainstreaming of EU climate change policy: an actor-based perspective", in *CEPS Policy Brief*, 2008, No.149.

23.Duncan Liefferink and Mikael Skou Andersen, "Strategies of the 'green' member states in EU environmental policy-making", in *Journal of European Public Policy*, 1998, Vol.5, No.2, pp.254–270.

24.Duncan Liefferink, Arts Bas, Kamstra Jelmer and Jeroen Ooijevaar, "Leaders and laggards in environmental policy: a quantitative analysis of domestic policy outputs", in *Journal of European public policy*, Vol.16, No.5, 2009, pp.677–700.

25.Elizabeth Monaghan, "Making the Environment Present: Political Representation, Democracy and Civil Society Organisations in EU Climate Change Politics", in *Journal of European Integration*, 2013, Vol.35, No.5, pp.601–618.

26.Ernst B. Haas, "International integration: the European and the universal process", in *International Organization*, 1961, Vol.15, No.3, pp.366–392.

27.Ernst B. Haas, "The study of regional integration: reflections on the joy and anguish of pretheorizing", in *International Organization*, 1970, Vol.24, No.4, pp.606–646.

28.Fiona Hayes-Renshaw, "The European Council and the Council of Ministers", in *Developments in the European Union*, 1999, pp.23–43.

29.Ford J. Kevin, Schmitt N, Schechtman S L K., et al., "Process Tracing Methods: Contributions, Problems, and Neglected Research Questions", in *Organizational Behavior and Human Decision Processes*, 1989, Vol.43, No.1, pp.75–117.

30.Frans Berkhout, "Rationales for adaptation in EU climate change policies", in *Climate policy*, 2005, Vol.5, No.3, pp.377-391.

31.G. Robbert Biesbroek, Swart R J, Carter T R, et al., "Europe adapts to climate change: comparing national adaptation strategies", in *Global environ-mental changem*, 2010, Vol.20, No.3, pp.440-450.

32.Gary Marks, "An actor-centred approach to multi-level governance", in *Regional & Federal Studies*, 1996, Vol.6, No.2, pp.20-38.

33.Gary Marks, Liesbet Hooghe, and Kermit Blank. "European Integration from the 1980s: State-Centric v. Multi-level Governance", in *Journal of Common Market Studies*, 1996, Vol.34, No.3, pp.341-378.

34.George Tsebelis, "Decision Making in Political Systems: Veto Players in Presidentialism, Parliamentarism, Multicameralism and Multipartyism", in *British Journal of Political Science*, 1995, Vol.25, pp.289-325.

35.Graham T. Allison and Morton H. Halperin, "Bureaucratic politics: A paradigm and some policy implications", in *World Politics*, 1972, Vol.24, No.S1, pp.40-79.

36.Helene Sjursen, "What kind of power?", in *Journal of European public policy*, 13.2, 2006, pp.169-181.

37.Ian Bache, Ian Bartle, Matthew Flinders and Greg Marsden, "Blame Games and Climate Change: Accountability, Multi-Level Governance and Carbon Management." In T*he British Journal of Politics & International Relations*, 2015, Vol.7, No.1, pp.64-88.

38.Ian Bailey, "Neoliberalism, Climate Governance and the Scalar Politics of EU Emissions Trading", in *Area*, 2007, Vol.39, No.4, pp.431 - 442.

39.Ian Manners, "Normative Power Europe: A Contradiction in Terms?", in *Journal of Common Market Studies*, 2002, Vol.40, No.2, pp.235-258.

40.Jeffrey Lewis, "The Janus face of Brussels: socialization and everyday decision making in the European Union", in *International Organization*, 2005, Vol.59, No.4, pp.937–971.

41.John Peterson, "Decision -making in the European Union: towards a framework for analysis", in *Journal of European public policy*, 1995, Vol.2, No.1, pp.69–93.

42.John Peterson, "Policy networks and European Union policy making: a reply to Kassim", in *West European Politics*, 1995, Vol.18, No.2, pp.389–407.

43.John Vogler, "The European contribution to global environmental governance", in *International Affairs*, 2005, Vol.81, No.4, pp.835–850.

44.John Vogler, Stephan H R. "The European Union in global environmental governance: Leadership in the making?", in *International Environmental Agreements: Politics, Law and Economics*, 2007, Vol.7, No.4, pp.389–413.

45.Jon Birger Skjærseth and Jørgen Wettestad, "The Origin, Evolution and Consequences of the EU Emissions Trading System", in *Global Environmental Politics*, 2009, Vol.9, No.2, pp.101–122. John R. Schmidt, Why Europe Leads on Climate Change, in *Survival*, Vol.50, No.4, 2008, pp.83–96.

46.Jonas Tallberg, "Bargaining power in the European Council", in *JCMS: journal of common market studies*, 2008, Vol.46, No.3, pp.685–708.

47.Jonas Tallberg, "The agenda–shaping powers of the EU Council Presidency" in *Journal of European public policy*, 2003, Vol.10, No.1, pp.1–19.

48.Jonas Tallberg, "The power of the presidency: Brokerage, efficiency and distribution in EU negotiations", in *JCMS: Journal of Common Market Studies*, 2004, Vol.42, No.5, pp.999–1022.

49.Jørgen Wettestad, "The Ambiguous Prospects for EU Climate Policy–A

Summary of Options", in *Energy & Environment*, 2001, Vol.12, No.2, pp.139–165.

50.Joseph Jupille and James A. Caporaso, "States, agency, and rules: the European Union in global environmental politics". *The European Union in the World Community*, 1998, pp.213–229.

51.Jozsef Borocz and Mahua Sarkar, "What is the EU?", in *Social Science*, 2006, Vol.20, No.2, pp.153–173.

52.Kate Urwin and Andrew Jordan, "Does public policy support or undermine climate change adaptation? Exploring policy interplay across different scales of governance", in *Global environmental change*, 2008, Vol.18, No.1, pp. 180–191.

53.Lisanne Groen and Arne Niemann, "The European Union at the Copenhagen climate negotiations: A case of contested EU actorness and effectiveness", in *International Relations* 27.3, 2013, pp.308–324.

54.Mark A. Pollack, "The end of creeping competence? EU policy–making since Maastricht", in *JCMS: Journal of Common Market Studiesm*, 2000, Vol.38, No.3, pp.519–538.

55.Mark A. Pollack, "Theorizing EU policy–making", in *Policy–making in the European Union*, 2005, Vol.5, pp.13–48.

56.Matthew Lockwood, "The political sustainability of climate policy: The case of the UK Climate Change Act", in *Global Environmental Change*, 2013, Vol.23, pp.1339–1348.

57.McCright A M, Dunlap R E, and Marquart–Pyatt S T, "Political ideology and views about climate change in the European Union", in *Environmental Politics*, 2016, Vol.25, No.2, pp.338–358.

58.Michael Smith, "The European Union and a changing Europe: establish–

ing the boundaries of order", in *JCMS: Journal of Common Market Studies*, 1996, Vol.34, No.1, pp.5-28.

59.Mikko Mattila, "Contested decisions: Empirical analysis of voting in the European Union Council of Ministers", in *European Journal of Political Research*, 2004, Vol.43, No.1, pp.29-50.

60.Miranda A. Schreurs and Yves Tiberghien, "Multi-level reinforcement: explaining European Union leadership in climate change mitigation", in *Global Environmental Politics*, 2007, Vol.7, No.4, pp.19-46.

61.Noah J. Toly, Transnational municipal networks in climate politics: from global governance to global politics, in *Globalizations*, 2008, Vol.5, No.3, pp. 350-351.

62.Øhrgaard, Jakob C. International relations or European integration: is the CFSP sui generis?. Rethinking European Union Foreign Policy 474, 2004, p.26.

63.Oriol Costa, s climate change changing the EU? The second image reversed in climate politics. *Cambridge Review of International Affairs* 21.4, 2008, p.537.

64.Paul Pierson, "The Path to European Integration A Historical Institutionalist Analysis", in *Comparative political studies*, 1996, Vol.29, No.2, pp.123-163.

65.Paule Stephenson and Jonathan Boston, "Climate change, equity and the relevance of European 'effort-sharing' for global mitigation efforts", in *Climate Policy*, 2010, Vol.10, No.1, pp.3-16.

66.Per-Olov Marklund and Eva Samakovlis, "What is driving the EU burden-sharing agreement: Efficiency or equity?", in *Journal of Environmental Management*, 2007, Vol.85, No.2, pp.317-329.

67.Piotr Maciej Kaczynski, "Single voice, single chair? How to re-organise the EU in international negotiations under the Lisbon rules", in *CEPS Policy Brief*, 2010, No.207, p. 6.

68.Radoslav S. Dimitrov, "The Paris agreement on climate change: Behind closed doors", in *Global Environmental Politics*, 2016, Vol.16, pp.1-11.

69.Robert Falkner, Hannes Stephan and John Vogler, "International climate policy after Copenhagen: Towards a 'building blocks' approach", in *Global Policy*, 2010, Vol.1, No.3, pp.252-262.

70.Sebastian Oberthür and Claire Roche Kelly, "EU leadership in international climate policy: achievements and challenges", in *The international spectator*, 2008, Vol.43, No.3, pp.35-50.

71.Sebastian Oberthür and Lisanne Groen, "Explaining goal achievement in international negotiations: the EU and the Paris Agreement on climate change", in *Journal of European Public Policy*, 2017, pp.1-20.

72.Simon Hix, "The study of the European Community: the challenge to comparative politics", in *West European Politics*, 1994, Vol.17, No.1, pp.1-30.

73.Simon Hix, Abdul Noury, and Gérard Roland, "Power to the parties: co hesion and competition in the European Parliament, 1979-2001", in B*ritish Journal of Political Science*, 2005, Vol.35, No.2, pp.209-234.

74.Simon Lightfoot and Jon Burchell, "The European Union and the World Summit on Sustainable Development: Normative Power Europe in Action?", in *Journal of Common Market Studies*, 2005, Vol.43, No.1, pp.75 - 95.

75.Stanley Hoffmann, "Obstinate or obsolete? The fate of the nation-state and the case of Western Europe", in *Daedalus*, 1966, pp.862-915.

76.Stefan Giljum, Thomas Hak, Friedrich Hinterberger and Jan Kovanda,

"Environmental governance in the European Union:strategies and instruments for absolute decoupling",in *Sustainable Development*,2005,Vol.8,p.37.

77.Stefan Gössling,Scott Allen Cohen,and Andrew Hares, "Inside the black box:EU policy officers' perspectives on transport and climate change mitigation",in *Journal of Transport Geography*,2016,Vol.57,pp.83–93.

78.Sven Bode, "European burden sharing post–2012",in *Intereconomics*, 2007,Vol.42,No.2,pp.72–77.

79.Tanja A. Börzel and Thomas Risse, "The transformative power of Europe:The European Union and the diffusion of ideas",*KFG The transformative power of Europe.* No.1. Working paper,2009.

80.Tanja A. Börzel, "Shaping and Taking EU Policies:Member State Responses to Europeanization",Queens Papers on Europeanisation,2003.

81.Thomas Gehring,Sebastian Oberthür,and Marc Mühleck, "European Union actorness in international institutions:Why the EU is recognized as an actor in some international institutions,but not in others",in *JCMS:Journal of Common Market Studies*,2013,Vol.51,No.5,pp.849–865.

82.Tom Delreux and Karoline Van den Brande, "Taking the lead:informal division of labour in the EU's external environmental policy–making",*Journal of European Public Policy* 20.1,2013,pp.113–131.

83.Tomas Maltby, "European Union energy policy integration:A case of European Commission policy entrepreneurship and increasing supranationalism",in *Energy Policy*,2013,Vol.55,pp.435 – 444.

84.Ute Collier, "The European Union's climate change policy:limiting e missions or limiting powers?",in *Journal of European Public Policy*,1996,Vol.3, No.1,pp.122–138.

85.Van Schaik, Louise. "The sustainability of the EU's model for climate diplomacy", in *The new climate policies of the European Union: internal legislation and climate diplomacy*. No.15. ASP/VUBPRESS/UPA, 2010, p. 251.

86.Vivien A. Schmidt and Claudio M. Radaelli, "Policy change and discourse in Europe: Conceptual and methodological issues", in *West European Politics*, 2004, Vol.27, No.2, pp.183–210.

87.Yoichiro Usui, "The democratic quality of soft governance in the EU Sustainable Development Strategy: a deliberative deficit", in *European Integration*, 2007, Vol.29, No.5, pp.619–633.

三、主要参考网站

1.Council of the European Union, http:/www.consilium.europa.eu/en/council–eu/.

2.European Commission, https:/ec.europa.eu/commission/index_en.

3.European Committee of the Regions, http:/cor.europa.eu/en/Pages/home.aspx.

4.European Council, http:/www.consilium.europa.eu/en/european–council/.

5.European Economic and Social Committee (EESC), http:/www.eesc.europa.eu/?i=portal.en.home.

6.European Parliament, http://www.europarl.europa.eu/portal/.

7.European Environment Agency (EEA), http://www.eea.europa.eu/.

8.Energy Cities, http:/www.energy–cities.eu.

9.Intergovernmental Panel on Climate Change (IPCC), http://www.ipcc.ch/.

10.United Nations Framework Convention on Climate Change (UNFCCC), http://newsroom.unfccc.int/.

11.中国气候变化信息网,http://www.ccchina.gov.cn/。

12.中国气候变化网,http://www.ipcc.cma.gov.cn/cn/index.php。